餐飲品質管理

趙建民◎著

狄　序

　　經常有餐飲界的朋友問我：「酒店怎樣才能長期保持興旺發達？百年老店在經營管理上有什麼秘訣嗎？」

　　誠然，要想給提問者一個滿意的答案是非常不容易的，因為對這個問題的理解，無論是以實務經驗方面還是理論研究方面而言，本來就是一個仁者見仁、智者見智的話題，從嚴肅的意義上看，是沒有固定的答案的。

　　然而，如果我們能對無論是所有的百年老店，還是在經營上取得成功的新興酒店進行全面的研究分析，就會發現它們在酒店的經營管理上有一個共同的特點：就是能夠始終如一地保持高水準的食品品質與服務品質。

　　其實，何止餐飲業，所有的企業要想在經營生產中取得永遠的成功，都離不開持續穩定的、並且能在穩定中不斷提升的產品品質。所以說品質管理是各類企業永恆的主題，因而才有了「品質是企業的生命」的論斷。

　　一言蔽之，酒店長期保持興旺與百年老店的成功靠的就是品質！

　　似乎到此，上面的問題已經有了一個滿意的答案。但是，百年老店的經營靠的是傳統的餐飲品質觀念，與現代意義上的世界先進的、科學的品質觀念相去甚遠。我國傳統的餐飲品質觀念自古以來就是一個含蓄的、模糊的、非量化的東西，而且長期以來被廣大民眾百姓所接受，在經營者與消費者之間已經形成了一種非法律意義的默契。

　　然而，當我們的腳步邁進二十一世紀的時候、當我們在激烈的

市場競爭中發現自己的餐飲產品存在很大的品質問題的時候、當我們的雙腳邁進 WTO 的時候，才猛然發現，我們傳統的餐飲品質的理念與國際先進的品質觀念、品質標準是有著相當大的差距。

所幸隨著經濟的發展，餐飲業者們已經意識到了這一問題的嚴重性，許多有識的經營者開始在餐飲品質與餐飲品質管理方面奮力追趕，對傳統的、模糊的餐飲品質制定科學的量化標準、實施全面品質管理的新理念與方法，甚至更有許多富有遠見的餐飲企業經過努力，已經在賓館、酒店導入了國際通行的 ISO9000 品質體系標準。

事實證明，我們在推行現代先進的餐飲品質管理方面已經取得了明顯的進步，也在某種程度上累積了一定的經驗。然而，在餐飲品質管理的理論研究方面相對來說卻遠遠落後於餐飲品質管理的實踐，缺少對餐飲品質管理的系統性研究與論述。正是在這樣的背景下，由趙建民先生撰著的《餐飲品質管理》一書出版問世了，這不啻是一件填補當前餐飲品質管理理論研究空白的好事。

《餐飲品質管理》一書，運用國際最新流行的品質理念以及品質管理理論，並且結合我國餐飲經營管理的特點，較為系統、全面地論述了餐飲品質管理的理論體系與管理方法，並透過對實際案例的深入分析研究，介紹了許多有價值的餐飲品質管理的經驗，是一本基於從實用價值考慮把品質管理理論與實務緊密結合的餐飲管理的專業性著作。我相信，《餐飲品質管理》一書的出版，必然會對當前餐飲業推行的品質管理活動產生一定影響，並且發揮其應有的作用。

《餐飲品質管理》一書，資料豐富，運用得當，內容詳盡，觀點新穎。全書共分九章，分別從餐飲品質觀念、餐飲品質管理的新理念、餐飲產品品質的設計、餐飲品質標準的分析、全面餐飲品質管理，以及餐飲品質的控制、餐飲品質營銷、餐飲品質的保證體

系、餐飲品質管理創新等方面進行了理論論述與經驗介紹，它不僅適合於餐飲企業的決策者（層）和一般管理人員的學習與研讀，而且也是普通餐飲從業者用以提升自身專業素質的必讀之書。

　　本書的撰著者趙建民先生，是一位治學嚴謹、學風紮實的烹飪專業教師，有多年在酒店生產一線工作的實務經驗，又有長期從事烹飪、食品製作、餐飲管理教學與理論研究的功底，為成功地完成此書的撰寫打下了厚實的基礎。早在此書出版之前，他已經編撰出版了三十餘部專業書籍。因此說，《餐飲品質管理》一書是作者長期經驗積累與多年辛勤工作的結晶。

　　二十一世紀是品質的世紀。樹立全新的品質理念和實施全新的品質管理手段，是餐飲業得以全面提高和發展的必由之路。只有當我們的餐飲品質與品質管理水準達到了與國際標準同步的時候，才具有一往無前的競爭力，才有資格參與國際餐飲市場的競爭，我們才能真正自豪於中華民族數千年的飲食文明史，也才有充分的理由說我們是名副其實的烹飪王國。

　　應作者之誠邀，談了自己對《餐飲品質管理》的一點感想，聊作該書之序。至於對《餐飲品質管理》一書長短優劣的評價，自然當由廣大讀者自己去品評。

狄保榮

目 錄

第1章
餐飲產品品質觀念

什麼是餐飲品質，在相當長的一段時間裡，人們似乎並沒有得到一個較為準確、合乎科學原理的定位。甚至在不同的社會發展階段，人們對餐飲品質的認定上，也有一定的差異。品質合格，是人們習慣性對餐飲產品的評定，而這種評定，僅僅基於滿足對餐飲企業預先規定的標準。也就是說，餐飲產品達到了規定的標準和特性就等於產品合格。在傳統的餐飲品質的觀念中，消費者往往過於注重對菜餚、點心、麵食、湯羹、飲品本身（即實物部分）品質標準的要求，如色、香、味、形、器、質感等，而忽略了對餐飲產品整體品質的追求。餐飲企業在經營中是這樣，消費者也是如此定位。

事實證明，餐飲產品加工雖然符合規定的標準，達到了飯菜要求的特性，但客人未必一定喜歡，銷路也並非看好，這是為什麼呢？其根本的原因，就是缺乏對餐飲品質內涵的完整理解和正確認識。所以，加強餐飲品質管理，開展餐飲品質經營，就必須從對餐飲品質概念的正確認識和全新理解開始，從而增強餐飲品質的觀念。

第一節　餐飲產品品質的涵義

一、餐飲產品品質的概念

（一）品質的概念

品質是現代品質管理學最基本的概念，也是較為難以定義的概念之一。

品質：產品或工作的好壞程度。

這是我國語言學科工具書的詮釋，雖然有一定的道理，但畢竟過於籠統，它與現代科學涵義的品質要求有一定的差距。

(二) 國外對品質的定義

國外學術界對品質的定義也是經過一個由淺入深，由簡單到全面的發展過程。

國際標準化組織給品質的定義：品質，是指產品或服務所具有的，能用以鑑別其是否合乎規定要求的一切特性和特徵的總和。

美國品質管理協會對品質的定義：品質，是指產品或服務內在特性和外在特徵的總和，以此構成其滿足給定需求的能力。

世界著名品質管理專家朱蘭博士給品質作出的定義：是產品的適應性。所謂「適應性」是指產品使用過程中成功地滿足用戶目標需求的程度。

以上幾種對品質概念的理解，顯而易見，是對一般性產品的品質界定。事實上，餐飲產品的整體特徵是客人購買的「無形」性，這就有別於一般它類產品的特點。所以，我們不能用一般適合於有形產品（如工業品、輕工業品等）的品質概念來理解餐飲品質。

(三) 餐飲品質的涵義

餐飲產品的好壞、優劣，首先取決於消費者對產品的「適應性」，這與朱蘭博士的適應性有共同之處。

假如是在一個聲譽頗高的川菜酒店內就餐，喜歡麻辣味型菜餚的客人，肯定會被川菜那富於激情特色的食餚所感染，認為感覺很好，如果配以優良的服務及典雅的就餐環境，就會贏得客人的好評，其餐飲品質的高水準充分得到承認。然而，如果在同樣的情況下，是不喜歡麻辣口味的客人，甚至是視辣如「虎」的客人來川菜酒店就餐，試想客人會是怎樣的一種感覺呢？即使酒店的裝飾、氣

氛一流，服務也是一流，但因為川菜不適應客人，所以，對菜餚品質，甚或是對餐飲的整體感覺，是不會滿意的。但這並不意味著該酒店的餐飲品質低劣。這就是餐飲產品對消費者的適應性。顯然，其適應程度越高，餐飲產品的品質含量就越高。

當然，客人雖然對餐飲產品能夠接受，而且也完全適應，如果菜餚等實物部分加工的很差，環境設施、服務態度等也很惡劣，其品質也不能說是高。

因此，可以看出，完整的餐飲產品品質概念是：

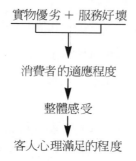

實物優劣 + 服務好壞

↓

消費者的適應程度

↓

整體感受

客人心理滿足的程度

二、餐飲產品品質的定義

簡單地說，所謂餐飲產品品質，實際上就是客人對餐飲產品的適應性與心理滿足的程度。它是客人對餐飲產品消費過程中的一種整體感受。當這種感受足以引起審美心理的共鳴時，客人自然就會感到滿意，其品質的評定也就是優質產品。

但根據餐飲產品的特性來說，客人在對餐飲產品消費過程中，首先是基於實物，亦即菜餚、麵點等的實用（食用價值）性。因此，餐飲產品品質也可以定義為：以良好的設施、設備所加工生產的飯菜為依托而提供的勞務，在使用價值（可食用、娛樂等）方面適合和滿足客人需要的物質和心理的程度。餐飲經營者所提供的餐

飲產品，是為消費者提供的。餐飲產品實用價值是否能被消費者接受、喜愛，這就是適用性。餐飲產品的實用價值適合和滿足客人需求的程度越高，餐飲品質就越好；反之，則餐飲品質就越差。

正確認識餐飲品質的涵義，應該明確它是一種以飯菜和就餐環境為依托所提供的勞務對客人的滿意程度。從這個意義上講，餐飲品質管理的任務涉及有形部分和無形部分兩個方面。有形部分要方便、舒適、安全，無形部分要友誼、好客、相助。

1. 方便：指飯菜的實用（食用）價值、環境設施的使用價值與完整無瑕的服務項目，使客人感到像在自己的家裡一樣。因為，在自己家裡的最大特徵就是方便，可以隨心所欲。
2. 舒適：指餐飲的整體氛圍及怡人的環境與種類設備的娛樂條件，使客人在餐飲的整個消費過程中感到輕鬆愉快，給客人一種高雅的享受。
3. 安全：指飯菜的乾淨衛生及整體就餐環境的整齊潔淨，令人在就餐中感到心情舒暢、愉快愜意。
4. 友誼：指餐飲服務員的熱情、友好、周到的情感化服務。
5. 好客：指餐廳服務員的文明禮貌、儀表儀容、禮儀舉止等，使客人在就餐中感受到了應有的受尊重的程度。
6. 相助：指餐廳服務員快節奏、高效率的服務，把客人的需求視為工作的目標，一切為客人著想，處處以達到客人的滿意為宗旨。

三、餐飲產品品質的發展

這裡所說的餐飲產品品質的發展，是指隨著人們對餐飲產品品質的需求標準的日益提高，餐飲產品品質在原有水準的基礎上，其

內涵與外延都會得到相應的發展，以滿足顧客對餐飲品質的需求。

社會在進步，人類文明的程度也在不斷提高，尤其是經濟水準的日益提高，人們對餐飲食品的品質要求也在不斷提高。展望未來，餐飲產品品質的實物價值可能在下面幾方面有所需求：

1. 菜餚、麵點的原料配料更趨於營養搭配的合理化，更與人體對各種營養素的需求量相一致。

2. 注重菜餚食品的衛生安全，這主要是針對日益惡化的自然環境而言。所以，無污染、無公害、營養優質的「綠色食品」、「環保食品」將成爲未來餐飲產品品質的重要內容。

3. 食品的保健功能將越來越受到重視。人們希望透過就餐對身體產生各種保健作用，如延年益壽菜餚、益智健腦菜餚、減肥瘦身菜餚、養顏美容菜餚等。透過餐飲食品的保健功能，使人們變得更聰明、更漂亮、更健康長壽。

4. 審美功能越加成爲菜品不可缺少的內容。美觀好看的菜餚，能振人食欲，能使人興奮不已，給人以享受和陶冶。所以，增加菜餚食品的藝術魅力也會成爲實物餐飲品質的要素。

5. 科技含量在餐飲食品中將日益增加，它包含多方面的最新研究成果在食品中的運用，尤其是營養學方面。

不僅餐飲產品品質的實物價值會向更加廣闊的深度發展，而且其外圍的品質價值發展更快，內容更加豐富。生產水準的提高，使人們已經不再把吃東西當作生理的必須活動，到飯店就餐更注重食物以外的因素，從而使餐飲活動能真正成爲人們生活中的一種享受。所以，餐飲產品品質的外圍價值將得到不斷發展，甚至其內涵和外延都將超過實物部分。它的發展將表現在如下幾個方面：

1. 健身設施的配置是人們就餐後必不可少的內容。人們透過必

要的、舒適的、富於活力的健身活動，將多餘的熱能耗費掉，以達到健身作用。

2. 餐飲的娛樂功能將更多樣化。「以樂侑食」、「以舞侑食」，古代早已有之，現代科學技術的進步，使這種「侑食」的娛樂水準發展到一個很高的程度，但這遠遠不夠，它會在未來的發展中向著更廣闊、多樣化、個性化的方向發展。

3. 個性化的服務將成為餐飲品質中最為重要的內容。飲食文明由裹腹發展到享受，再向更深層次的發展，人們將把服務環節看得很重要，並且不可缺少。尤其是人們不再喜歡那千篇一律的規格化的服務，人們需要的是富有情感意味的個性化服務。

餐飲產品品質的發展空間將是無限的、內容更加廣泛的，並且隨著科學技術的進步將更加拓寬其內涵與外延。

第二節　餐飲產品品質的構成與內涵

一、層次需求理論的啟示

美國著名心理學家馬斯洛（A. Maslow）在他的《人的動機理論》一書中，提出了需求層次理論。他經過多年的深入研究，把人的需求歸納為五個層次，並由低到高形成階梯形遞升。如**圖** 1-1 所示。

層次需求理論是最重要的、也是流行最廣的心理學理論之一。馬斯洛認為，人的天性是要滿足未滿足的需求。他把人的需求分成

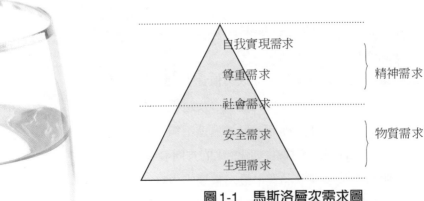

圖1-1　馬斯洛層次需求圖

五大類，並按層次的高低把這五類需求排成一個層次系列，即生理需求、安全需求、社會需求、尊重需求和自我實現需求。

　　生理需求——指人們的衣、食、住等需要，這些是人們維持生命的基本需求，是賴以生存的物質需求，如果不能滿足，生存就成問題，因而優先於其他的需求，是各種需求產生的基礎條件。

　　安全需求——要求生存環境安全、職業安全、穩定、勞動保護、職業保障、社會保障、參與各種活動的安全保障等。

　　社會需求——情感、友誼、歸屬，人人希望得到關心與照顧，在組織中能獲得溫暖與情誼。

　　尊重需求——包括自我尊重，如獨立、自主、自信及社會、他人的尊重，如地位、名譽、推崇等。

　　自我實現的需求——這是最高層次的需求，是指人們對發揮自己才幹的理想和目標的需求，如成就感等。

　　馬斯洛層次需求理論有三層基本涵義。

　　第一，強調人的需求對激勵的重要關係。需求就是激發動機的原始驅動力，一個人如果沒有什麼需求，也就失去了動力與活力。也就是說，一個人正因為有所需求，就存在著主動為滿足這些需求的激勵因素。

第二，需求分層次、階梯式逐級上升。不僅每一層次包含眾多的需求內容，具有很豐富的刺激作用，而且低層次需求滿足後，又有上一層次需求的繼續刺激，因而人們的行為始終有著內容豐富多彩、形式千變萬化的激勵方式。

第三，高層次的需求不僅內容比低層次要求廣泛，而且實現的難度也越來越大，滿足的可能性越來越小。從心理學角度來看，實現需求的難度越大，則刺激力量越強，因為個體為了自我實現需求的滿足，往往孜孜以求，為之奮鬥終生。

馬斯洛層次需求的理論，不僅適合運用在激勵企業員工積極努力工作方面，它對研究人們的飲食消費同樣有著重要意義，可以給餐飲經營者深刻的啟示。

啟示之一——餐飲消費是以可食食物為基本依托提供人們的，人們就餐首先要滿足生理上的物質需求。在有了可口能食的飯菜的基礎上，人們進而追求一個整潔、優雅、輕鬆、愉快的進餐環境。這些是人們在餐飲消費過程中的直接需求。

啟示之二——餐飲的直接物質需求，僅僅是低層次的，在此前提下，客人在餐廳進餐時還有與服務員交流等需求，以增加供、需雙方的溝通與理解。客人在進餐的同時，更需要得到飯店及員工的尊重，從而滿足更高層次的需求，以至於由此而上升為對餐飲美的欣賞，並藉飲食活動展示自己的才華等等。這是客人在餐飲消費過程中的間接需求，是滿足精神方面的需要。雖然，它在表面上與食品實物無關，但間接需求卻是決定客人對餐飲品質綜合評價不可或缺的部分。

啟示之三——飲食活動發展到今天，雖然仍然是以滿足人們生存的生理需求為主，但就餐的過程（尤其是指到飯店就餐）本身就是社會活動，其得到滿足的需求內容也是多方面的，並且也體現出由低到高的遞進提升。所以，餐飲產品品質不僅包含物質的，也包

含精神的，它是物質和精神完美整合的一種特殊商品。

二、消費者對餐飲的需求

餐飲產品是由餐飲實物和勞動服務即烹飪技藝、服務態度和技巧，以及環境、氣氛諸因素組成的有機整體，它不僅能滿足消費者物質和生理性的需求，而且還能滿足客人許多心理上、精神上和情感上的需求。

消費者對餐飲產品的需求是多方面的、多層次的，不過歸納起來不外乎兩大類：

一類是對餐飲實物本身的需求，以滿足解決飢渴、滿足食欲、補充營養等生理需求，這類需求是消費者對餐飲產品的直接需求。

一類是對與餐飲實物有關的服務內容的需求，以滿足客人對於安全感、支配控制感、信賴感、便利感、身分地位感、自我滿足感等的需求，這類需求通常被稱為對餐飲產品的間接需求。見**圖**1-2。

在一般情況下，客人是能夠明確地表達自己的直接需求，而餐飲企業如賓館、飯店、酒店等也都具有滿足客人這類需求的各種食品和設施設備。但客人的間接需求有的可以明確表達出來，有的則是潛意識的，常常是模糊不清的。例如，客人往往只希望能像在家中一樣隨心所欲地選擇自己的餐飲食物，希望飯店的食品貨真價實，自己的各種需求能得到及時的滿足，希望自己能自始自終得到禮貌、友好、熱情的接待等等。其實，這些正是客人對於餐飲產品的安全感、支配控制感、信賴感、便利感和身分地位感之類的需求。這些需求與要吃要喝那種直接的生理性需求相比，無疑顯得十分含蓄。飯店不能指望客人明示怎樣才能滿足他們的這些需求，而必須在充分理解這些需求的基礎上，主動提供相應的服務內容，客

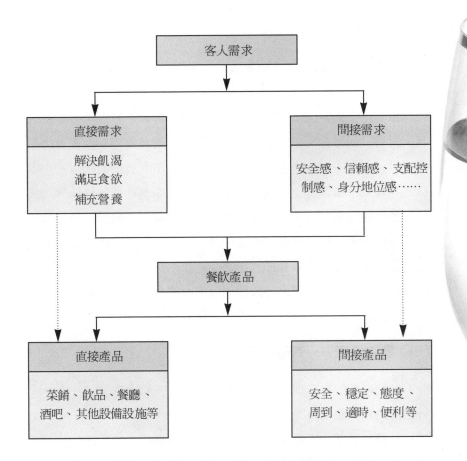

圖1-2　客人需求與餐飲產品的關係

人的此類需求才有可能得到滿足。

　　如圖1-2所示，客人的直接需求可由餐飲實物及相應的設施設備給予滿足；客人的各類間接需求則應由相應的間接產品去滿足；而這些間接產品在飯店中還必須具體化為一系列特定的服務內容和標準，才能夠有效地滿足客人的這類需求。

三、餐飲產品品質的構成

　　根據以上對客人需求與餐飲產品的關係分析，我們可以看出，客人對餐飲的直接需求由實物部分提供，而間接需求則由非實物部分提供。由此，餐飲產品品質便由實物價值與非實物價值兩部分構成。非實物價值習慣上又稱爲外圍價值。其中實物價值包括餐飲食品與餐飲設施兩部分；而外圍價值則包括服務價值與情感價值兩部分。實物價值亦即有形產品的那一部分，是由員工的技術勞動加工生產而成的。外圍價值亦即無形產品的那一部分，其中服務價值由服務人員的勞動轉化而來，而情感價值有的是不需要員工透過勞務就可以實現，例如眞心的微笑等。見圖1-3。

（一）實物價值──有形產品

　　餐飲產品的有形部分形成了餐飲產品品質的實物價值，它包括餐飲食品和餐廳設施等。

　　餐廳、酒吧、宴會廳等就餐設施一般透過一次性技術勞動，就可以多次使用，或長期使用，相對而言比較穩定。當然使用中有一個維護和管理的要求，使其能在無數次的使用中保持潔淨、整齊和原有的裝飾風格等。

　　餐飲產品與餐廳設施等相比較，它可以說是實物價值中的主體部分，它的好壞優劣直接影響到餐飲產品品質的高低。餐飲產品此處主要指食品菜餚本身的優劣。餐飲食品在於提供給客人的食品種類應該無毒、無害、衛生營養、芳香可口且易於消化；食品和各種感官屬性指標俱佳，客人食後能獲得較高程度的滿足。

　　構成餐飲食品品質的要素有如下幾個方面：

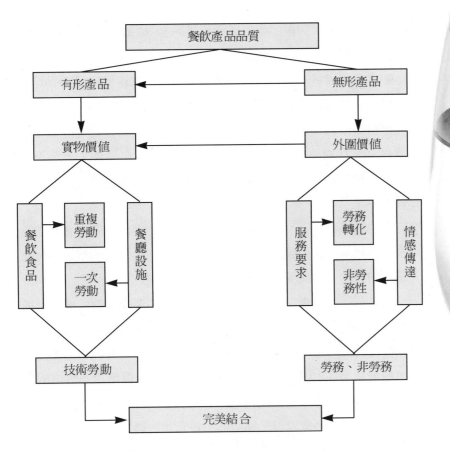

圖1-3　**餐飲產品品質構成與形成**

食品的衛生與營養

衛生與營養是菜餚等食品所必備的品質條件。衛生首先是指加工菜餚等的食品原料本身是否有毒素，如河豚、有毒蘑菇等；其次是指食品原料在採購加工等環節中有否遭受有毒、有害物質的污染，如化學有毒品和有害品的污染等；再次是食品原料本身是否由於有害細菌的大量繁殖，帶來食物的變質等狀況。這三個方面無論

是哪個方面出現了問題，均會影響到產品本身的衛生品質的高低。

　　食品原料的營養同樣是菜餚等自身品質的重要方面。現代科學技術的進步與發達，使得人們越來越將食品營養作為自己膳食的需求目標，鑑別餐飲食品是否具有營養價值，主要看三個方面：一是食品原料是否含有人體所需的營養成分；二是這些營養成分本身的數量達到怎樣的水準；三是烹飪加工過程是否由於加工方法不科學，而使食品原有的營養成分遭到了不同程度的破壞。

食品的顏色

　　食品的顏色是吸引消費者的第一感官指標，許多用餐者往往透過視覺對食品，如菜餚等進行初步判斷其優劣。食品的顏色具有先入為主的特點，給就餐者留下第一印象。

　　餐飲菜餚、麵食、點心等食品的顏色，主要由動物、植物組織中天然產生的色素形成。水果和蔬菜的主要色素有胡蘿蔔素、葉綠素和花黃色素等種。菜餚等食品的生產烹調加工過程能對菜點成品的顏色變化發生作用，烹調加工的目的之一，就是透過恰當的處理，使原料轉變趨於理想的顏色。菜點食品的顏色還可以透過使用含有色素的調味品來實現，如奶油、番茄汁、醬油等。

　　菜餚的顏色以自然清新、適應季節變化、適合地域跨度不同、適合審美標準不同、合乎時宜、搭配和諧悅目、色彩鮮明、能給就餐者美感為佳。那些原料搭配不當，或烹調不合理、成品色彩混亂、色澤不佳的菜點，不僅表示營養方面的品質欠佳，而且還會影響就餐者的胃口和情緒。

食品的香氣

　　香氣是指菜餚、麵點等食品飄逸出的芳香氣味，人們是透過鼻腔上部的上皮嗅覺神經系統感知的。人們就餐時，總是先感受到菜餚的香氣，再品嚐到食品的滋味。在人們的飲食經驗中，之所以將「香」也作為衡量菜點好壞的標準之一，是因為菜餚的香氣對增加

進餐時的快感有著重要的作用。當人嗅到某種久違了的香氣時，往往能引起對過去人生經歷的回憶。人的嗅覺較味覺靈敏得多，但嗅覺感受比味覺感受更易疲勞或受到其他因素的干擾。另外，人對氣體的感受程度和氣體產生物本身的溫度高低有關。一般來說，菜餚的溫度越高，其散發的香氣就越強烈，就易被食者所感受。因此，熱製菜餚一定要趁熱上桌。如吃北京烤鴨，燙熱的時候，肥香馥郁，誘人食欲，催人下箸。如果放涼後再食，則濃香盡失，品味也大為遜色，從而影響食者對食品的期望，對其品質的評價自然不會高。

食品的滋味

食品的滋味是指菜餚入口後，對人的口腔、舌頭上的味覺系統所產生的綜合作用，給人口中留下的感受。味是菜餚品質指標的核心，對中國菜餚而言，尤其重要，以「味」媚人，是中國菜的特點。人們去餐廳用膳，並非僅僅滿足於嗅聞菜餚的香味，他們更要求品嚐到食餚的味道。人們通常所說的酸、甜、苦、辣、鹹是五種基本味，五味的藝術調和，形成千變萬化的各種複合美味，使菜餚的滋味豐富多彩，更加誘人食欲，這就是味的魅力，並構成餐飲食品品質的重要因素。

食品的型態

食品的型態是指菜餚的成形、造型。食品原料本身的型態、加工處理後的形狀，以及烹製裝盤的拼擺都會直接影響到菜點的型態。

刀工精美，整齊劃一，裝盤飽滿，拼擺藝術，形象生動，能給就餐者美的感受。這些效果的取得，要靠廚師的藝術設計和加工製作。熱菜造型以快捷、飽滿、流暢為主；冷菜、點心的造型則講究美化手法，使其達到藝術的效果，從而增加菜餚、點心等食品的品質含量。

食品的質感

　　質感是指菜餚進食時給食者留在口腔觸覺方面的綜合感受。質感通常包括這樣的一些屬性，如脆、嫩、滑、軟、酥、爛、硬、爽、韌、柔、富於彈性、黏著性、膠著性、糯性等。菜餚的質感是影響其接受性的一個重要因素，是食品品質的重要內容。如果加工的菜點，其質感偏離了特有的規定標準，便可能由此而成為不合格食品，其品質是極低的，如發了軟的脆餅、老韌多筋的蔬菜等。

食品的盛器

　　俗話說：「美食不如美器。」此話雖有些偏頗，但盛器與菜餚的關係及其重要性卻表達得非常清楚。不同的菜餚配以不同的盛器，如果配合得宜，就會相映生輝，相得益彰。盛器與菜餚搭配的一般原則是：菜餚分量與盛器的大小一致，菜餚的形狀與盛器的形狀相吻合，菜餚的色澤與盛器的色調相對應，菜餚的身價與盛器的貴賤相匹配。只有這樣，才能使菜餚錦上添花，更顯高雅，品質更佳。尤其是對於用煲、沙鍋、鐵板、火鍋、明爐等製造特定氣氛和需要較長時間保溫的菜餚來說，盛器對菜餚的品質更有著至關重要的作用。當然，對於其他類菜餚，本身品質雖然上乘，如果用殘缺不全、不倫不類的盛器盛放，不僅無美感可言，食品的整體品質也會大為降低。

食品的溫度

　　食品的溫度是指菜餚在進食時能夠達到或保持的溫度。同一種菜餚、點心等食品，食用時的溫度不同，口感、香氣、滋味等品質指標均有明顯差異。所謂「一熱勝三鮮」，說的就是這個道理。如蟹黃湯包，熱吃時湯鮮汁香，滋潤可口，冷後食之，則腥而膩口，甚至湯汁盡失，大為遜色；再如拔絲類菜餚，趁熱食之，不僅香甜脆爽，而且可拉出金光閃閃的糖絲，令人感覺極佳，若放涼後再食，則糖液黏成一塊，乾硬無絲，品質大為降低。所以，溫度雖然

在傳統中國菜評定的指標中未單獨列項，但卻是影響其他各項品質指標的要因之一。現代科學研究表明，不同溫度下的食品，其風味質感是大不一樣的。常見餐飲食品食用時的最佳溫度見**表**1-1。

（二）外圍價值——無形產品

餐飲產品品質的外圍價值的形成，內容豐富多變，且較爲複雜。粗略分析，可歸爲兩大類，一類是靠服務員所付出的各種勞務活動實現的，如周到全面的服務等；另一類無需服務人員付出勞務，而是靠服務人員的眞誠和愛心實現的，如溫馨的微笑、和藹的態度等。前者歸爲服務要求，雖然對客人而言屬無形產品，但必須靠員工的有形勞務，才能達到。後者歸爲情感傳達或交流，是眞正的無形部分，但它所產生的作用往往比有形勞務部分更加重要。餐

表1-1　常見食品食用的最佳溫度

食品名稱	出品及食用溫度
冷菜	10℃左右
熱菜	70℃以上
熱湯	80℃以上
熱飯	65℃以上
沙鍋	100℃
火鍋	100℃
熱咖啡	70℃
熱牛奶	63℃
啤酒	6℃-8℃
冰咖啡	6℃
果汁	10℃
西瓜	8℃
熱茶	65℃

飲產品的外圍價值主要有以下幾個方面：

安全

客人在就餐時首先考慮的就是安全感。安全對客人來講，包括兩個方面：一是對所提供菜餚本身的衛生安全，食用後是否因不潔造成食物中毒，或者因食物被感染上了致病菌而食者進食後被傳染等，這是人們進食時首要的安全需求；二是就餐環境的安全，包括客人的人身、財物安全，這一方面反映在飯店中是多內容的，如就餐地點的治安、秩序，飯店內部的防火、防盜設施、娛樂設施的無潛在危險保障，以及醫療服務、緊急救生、緊急出口等等。安全感作爲餐飲產品品質的組成部分，能滿足客人在就餐時安全保障的需求。

穩定感

餐飲產品品質的穩定一致，不僅指規格和標準的穩定，對服務程度、衛生環境等也應保持始終如一的品質形象。對於餐飲品質而言，要保證做到這一點是很不容易的，因爲餐飲產品品質的各項內容都是在不斷變化的。菜品的加工烹製、服務程序的運行，都是由手工操作的，所造成的誤差往往很大。因此必須在控制食品的穩定性上做得更好。例如餐廳、廚房的衛生是否一直符合標準，室內溫度是否時高時低，服務人員的態度是否自始至終友善熱情，餐桌布置是否始終保持一致，菜餚數量、口味是否穩定不變等等。所以，餐飲服務與管理必須規範化、標準化，即保持始終如一的高水準，才能贏得客人對飯店的持久信賴。

態度

指飯店與客人之間的關係。服務員態度要友好，要多解釋多介紹，就像對待自己的親人一樣眞誠，使客人有賓至如歸的感覺。服務員良好的態度能使賓客在受尊敬、禮遇方面的需求得到滿足。例如，餐廳服務員能記住常來用餐客人的姓名或職位，以便用姓名、

職位稱呼問候；餐廳經理應該親臨餐桌詢問客人對於菜餚、飲品和服務的意見，及時有效地處理客人的投訴等。當然，服務員的儀容儀表、禮貌用語、文明措詞等也都能體現出飯店的待客態度。

周到全面

指服務項目應有盡有和服務設施全面，即服務的系統化。服務的完全性可滿足客人對於便利、隨意的需求。客人需要的，飯店和服務員都想到了，甚至客人沒想到的服務員也想到了，使客人享受到全方位的服務。如菜品、菜式是否齊全，高、中、低檔餐廳是否配套，酒品、飲料是否全面，娛樂設施是否齊備，是否設有老年人、嬰幼兒、殘疾人的專用設施等。雖然，餐廳服務項目的全面性受到飯店類型、規模和等級的制約，但為了滿足客人的需求，應根據自己的經營特色努力做到服務的系統化、完整化和完全化。

環境氣氛

指飯店餐廳服務生產和進餐、娛樂場所等的整體風格。宜人的環境氣氛對增進客人的食欲、滿足情緒上的輕鬆愉快至關重要。環境氣氛除了與餐廳的建築、裝飾風格有關外，更重要的體現在乾淨衛生、空間的擁擠與否、衛生間、餐廳、酒吧、多功能廳等的寬敞、明亮、通風、設計布局、音響效果、室內字畫、植物布置等等，這些都是直接影響餐廳環境氣氛的重要因素，也是構成餐飲產品品質的重要內容。

效率

指飯店所提供的菜餚、麵點等食品的製作速度，以及為此而提供服務的工作效率。高效率的生產與服務應該是緊張而有秩序，忙而不亂，很有條理，而一定不要給人一種匆忙混亂的感覺，使客人感到餐廳的工作既有效率又沒有潛在意外的危機感。同時，速度快，不等於效率高，還要看工作成果的品質。如果速度是有的，但處處出現漏洞、差錯，這種效率就不是高效率。為了保證餐飲產品

的生產效率和服務效率，就必須對生產工序和服務規範制定具體的量化指標。如零點客人入座後，必須在帶位服務員離開的同時，送上茶水並提供點菜菜單，及時向客人介紹本店的餐飲產品；規定從點菜到上菜所需的準確時間，這樣就避免了客人入座後無人理、點菜之後久等不見上菜、招呼服務員長時間不到等現象發生。

方便

指客人享受飯店服務在地點和時間上的便利程度。例如，飯店的位置是否有利於客人的交通便利，餐廳、酒吧是否遠離客房區，客人就餐是否要穿越露天庭院，營業時間是否能滿足客人隨時隨刻的就餐，餐位的設計是否與客人的就餐數量相吻合，使客人一到餐廳就有座位，不用久候。食品品種、酒飲品種是否品類齊全，數量充足，尤其是菜單、酒水單的品種是否有短缺等等。經常在餐廳就餐遇到這樣的情形：服務員送上菜單，客人開始點菜，結果客人點了A菜，服務員抱歉地告之今天沒貨，客人點了B菜，服務員又告之原料已經用完了，這就使客人感到不方便。

適時適量

指餐廳提供的服務在時間上的合適程度與產品的數量適合客人需求的標準。掌握好適時與適量的特性，能滿足客人對於支配感的需求，從而增加客人對飯店的滿意度和舒適感。所謂適時，就是服務中掌握好節奏，該快則快，該緩則緩，不能只顧高速度而忽略了進餐的節奏感。例如，到速食店進餐的客人，適時對他們來說就是快速提供產品、快速服務，以減少等候時間。但當客人在正式餐廳或宴會廳、酒吧用餐時，適時則是指把握最適當的時間為客人上菜斟酒，讓客人能在從容不迫的節奏中享受美酒佳餚。所謂適量，是指根據客人進餐的對象提供數量適宜的菜餚、酒水。如在高級雅間就餐的客人，適量就是少而精，使客人感到有品味，以滿足其身分地位感的需求。如果是在大眾化的餐廳，客人就是為了解決飢渴為

主的就餐需求，那麼在數量上就應足。另外，在同一餐廳，用相同的價格，享用同一種菜餚時，彼此的數量則應該相同，否則客人就會因為接受到不公平的待遇而不滿意的。

以上幾個方面，是以員工透過勞務形式所提供的無形服務的價值部分。除此之外，客人用餐還有心理需求和情感需求。特殊的心理需求如：

獵奇

許多客人，尤其是外國遊客，在異國他鄉用餐，常常抱著一種好奇的心理，外國菜本身已經勾起了異國人的新奇感，有的餐廳不僅供應地方菜餚，而且還有土特產加工的食品，各類題材化的菜品，如仿古菜、紅樓菜、宮廷菜、金瓶梅宴等，再加上雕刻精美的食雕及精緻的盛器，往往令客人為之讚嘆不已，在某種程度上滿足了其好奇心理。國內也有許多食客，常規菜餚吃膩了，總想吃到新花樣，於是就到處追逐新、奇、特菜餚，以滿足心理的需求。

享樂

現在到餐廳用餐，人們已經不僅僅是為了滿足食欲和補充營養，而是把它作為一種以食為基礎的全方位的享樂，使自己的身心能得到某種程度上的放鬆。為此，許多餐廳從菜單安排到環境布置，從娛樂（如音樂、舞廳、卡拉OK）到健身（各種運動項目）設施都是為了提高客人的享樂需求。如溫情的色調、柔和的燈光、嬌麗的鮮花造成一種輕鬆的氣氛。室內輕音樂更增添一層雅氣和樂趣。用菜餚的特殊效果，如聲響、火焰等營造富有情趣的氛圍。卡拉OK、舞廳可供客人餐後直接參與的享樂活動，更有保健設施、燈火晚會等各種形式的設施與活動，從不同角度使客人得到輕鬆愉快的享樂。

身分地位感

許多客人以能到當地最高級的餐廳用餐為自豪，並作為向朋

友、同事炫耀的話題。同樣有許多人不願涉足低檔餐廳，認為有失身分。這不僅是許多外國遊客的心理，也是國內許多有地位、有錢勢客人的共同心理。「××餐廳是我的食堂」，經常聽到有人向朋友這樣炫耀自己，這家「××餐廳」在當地至少也是三星級。他們還重視一切與身分地位有關的因素，如餐廳的知名度、廚師的名氣、有哪些名人來用過餐、餐廳中懸掛的是哪些名人的字畫、菜餚有些什麼文化或歷史背景等等。

　　餐飲中的心理需求，對不同階層、不同文化修養的客人們來說，其反映是不一樣的。一般地來說，政府官員、官場之間、不成熟的富有階層相對的講，這方面的需求更為講究些。

四、餐飲產品品質水準的內涵

　　正確認識和理解餐飲產品品質水準的內涵是飯店和餐飲企業確定和提高餐飲服務水準的必要前提。

（一）餐飲產品品質水準是對飯店餐飲產品所能產生的直接和間接效果的客觀衡量

　　餐飲產品品質水準，可以反映出餐飲服務提供系統在實物、設施設備，尤其是在勞務服務的品質方面滿足客人需求的綜合能力。毋庸置疑，現代化的設施設備和高品質的實物產品是飯店提供優質餐飲服務的物質基礎，很難想像一家沒有空調暖氣的餐廳或缺少必要服務設施的酒吧能使客人感到舒適愜意。然而，無論多麼高級的設施設備，必須透過服務員的服務才能充分發揮出它們的功能，高品質的餐飲實物更是烹飪和服務技藝的良好展現和結合。但無論實物的品質多高，設施設備多現代，都無法替代服務人員的勞務付出。要滿足客人精神上、心理上、情感上的諸多需求，就必須依靠

出色的服務態度、服務技術和服務藝術。從這個意義來看，餐廳服務員本身就是餐飲產品的一部分，而且是必不可少的重要組成部分。所以，餐飲產品品質的高水準，除了設施設備先進、菜點品質上乘，更需要水準一流的服務人員。因為只有在具備一流的餐飲設施設備和優質菜點的基礎上，有能力滿足客人與餐飲有關的各種間接需求，才算達到了最起碼的餐飲服務品質水準。

（二）評價餐飲產品品質水準高低的最終依據是客人對餐飲產品的滿意程度

餐飲產品對客人是否滿意，這取決於餐飲產品在客人心目中的完善程度和適應程度，而不是飯店制定的品質標準。前文已經講過，飯店餐飲產品是由實物和服務兩部分的完美整合體，但由於其中勞務服務的無形性和非數量化特點，使得它滿足客人需求的能力程度完全取決於客人的主觀感受。在實際中經常可以發現，不同的客人或者同一客人在不同的時間或場合下，對同一餐飲服務項目往往會有不同層次的要求，因而這一服務項目即使在飯店方面來看已經達到品質標準，但它能否滿足客人需求及其滿足的程度，卻完全由客人的主觀評價來決定。所謂「客人永遠沒有錯」、「客人永遠是對的」等，正是從客人對服務的角度對飯店餐飲產品品質水準這一特點的深刻理解。

（三）餐飲產品品質水準的高低是客人對進餐過程的整體感受

餐飲產品品質水準的評價是由客人對餐飲品質的滿意程度決定的，而客人滿意程度的標準是無法量化，也無法規格化的，它是客人從走進飯店那一刻起，直到客人離開飯店後的全部過程的整體感受，而這種感受不僅因人因時因地域而異，而且這種感受有時還會發生誤差，這就使飯店提供高水準的餐飲產品大打折扣。所以，服

務員工靈活運用服務技巧的能力就顯得特別重要。為此，一線的員工，尤其是直接對客從事接待、服務活動的員工，必須具備對消費心理學、飲食行為科學等方面的學習和運用，用個性化的服務滿足不同客人的不同需求，從而最大程度上使不同客人對餐飲產品品質水準的認可。

綜上可以看出，飯店餐飲產品之所以能滿足客人的各種需求，是因為它是由實物產品和無形產品組成的完美整體，而它所能滿足客人需求的程度，則在很大程度上取決於其中勞務服務的品質水準。事實上，在設施設備條件相似或相同的飯店之間，積極的競爭總是圍繞著如何在服務上，也就是平常所說的在軟體的建設上勝人一籌這一中心展開的，等級越高的飯店便越是如此。飯店劃分等級的標準可以作為佐證，低檔飯店等級的劃分通常以設施設備水準為主要標準，但四星級、五星級飯店之間的區別，則幾乎完全體現在兩者勞務服務品質的細微差別上。

儘管優良的服務並不能掩蓋或者完全彌補不盡如人意的飲食食品所造成的不足，但粗劣的餐飲服務卻勢必會使一頓本來十分稱心的餐飲活動索然無味。只此一句話，真真切切道出了餐飲實物產品與勞務服務之間的辯證關係。很明顯，飯店餐飲產品的品質水準當以其中勞務服務的品質水準為主，實物的和設備的品質水準為輔，但這樣的表述並不十分確切，嚴格意義上講，應該是兩者的水準均高，並能有機結合起來，才是餐飲產品品質的高水準。

第三節　餐飲產品品質的界定標準

餐飲企業為贏得廣大消費者就餐滿意，總是希望所提供的餐飲產品是高品質的、高水準的。然而，往往事與願違，經過自己精心

設計並認眞製作的菜餚，客人往往不是十分喜歡，飯店制定的宴席服務接待程序和規範、零點餐廳的服務程度和標準，也有許多與客人的需求不相適應的內容。所以，服務員有時做得很標準、很規範，卻仍然得不到客人的好評。這種情況，常常令餐飲經營的決策者和管理層無所適從，不知如何才能把餐飲產品的品質提高到客人滿意的程度。

其實，這涉及到一個如何給餐飲產品品質界定的問題，說白了，就是餐飲產品品質的優劣是怎樣界定的。

一、以「我」爲中心的界定標準

中國大陸的餐飲企業，在近十幾年來，隨著對經濟體制的改革，經歷了兩種不同經濟時代的變化，因而消費者對餐飲產品品質的認同方式也是不同的。

二十世紀八〇年代以前，包括餐飲業在內的一切企業，所有產品都是由企業自己來制定品質標準的。產品品質的設計、產品的規格、產品的性能、產品的技術指標等都是由國家或企業來確定的。產品生產出來，由企業自己的品質檢驗部門根據既定的品質標準項目，一一進行測試、驗證，然後把企業自己認爲品質達到生產標準的產品定爲「合格」產品，或者根據品質規定分成特級品、一級品、二級品等，以區分不同的「合格」產品的品質等級。

在長期以來的計畫經濟運作的前提下，消費者對產品品質的認定，也形成了固定的模式，完全以「合格」、「不合格」來區分產品品質的好壞。甚至有時只要產品「能使用」，「不合格」的產品也一樣視爲「合格」產品出售。因爲在那樣的年代裡，社會的總供應量不能滿足消費者的需求，對於客人而言，只要能買到手就已經很不錯了，至於其他方面，諸如產品品質的優劣、價格的高低、服

務態度的好壞，都是可以忽略不計的。換句話說，在那樣的情形下，消費者根本對產品品質沒有可以選擇的餘地，似乎品質的好壞就應該由「生產者」來確定，消費者和使用者沒有資格、也沒有理由予以干涉。顯然，這個時代的產品品質就是以「我」為中心，即以企業自己的標準為中心來界定的。餐飲企業也是如此。飯店製作出售什麼樣的飯菜，那完全是飯店自己的事，客人就餐也只能有啥吃啥。而且對於食品加工者和食品食用者雙方而言，似乎有一種默契，即凡是飯店出售的產品，都是品質「合格」的飯食。至於餐飲產品的外圍價值，即以服務為主要內容的產品部分是完全可以忽略的。

　　餐飲產品品質在以「我」為中心的界定標準時代，其經濟的運行是以計畫控制為前提的，而且社會商品的供給量遠遠不能滿足客人的需求。因而，產品品質好壞認定的主動權完全被控制在產品的生產者或銷售者一邊。

　　綜合以上分析，可以看出，以「我」為中心對餐飲產品品質定位，主要有以下特徵：

1. 餐飲企業所製售的所有產品都是「合格」產品，不存在品質問題。至於客人喜歡不喜歡、滿意不滿意，根本與飯店沒有任何關係。
2. 由於餐飲產品較之其他工業產品而言，品質更無定規，除了在數量上可以控制，其他如菜點的品質、服務品質、環境品質均無法控制，因此嚴格意義上的餐飲品質只有量而無質。
3. 因為供應量不足，客人無選擇餐飲產品的餘地，所謂能「吃」飽就已經不錯了。所以，客人在進餐中也沒有品質要求意識。
4. 以「我」為中心的產品品質定位，由於缺乏競爭與客人的監

督，其餐飲產品的品質水準極不穩定，彈性成分很大。

5.飯店規定的品種都不能保證及時供應，就根本談不上不斷創
新新品種了，這就形成了餐飲經營幾十年如一日的特徵，產
品沒變化，企業沒有活力。

二、以「客」為中心的界定標準

經濟改革，對外開放政策的實施以來，我國開始由計畫經濟向
市場經濟轉化，初步形成了以競爭為主要特徵的市場發展趨勢。尤
其隨著我國經濟的繁榮昌盛，餐飲企業迅速的蓬勃發展，供需關係
也發生了根本的變化。由於餐飲產品的日益豐富，消費者對餐飲產
品、對就餐場所選擇的餘地越來越大，供方市場轉瞬間被需方市場
所替代。在這樣的情況下，客人完全可以、也有理由按照個人的需
求標準來評價餐飲產品品質的好壞。

這種從計畫經濟到市場經濟的轉化，消費者的消費觀念也發生
了根本的轉化，產品的好壞則完全由客人來認定。飯店所提供的產
品儘管從傳統意義看是「合格」的，但客人因為有了更好的產品可
以選擇，結果傳統意義的優質產品不再受客人的喜歡，從而也就失
去了消費者。沒有人喜歡你的產品，沒有客人到飯店來用餐，就說
明餐飲產品的品質不好。如果飯店要以優質的產品滿足客人的需
求，就必須在產品設計、產品製作標準、服務標準等各個品質確定
環節，讓客人參與進來，即讓客人來對餐飲產品的品質進行定位，
而不是經營者。這就是以「客」為中心對餐飲產品品質的界定標
準。八〇年代中期，在競爭異常激烈的廣州餐飲市場上，為了贏得
食客對傳統老店畔溪酒家「茶點」品質的信賴，該店曾以「星期天
美點」活動讓客人給喜歡的產品定位。每到週末，該店在保持傳統
經營品種的前提下，淘汰客人不喜歡的品種，並動員食品加工人員

每週推出一定數量的新「茶點」品種，供客人選用，一天下來，如果其中有一款或幾款茶點客人點用的量巨大，說明客人喜歡該品種，於是在下一個週末就將客人喜歡的品種保留，淘汰不喜歡的品種，並再次推出該店研製的新品種，繼續供客人選定。畔溪酒家是借助這樣的活動，讓客人來界定茶點品質的優劣。雖然這樣的例子有點極端，但足以說明什麼是真正的以「客」為中心的界定標準。

餐飲產品的品質是由客人認定的，並不是說經營加工者可以沒有品質標準，而實際上是對產品品質標準的高標準化，而且這種高品質標準的確定必須以客人的需求為目標。客人不喜歡的產品，在品質的加工中下的功夫再多，也是無濟於事的，這就要求餐飲企業、飯店提供的產品不僅品質優等，而且還必須是適銷對路的產品。因為，只有客人喜歡的產品才是高品質的產品，除此之外沒有其他的解釋。餐飲產品品質以「客」為中心的界定標準的特徵有以下幾個方面：

1. 客人喜歡購買的，就是高品質的餐飲產品，這是不以餐飲經營者的意志為轉移的，無論提供餐飲產品者能否接受，因為沒有客人就餐，就證明其產品品質不好，或是不高，大抵消費者都喜歡品質高的產品。

2. 什麼是高品質的餐飲產品，似乎可以有多元化的理解，但在市場經濟中，擁有眾多的客人是唯一的標準。

3. 高品質的餐飲產品，未必能有廣大的消費者，因為產品還必須與客人的需求相適應。有的五星級酒店在經濟相對欠發達的地區，就無法吸引當地的客人，這顯然是由於價位太高而不適應消費者。

4. 現代市場經濟對產品品質的界定標準是有著廣泛的內容的，所以受客人喜歡的餐飲產品不能用「好與不好」來簡單的認定。

5.客人對餐飲產品品質的界定是不斷發展的，界定標準也會隨時有所變化，所以餐飲產品的品質也應該不斷改進和創新，以滿足客人日益變化的需求。

　　總之，以「客」為中心界定餐飲產品品質的優劣，唯一標準就是看客人喜歡不喜歡，客人歡迎的產品就是高品質的產品。

三、適應市場需求的界定標準

　　以「客人」為中心對餐飲產品品質的界定標準，雖然也是以市場為基準的，但卻是從市場需求的個體的、微觀的角度出發，從某種意義上看，是為了市場細分或在本飯店的目標市場內對餐飲品質定位。

　　實際上，餐飲產品品質的界定，客人是唯一的標準，但由於市場的走向有時帶有一定的時尚性的特徵，或者叫做飲食潮流。飲食潮流類似於服裝的流行色。如果餐飲經營者能夠準確地把握住這種市場的動向，確立適應餐飲市場走向的經營策略，並以市場的需求來界定餐飲產品的品質水準，有時會收到意想不到的經營效果。

　　用適應市場需求作為餐飲產品品質的界定標準，實際上就是要時時刻刻了解餐飲市場的發展動向。例如，在北方，八〇年代前盛行魯菜，八〇年代中川菜大行其道，九〇年代中前期粵菜倍受青睞，隨後一會兒潮洲菜，一會兒生猛海鮮，一會兒自助火鍋，一會兒上海菜，近來又刮杭州菜之風。這種隨時間的變化而不斷更換餐飲風味特色的發展趨勢，就是飲食潮流。這種飲食潮流的形成與發展，不是以某個人的力量所能決定的，它是一種市場變化的自動調節系統，與顧客個別的消費需求沒有關係。

　　從餐飲產品的定位來看，飲食潮流影響人們的消費觀念，其對

品質的評價標準也是不一致的。所以，以適應市場需求爲界定標準的經營決策不可忽略。大多數酒店都在經營顧客喜歡的菜式（飲食消費的從眾心理很明顯），而你卻視市場變化不見，必然就會被顧客淘汰。雖然，顧客飲食選擇的從眾心理是處於消費理念的不成熟期。但即使是在成熟期，飲食潮流的市場發展趨向也是存在的。近幾年來，一階段時間內的保健熱、美容熱、綠色食品熱、黑色食品熱等等，這都可以成爲不同時期人們飲食消費的焦點。

經營者如果能洞察到市場適應性的消費走向，把握住某一時期的飲食潮流，並及早推出與市場需求相吻合的餐飲產品，那麼很可能就會贏得顧客的喜歡，就會成爲優質的餐飲產品。

如何能夠把握飲食潮流，並且始終走在潮流的前面，這就需要有敏銳的市場嗅覺能力，注意市場訊息的分析，研究顧客消費的普遍心理需求。當然，說起來容易，做起來自然需要下一番功夫的。

第四節　餐飲產品品質的特徵

餐飲產品品質的特徵是由它的生產、銷售、服務等諸多內容決定的，由於餐飲產品的生產方式、銷售方式及服務方式不同於工業產品、商品，因而形成了餐飲產品品質獨有的特徵。爲了弄清楚這些特徵，我們不妨先將工業產品、商品、餐飲產品經營、生產過程作一簡單地比較，以加深對餐飲產品品質特徵的認識。

工業產品的生產、經營過程：

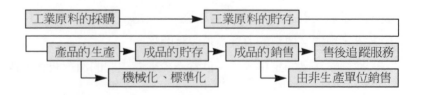

商業部門商品的經營過程：

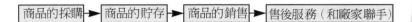

商品的採購 ➡ 商品的貯存 ➡ 商品的銷售 ➡ 售後服務（和廠家聯手）

餐飲產品生產、經營過程：

1.菜餚、麵點等

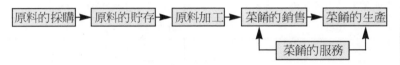

原料的採購 ➡ 原料的貯存 ➡ 原料加工 ➡ 菜餚的銷售 ➡ 菜餚的生產
　　　　　　　　　　　　　　　　　⬆ 菜餚的服務

2.酒水、飲品

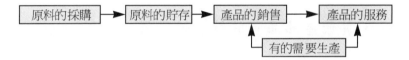

原料的採購 ➡ 原料的貯存 ➡ 產品的銷售 ➡ 產品的服務
　　　　　　　　　　　　⬆ 有的需要生產

以上透過方框程序圖的形式，對工業產品的生產經營過程、商品的經營過程、餐飲產品的生產經營過程分別作了展示，由此可以清楚地看出，餐飲產品的生產經營既有與工業產品的生產經營相同的地方，如都必須對原料進行貯存與加工，也有與其不同的地方，如餐飲產品不可貯存、沒有售後服務，而工業產品則不同，它不僅僅具有產品的可貯性，更需要售後服務。餐飲產品的生產經營與商品的經營相比較，有異也有同。因此餐飲產品的生產經營與品質管理就既不同於產業部門，也有別於商品經營。見**表1-2**。

透過以上的對比分析，可以看出，餐飲產品的品質具有明顯的幾個特徵。

表1-2　餐飲產品的經營與工業產品的經營的不同

餐飲產品	工業產品
產品不能貯存	產品可以貯存
生產與銷售融爲一體	生產與銷售分離
生產與消費間隔時間極短促	生產與消費可以無時間限制
生產量受當日的需求量影響	日生產不受當日需求量影響
生產與服務密不可分	生產與服務分離
無售後服務	售後服務特別重要
產品生產以手工作業爲主	產品生產以機械作業爲主
勞動密集型	資本密集型
品種繁雜多變	品種單一

一、餐飲產品品質的綜合性特徵

　　餐飲產品品質是由設備設施、菜食產品、勞務品質以及安全狀況和環境氣氛構成的。可以這樣認爲，飯店的設施設備、菜點品質、安全狀況等是餐飲產品品質的基礎，環境氣氛、審美風格是餐飲產品品質的補充，勞務服務品質是餐飲產品品質最終的表現形式，是適合和滿足客人需求後的最後體現。從整體上講，餐飲產品是由實物和勞務的結合體，是有形產品與無形產品的組合，這在前文已經論述過。因此，餐飲產品品質就具有了實物與勞務、無形與有形等共同的屬性，也就是綜合性的特徵。

　　餐飲產品品質內容構成的綜合性特徵要求餐飲產品品質管理環節必須重視以下三個方面的問題：

（一）餐飲品質管理要有系統觀念

　　在餐飲產品品質管理中，品質的涵義是全面的，而不能僅僅表

現在某一個局部範圍或個別指標上。這是由餐飲品質內容綜合性的特徵決定的。餐飲品質不僅僅是爲客人提供實物的價值，如菜餚、麵點、場地、設施等，還包括勞務服務以及情感在內的工作品質。它本身就是一個系統工程，要從系統觀念出發，精心研究其影響餐飲品質的各種因素，進行多方面評價，全面、綜合地探討餐飲品質及其品質管理問題。

(二) 正確認識餐飲產品品質是有形性和無形性的有機組合

餐飲產品品質是有形的實物價值與無形的服務價值的有機組合。這裡的有形的實物價值是指以菜餚、麵點等實物的型態爲客人提供使用（或食用）價值，餐飲產品應保證其使用價值的有效性和廣泛的適應性。無形的服務是指以勞務型態爲客人提供的使用價值，使用以後該勞務型態便消失了，僅僅給客人留下了一種使用後的感受。對無形的服務型態主要需要既有廣泛的適用性，又要有特殊對象的個別適應性。

(三) 要有心理學的觀念

餐飲品質最終取決於客人的心理反映及其留下的深刻印象。也就是說，客人對餐飲品質的評價帶有很強的主觀感受性。因此，餐飲產品品質管理必須研究客人的心理活動。飯店設備設施的配置、食品生產和銷售，以及接待服務過程的組織等，都要從客人的心理特點出發，以「賓客至上」爲宗旨，透過勞務服務效果，使客人得到物質和心理的全方位滿足。

二、餐飲產品品質的一次性特徵

餐飲產品的一次性，又稱爲即逝性。是指餐飲產品的不能貯存

性，因此餐飲產品不能反覆使用，尤其是勞務服務內容，稍縱即逝。餐飲產品作為一個整體是由一次一次具體的不同內容的菜餚實物和勞務服務過程組成的。餐飲品質便存在於這種具體活動之中，而且每一次勞務服務過程的使用價值只有一次的使用性。如客人進店，服務員為客人拉門，微笑問好；客人用餐，熱情帶位，介紹菜點等，這種活動一結束，服務品質也就消失了，無法貯存起來，留待下一次再用。而且，即使客人對某一服務評價較好，這也是就「這一次」服務而言，並不能保證同樣的一次服務在下一次也能獲得好評。因此，客人對餐飲品質的評價是一次性的，往往是一錘定音。菜品的加工也是如此，雖然倉庫可以貯存飯店在數月內所需的食品原料，但廚房卻不能在一天內生產即使一週營業所需的餐飲產品，其實連當日所需的產品也無法提前生產。餐飲產品品質的這種特徵要求餐飲產品品質管理必須高度重視每一次具體的服務活動，不像能其他產品那樣，可以重來一次。所以，勞務服務活動每次都要認真對待，使其變成優質產品，以贏得客人每次就餐都能感到滿意。

三、餐飲產品品質無售後服務的特徵

根據餐飲產品品質的一次性特徵，可以理解和認識餐飲產品品質的好壞，完全是一次形成的，不存在售後服務。也就是說，產品一旦在銷售過程中出現了問題，飯店是沒有彌補過錯的機會的。這就意味著，餐飲產品品質如果出現問題，就已經造成了對客人的傷害，很可能由此就失去了客人的信賴，因而也就失去了市場機會，而且該客人給飯店帶來的損失有時是無法估計的。這樣說的意思是力圖表達餐飲品質問題的嚴重性，並不是說客人不好，而實際上恰恰相反，正是由於我們所提供的餐飲產品出現了品質問題，才導致

了客人的不滿，其實是飯店對客人造成的傷害，而造成的損失實際上是飯店自己。無法彌補過錯、不存在售後服務的餐飲產品，與工業產品恰恰形成鮮明的對比。它們的產品從某種意義上說不怕出現問題，因為可以利用售後服務、對產品品質的改進贏得客人的信賴，而贏得更廣大的市場。例如客人購買的冷氣機，廠家認真而熱情地給予安裝調試，減少了客戶自己安裝的麻煩。如果使用不久，出現了品質問題，只需一個電話，維修人員即可上門服務、修理，直至運行正常為止，如果連續修理不見效果，廠家還可以給客戶重新更換一台新的冷氣機，以達到客人的滿意。經過這樣完好的售後服務，廠家拉近了與客戶之間的距離，贏得了客戶的信賴，於是也就贏得了潛在的市場機會。而且，工業產品不怕產品存在品質問題，因為它有售後彌補的機會，並且還可以對現有產品的品質加以改進，產品品質就會更好，由此又會吸引更多的消費者。所以，就市場前景而言，工業產品如果存在品質問題，意味著它有更廣泛的市場機會，因為可以透過售後服務和品質改進贏得更多的客戶。餐飲產品如果存在品質問題，意味著它從此失去了客人，也就失去了市場機會，因為它沒有彌補問題的機會，雖然也可以透過品質改進提高其產品品質，但對於先前享受過問題產品的客人來說，由於失去對該飯店的信賴感，可能從此再也不來用餐了。

四、餐飲產品品質無形性的特徵

　　儘管餐飲產品是具有實物型態的飯店產品，但就整體而言，它仍然具有服務的無形性特徵。當客人在商店購買商品時，他們有機會檢驗商品的品質和標準，如買衣服可以試穿，買錄音機可以試聽，而且最後如果想要，付款後就可以拿到一件實實在在的商品，是有形的實物，即使在購物時，售貨員的態度並不十分友好，但也

會因買到自己喜歡的商品而高興不已，足以抵消購物過程中的不快。但客人購買餐飲產品時卻沒有同樣的機會。就像住飯店不能試住一樣，上餐廳用餐也不能試嚐。對於餐飲產品的勞務部分尤其如此，服務的過程對客人而言是無形的，服務的本身既看不見，也摸不著，客人也不能試用，更無法把它購買回家，客人買走的只是服務產生的效果，是餐飲產品對客人所產生的生理、心理、感官上的作用和影響。因此，無形的服務實際上就是「爲別人完成某一工作或任務的行爲」，這就是餐飲產品品質無形性的特徵。對來餐廳用餐的客人來說，他享受到的除了餐飲實物給予的飽足以外，更重要的卻是食物的色、香、味、形、器，以及餐廳的環境氣氛、服務員的熱情服務所給予的感官上和心理上的滿足和舒適。而這一切正是無形產品的結果。

餐飲產品品質無形性的特徵，對於經營者來說，並不是難以理解的，其關鍵在於透過對這一特徵的認識，來把握飯店因此而面臨的一系列其他企業所不存在的問題，如下面的幾個方面：

（一）推銷上的困難

由於餐飲產品的無形性特徵，飯店企業很難有效地向客人描述和展示服務項目，也就是說，飯店只能展示有形的部分，如菜餚、餐廳布局等，但很難將服務內容數量化。如推銷餐飲產品一般所用的廣告用語不外乎鮮美可口、清潔衛生、營養豐富。但菜餚是否適合客人的口味、餐廳風格是否能令客人喜歡，只有憑客人去自我猜想，他可能相信，也可能不相信，情況完全不同於購買衣物之類的實物商品。事實上，對大多數客人來說，他們在選擇一家飯店或餐廳時，往往只憑他們所了解的關於這家飯店或餐廳的情況及其聲譽。所以，一家飯店或是獨立的餐飲企業，必須十分重視公衆形象和社會聲譽，才能吸引更多的客人。

（二）推銷餐飲產品，不能僅僅強調其本身

由於餐飲產品的無形性特點，在推銷餐飲項目時，應強調客人在消費了該產品後所得到的益處，而不能僅僅宣傳餐飲產品品質本身。服務性企業的經營者必須懂得這一點。如飯店能著意宣傳當地旅遊資源之奇特引人的話，無疑比僅僅宣傳飯店本身更具吸引力和誘惑力。山東微山縣的微山湖賓館，是一所三星級賓館，但當地的消費水準不足以使該賓館的業務興旺，設備設施得不到充分利用。爲此，該賓館決策層便配合該縣緊靠微山湖區的優勢，大打旅遊牌，推出「做一天微山湖人」、「當一天鐵路游擊隊員」（這裡是鐵路游擊隊的故鄉）等主題的旅遊活動，從而帶動飯店業務，餐飲產品也由此得到了廣泛的宣傳與推銷。

（三）無形的餐飲產品沒有專利權

不像工業產品或技術發明可以申請專利，餐飲產品因其無形性特徵，無法申請專利，尤其是其中的勞務部分，更無法申請專利。雖然有的菜餚、宴席產品有註冊商標等做法，但作爲完整的餐飲產品是不能申請專利的。因此，餐飲產品的革新或創造往往只有極短的生命週期，特別是在競爭激烈的情形下，很快就會被競爭對手模仿而失去優勢。例如，九〇年代末，山東濟南偉民大酒店首先推出「魚頭」系列菜餚，一時間食者蜂擁而至，應接不暇，但時隔不久，濟南幾乎所有的酒店都有了此菜，其優勢從此消失。前幾年，杭州市的新僑飯店率先推出廣式早茶，一時吸引了大批客人，開闢了杭州飯店業有史以來的第一個早茶市場。然而好景不長，不出數月，其他飯店也紛紛引進「正宗廣式早茶」，使新僑飯店的優勢轉瞬即逝。這些事例說明，由於餐飲產品的無專利權，沒有人可以阻止他人做什麼，更避免不了抄襲與效仿，這也進一步說明了餐飲企

業產品創新的重要性和不易性。

五、餐飲產品品質的差異性特徵

餐飲產品的生產包含著大量的手工勞動，不像工廠那樣可以得到機械的控制，其產品之間的誤差相對就大一些，再加之員工的工作態度、技能技巧、熟練程度各有好壞和高低，因此，餐飲產品品質不可避免地產生品質和水準上的差異。這種差異性不是指一家飯店與另一家飯店產品之間存在著差異，而是指同一家飯店的餐飲產品存在的差異，具體表現為同一員工在不同的時間、不同的場合或對於不同的對象所提供的餐飲產品或服務往往水準不一，品質不同。例如，廚師烹製的菜餚，即使在同場地，製作同一菜餚，先後出品的成品也會有不同程度的差異；餐廳服務員在按規範服務的過程中，先後連續接待幾批客人，其服務水準也會有一定的差異。造成這種差異的因素很多，如手工操作的隨意性、技能的熟練程度、員工的工作態度、體力狀況、情緒變化因素、心理負擔等，使員工難以在同一崗位提供始終如一品質的餐飲產品與服務。因此，制定嚴格的品質標準，堅持執行品質標準，加強員工培訓教育，不斷地改善、端正工作態度，提高技術技能，是保證餐飲產品品質水準的必要手段。

六、餐飲產品品質內容的關聯性特徵

餐飲產品品質是由一次一次的具體勞務活動組成的，雖然各種勞務內容有別，如廚房的加工勞務、餐廳的服務勞務，但它們之間都不能獨立存在，它們之間有著密切的關聯性。如果一家飯店提供的菜餚、麵點品質很好，客人非常喜歡，但是假若飯店的服務態度

太差，就會影響客人來飯店就餐的意願，反之亦然。同樣，菜品品質較高，但進餐環境太差，同樣也不會贏得客人的滿意。同一盤菜餚，在路邊攤可能只值四十元，一旦到了裝飾豪華的三星級飯店，其價值可能會翻幾番。其實，那盤菜餚的本身品質未發生變化，正是因為進餐環境品質的提高，使餐飲產品的品質也隨之發生了變化。這就是餐飲產品品質關聯性的特徵。

現代飯店為客人提供的是全面的服務，客人對飯店品質、餐飲品質的印象，是透過他進入飯店直到離開飯店的全部過程形成的。所以，只要某個環節上出現品質問題，就會破壞客人對整個餐飲產品的印象，從而影響他對於整個餐飲產品品質的評價。從整個餐飲企業來看，餐飲產品品質關聯性的特徵要求飯店注意兩個方面的問題：

1.要重視整體形象的樹立。
2.要加強全方位的品質管理。

七、餐飲產品品質對員工素質的依賴性特徵

餐飲產品品質的優劣固然要以飯店的設施設備為依托，以菜餚實物產品為基礎，但服務品質的高低也是不可少的，它主要取決於服務人員主觀能動作用的大小和技術水準的高低。設施設備條件再好，如果不能調動人的主動性、積極性和首創精神，菜餚品質和服務品質就無法提高。一般的實物產品生產和銷售是分離的，消費者只關心實物本身的品質，至於生產者的狀態跟消費者是無關的。但餐飲產品的生產和銷售過程是緊密連在一起的，服務人員要面對面給客人提供服務，服務人員的狀態對餐飲產品品質會產生直接影響。服務人員狀態主要有兩個方面：

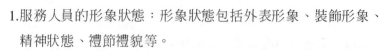

1. 服務人員的形象狀態：形象狀態包括外表形象、裝飾形象、精神狀態、禮節禮貌等。
2. 服務人員的技術技巧：服務人員的技術技巧，實際上就是服務員的業務水準，技術嫻熟程度、技術運用程度、技巧運用程度都會對餐飲品質產生直接影響。

總之，餐飲產品品質對員工素質具有依賴性，是毋庸置疑的，說白了，飯店員工，尤其是從事餐飲勞務服務的員工，實際上就是餐飲產品的一部分，因為他們所提供的勞務本身就是餐飲產品的重要組成部分。員工精神狀態、情緒好壞、工作品質好壞本身就是客人評價餐飲產品品質的內容，所以說，員工本身就是餐飲產品的一部分。這就意味著，餐飲產品品質管理，關鍵是對員工進行素質培訓，並且讓員工明白，他們應該具備行業素質、敬業樂業、團隊精神，而不只是簡單勞動者。

八、餐飲產品品質具有情感性特徵

餐飲服務的對象是人，這是一類特殊的勞務對象，因為人是有思維、有感情的。就實物產品而言，消費者只對產品存在著心理傾向，即喜愛或不喜愛或一般，而勞務服務就存在客人與服務人員雙方感情融洽的問題。當客人到飯店進餐時，如果服務是優質的，服務員是真誠熱情待客的，把客人當成自己的親人，客人在滿意和舒適的氣氛中逐步地把自己感情融洽到就餐活動中去，從而產生一種親切感、輕鬆感，有回家的感覺，於是對飯店留下美好的印象和記憶。這樣一來，客人會對餐飲品質傾向於給予良好的評價。如果服務員態度惡劣，對客人冷冰冰的，像見了仇人似的，客人又怎能給餐飲品質很好的評價呢？所以，餐飲產品品質要十分注意感情的融

洽，把飯店對客人的感情透過優質服務傳遞給客人，讓客人和飯店在感情上融爲一體。富有情感性的餐飲產品，客人給予的品質評價一定會很高，並且產生對飯店無限的信賴，這是把客人長期留在自己飯店進餐的最有效的措施。

第 2 章
餐飲產品品質管理理念——
顧客滿意理念

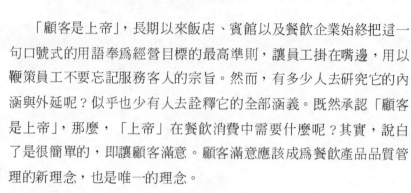

「顧客是上帝」，長期以來飯店、賓館以及餐飲企業始終把這一句口號式的用語奉爲經營目標的最高準則，讓員工掛在嘴邊，用以鞭策員工不要忘記服務客人的宗旨。然而，有多少人去研究它的內涵與外延呢？似乎也少有人去詮釋它的全部涵義。既然承認「顧客是上帝」，那麼，「上帝」在餐飲消費中需要什麼呢？其實，說白了是很簡單的，即讓顧客滿意。顧客滿意應該成爲餐飲產品品質管理的新理念，也是唯一的理念。

顧客滿意，英文寫作customer satisfaction，它的縮寫是CS，也稱爲CS策略。顧客滿意理想實際是把「顧客是上帝」作最完好的詮釋，是把一句日常口號與經驗上升爲產品的設計、加工、銷售、服務等完善的品質管理理論。目前，已有許多飯店、餐飲企業的管理者廣泛接受這一理念，並作爲一種經營策略運用於餐飲品質經營管理的實踐中。

顧客滿意作爲一個社會經濟生活中的概念，於二十世紀八〇年代由美國心理學家首先提出，並首先運用於工業企業產品的品質經營與管理，它以顧客滿意度爲基準，透過消費者對產品滿意度的調查，而引導產品品質的改革與管理。至九〇年代，已被西方大多數國家的企業、公司所採用，迅速傳播並不斷發展完善，從而形成了品質經營與管理發展史上的一次變革。

第一節　顧客滿意理念形成的因素

CS理念的基本指導思想是：餐飲企業的整個經營活動都要以顧客滿意度爲指針，要從顧客的角度、用顧客的觀點而不是企業自身的利益和觀點來分析考慮顧客對餐飲產品的需求，儘可能全面地尊重和滿足，並且維護消費者的利益。

實際上，這是餐飲經營中經營者與消費者換位思想的一種管理方式。儘管顧客滿意經營理念的主要思想和一些方法都是早已存在的，但是作爲餐飲產品品質經營管理一種科學化和系統化的理論體系、一種全新的品質經營哲學，是現代消費市場發展的必然結果。其形成的因素有如下幾個方面：

一、餐飲市場競爭與營銷環境的變化

中國大陸改革開放以來，促進了市場經濟的高度發展，從而導致了商品供應的不斷豐富。餐飲企業、大中小型飯店、賓館的大量建造，使餐飲市場的競爭日益激烈，餐飲行業也由賣方市場轉向買方市場。在這種情況，如何贏得客人的信賴，靠什麼去吸引客人，就成爲餐飲業競爭的焦點。有人講：靠餐飲特色；也有人認爲：靠廣告宣傳與營銷；更有人認爲：靠價格的低廉。富有特色的菜點、良好手段的營銷策略，甚至降低菜品的價格，固然是不可缺少的有效手段，但如果產品的品質不能使客人達到滿意，客人是不會承認的。失去了客人，企業盈利的機會也就不復存在。只有客人在用餐時感到滿意，各種需求得到了滿足，企業才能留住客人。因此，餐飲產品品質好壞的鑑別，就完全取決於客人的滿意程度。

當然，運用有效的營銷策略，也可以贏得廣大的客人。但雖然營銷方法高妙，提供給客人的菜餚味不正、色不鮮艷，提供的各項服務也不盡如人意，試想客人能滿意嗎？到頭來還是失去客人。最近幾年的餐飲市場，已經得到這樣的驗證：餐飲產品品質所達到的顧客的滿意度是顧客選擇用餐場所的決定性因素。如果客人在某酒店用餐時曾經有從菜餚中吃出蒼蠅的經歷，恐怕這位客人會永遠不再回頭，因爲他已經對該酒店的飯菜品質的滿意度降到了最低點。

二、品質觀念與服務方式的變化

　　依據傳統的對餐飲產品品質的評定標準，只要「好吃」、「娛腸」就行，再全面一點講就是菜品的色、香、味、形、器、質、營養俱佳就是合格的餐飲產品。然而，隨著消費者生活水準的日益提高，對餐飲產品品質的標準也越來越高，不僅要求菜餚本身品質高，而且與之發生的外圍的、環境的，乃至對相應配套的娛樂、健身設施也視爲餐飲產品品質的組成部分，甚至是不可缺的。因而，對餐飲產品品質的認定觀念上發生了很大的變化。

　　與此同時，在激烈的市場競爭條件下，經營者也對品質的觀念發生變化，即餐飲產品的品質不僅要符合消費者的需求，而且要比競爭對手更好。現代意義上的餐飲產品如第一章內容所述，是由核心產品（菜餚、麵點等本身）的有形部分、用餐設施的有形部分及外圍產品的無形部分構成。以服務內容爲主的外圍產品越來越成爲餐飲產品中的重要部分。例如，現在許多客人在選擇用餐場所時，除了考慮能提供優質美味的食餚與優良的服務外，同時還要考慮與之配套的娛樂、健身設施，乃至文化內涵。從這個意義上講，餐飲產品就必須靠服務方式的創新和服務品質的優異來提高顧客的滿意度，從而贏得顧客對餐廳的信賴，這已成爲越來越多餐飲企業與經營決策者的共識。

三、顧客消費觀念的變化

　　中國大陸的餐飲經營從計畫經濟到市場經濟的轉化，經過了風風雨雨的考驗。在物質不十分充裕、消費者的經濟條件不寬裕的年代，消費者奉行的是「理性消費」思維方式，評品餐飲產品是用

「好與壞」、「多與少」、「貴與賤」等標準，對於質的要求不是不想，而是不能要求過高。進入九○年代以來，「感性消費」已經代替了「理性消費」，儘管在這個轉化過程中經歷了「盲目消費」、「膨脹消費」等一些不成熟的消費過程，但那畢竟是短暫的。今天人們的消費行為由「量的消費」提高到了「質的消費」。在賓館、飯店、餐館林立的市場裡，消費選擇者的唯一標準，就是看誰家的產品品質能達到客人的滿意，並且以滿意度高者為首選。不僅如此，由於消費者在用餐時越來越重視「質」的內涵，對餐飲產品的品質標準也越來越有新的需求。例如對營養搭配、合理膳食的需求，客人不僅追求飯菜本身的優質美味，而且希望透過吃達到健康長壽、袪病抗疾等效果，更有客人要求飯店應該供應與自己身體狀況相適應的菜點，如高脂血症、脂肪肝等患者需要提供低脂、低膽固醇的菜點，糖尿病的患者則希望提供無糖的菜點等。這些現象都反映了消費者消費觀念的轉變。換句話說，顧客評定餐飲產品品質不再是用「好與壞」的標準，而是用「滿意不滿意」的標準。因為餐飲產品是以「無形」產品對客人所產生的一種整體感受，這實際上就給餐飲經營者對餐飲產品的品質提出了更高的要求。

二十一世紀的餐飲市場，基本的標準就是使顧客滿意。可以預言，不能使顧客滿意的餐飲企業將在未來的經營中無立足之地，其生存空間將不復存在。在激烈的市場競爭中，餐飲企業依靠什麼來提高自己的競爭力，靠什麼優勢來吸引客人，只有在全面的產品品質上下功夫，不斷提高顧客的滿意度，才是餐飲企業品質經營的方向。

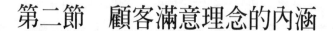

第二節　顧客滿意理念的內涵

一、顧客滿意理念的涵義

　　顧客滿意理念，首先是一種經營理念，是指餐飲企業為了使顧客能完全滿意他們的產品，綜合而客觀地測定顧客的滿意程度，並根據對消費者調查分析他們的結果，透過企業內部的有效運作來改善產品、調整產品、不斷提高產品品質的一種經營策略。它奉行的是顧客至上的原則，透過使顧客滿意而獲得理想的經濟效益。

　　顧客滿意理念中的「顧客」，主要是指餐飲企業的外部顧客，即一切有消費需求和消費傾向的客人。但從更加廣泛的意義上講，還應包括企業內部顧客，即企業的內部成員，包括企業的員工和投資者，如持股人。因此，實施顧客滿意經營的餐飲企業所面臨的顧客關係，不僅有企業與員工的關係，而且包括企業中的供、應、銷及其他職能部門之間、上下工序之間的關係，同時還包括企業與消費者和客人的關係。所以，顧客滿意是一種以廣義的顧客為中心的全方位顧客滿意品質經營策略。

　　綜上所述，我們可以從以下幾個方面來認識顧客滿意的基本涵義：

(一)「顧客第一」的觀念

　　實行顧客滿意管理，推行顧客滿意經營，餐飲企業必須確立「顧客第一」的觀念。企業在激烈的市場競爭中必須保持盈利才能站穩腳跟，這就使決策者往往首先產生「利潤第一」的觀念。「利

潤第一」的觀念就企業的生存發展而言，本身也是沒有問題的，但卻忽略了另外一層更為重要的內容。如果餐飲企業沒有人來就餐，你如何保持良好的經濟效益。實際上，「顧客第一」和「利潤第一」在餐飲企業的發展中是完全統一的，兩者之間是相輔相成的。所有的企業在經營中都是以追求資本增值盈利最大化為最終目標的，然而，怎樣才能實現餐飲企業最佳的經濟效益，從根本上說，就是必須首先滿足顧客的需要、願望和利益，讓顧客喜歡你的產品。要做到這一點，企業的出發點只有站在顧客的角度上，事事處處為顧客著想，顧客需求的，企業要想到，顧客沒有想到的，企業也要想到。只有這樣，才能獲得企業自身的經濟利益。

由此看來，「顧客第一」的觀念，是市場經濟的本質要求，也是市場經濟條件下餐飲企業爭取顧客信賴、掌握市場主動的法寶。這就要求餐飲企業、飯店在生產經營、品質管理的每一個環節上，都必須著眼於客人，全心全意地為客人著想、為客人服務，最大限度地讓客人滿意。只有這樣，餐飲企業才能在激烈的市場競爭中增加活力，從而獲得持久的發展和長期的效益。

(二)「顧客總是對的」意識

顧客滿意中蘊涵著「顧客總是對的」這一意識。當然，這不是絕對意義上的一種科學判斷，也不一定符合客觀實際。飯店行業多少年來一直奉行「顧客總是對的」的宗旨，然而僅僅是一句口號式的理念，沒有把它真正融合在員工的實際行動中。但隨著餐飲市場激烈競爭的日益白熾化發展，「顧客總是對的」的觀念，才被人們得以重新認識，並奉為贏得客人信賴的武器。「顧客總是對的」，是站在尊重客人的角度上，只要客人的過錯不會構成對餐飲企業重大的經濟損失，不是違犯法律的行為，那就要將「對」讓給客人，這是餐飲企業顧客滿意經營意識的重要表現。「得理也得讓人」、

「受了委屈也得讓客人下台階」，這既是對員工服務行為的一種要求，也是員工素質及至企業素質的一種反映。所以，顧客滿意管理要求員工必須遵循三條基本原則：

第一，站在客人的角度考慮問題，使客人滿意並成為可靠的回頭客。

第二，不應把對設施設備、菜點或服務有意見的客人看成是不被員工歡迎的人，或是討厭的客人，應設法消除他們的不滿，獲得客人的好感。

第三，應該牢記，與客人發生任何爭吵或爭論，企業絕不會是最後的勝利者，因為從此企業會失去客人，也就意味著失去了市場和盈利機會。

不過，「顧客總是對的」並不等於顧客在事實上的絕對正確，而是意味著客人得到了絕對的尊重，顧客的自尊心得到最大程度上的滿足，客人的權益受到了真正的保護。當顧客得到了絕對尊重，品嚐到了「上帝」滋味的時候，就是餐飲企業提升知名度和美譽度的時候，也就是企業能擁有更多的忠實客人、更大的市場、更加發展壯大的時候。

二、員工在顧客滿意中的地位

顧客是上帝，幾乎已成了飯店、餐飲企業決策者們的口頭信念。然而，把客人按「上帝」的標準對待，必須具體體現在員工的服務過程中。員工的一言一行、一舉一動，均是傳遞企業與客人密切關係的因素，而這些因素的集合，反映了「顧客是上帝」的思想。問題在於，讓員工把客人當成「上帝」，企業首先就要把員工當成「上帝」，因為企業的良好形象與信譽、企業的發展與財富的創造均來自於員工的具體勞務活動。所以，美國羅森帕斯旅行管理

公司總裁羅森帕斯提出了「員工也是上帝」的理念。這一理念，應該說準確地給了企業員工一個定位，肯定了員工在企業中至高無上的角色和地位。實際上，這是顧客滿意理念的基礎。

「員工也是上帝」的思想告訴我們，一個企業，尤其是服務性企業，只有善待員工，員工才會善待客人。只有滿意的員工才能夠創造顧客的滿意。例如，飯店要求員工在面對客人時用微笑和富於情感的交談與客人交流，要做到這點，飯店的高級管理者和中層管理者必須首先給員工微笑和富有情感化的交流，而不是滿臉的嚴肅，動輒就是用訓斥的口吻與員工交流，似乎管理者就應該是嚴肅或嚴厲的同義詞。顯然，這是目前餐飲企業管理者在工作中的一個缺點。

餐飲企業要想使自己的員工讓客人百分之百的滿意，成為客人的擁護者和客人問題的解決者，就必須從滿足員工的需求開始：

1. 首先要滿足員工對知識的渴求，並在企業內部創造一個能夠發揮員工各種才能的機會，以滿足他們角色和成就感的需求。
2. 維護員工的各種權益，使員工感到自己享有權力，滿足實現自我價值的需求。
3. 關心和愛護員工，透過有效的激勵手段，調動員工的積極性，激發員工的敬業樂業精神。
4. 管理層要充分尊重員工，不僅使員工尊重的需求得到滿足，而且可以樹立員工的自尊心，從而使員工對做好任何事情都有了信心。

簡而言之，企業向員工發出什麼樣的訊息和信號，員工就會向客人傳遞和表達什麼樣的訊息。見表2-1。

事實證明，餐飲企業經營不好，首先是出錯率增大，從而影響

表2-1　企業員工／顧客關係

企業對待員工	員工對待客人
你的問題是什麼，我們怎樣幫助你	我選擇幫助你，我能幫助你
我們應該讓你知道企業發生的事情	我能幫助你，因爲我知道發生了什麼
我們是餐飲企業的一員，所以我們應該對這裡發生的事情負責	我有義務幫助你，我爲自己能夠這樣做而感到驕傲和自豪
我們以職業上的尊重相互對待	我把你當作獨立的人對待
我們擁護相互的決定，相互支持	你可以相信我和我的飯店會履行承諾

了餐飲產品品質。這就意味著員工不愉快，接著是員工的不滿和抱怨，隨後就會出現客人的不滿和抱怨。只有做到員工至上，員工才會把客人放在第一位。首先提出「員工也是上帝」的羅森帕斯旅行管理公司根據公司的實際狀況，逐步創立了一套人才選拔、培訓和管理的理論和方法，創立了員工至上的企業文化。例如，新員工來公司上班首先要進行培訓，頭兩天安排到公司總部培訓，並由總裁和高層主管爲他們端茶服務，現身說法。同是一杯茶，不同的服務帶來的感覺和效果卻有天壤之別。員工還輪流參與總裁一天的活動，加深彼此的了解。在這樣的一些活動中，員工得到了至高無上的尊重，心理上得到滿足，然後他會把這種滿足傳遞給客人，使客人也會得到同樣的滿足。山東一家民營餐飲企業，總經理和員工一起參加業務培訓，接受同樣的管理，吃、住在一起，和員工平等的討論問題，使員工感到非常親切，增加了對企業的信賴感。

　　成功的餐飲企業，無不是用希望員工對待客人的態度和方法來善待自己的員工。

第三節　顧客滿意要素的構成

　　顧客滿意是由客人對飯店的理念滿意、行為滿意和視覺滿意三個系統要素構成的。顧客滿意在餐飲業中的經營運行，是指這三個要素的協調運作，全方位促使顧客滿意的整合結果，這種整合結果可用一個簡單的圖來展示，見圖2-1。

　　顧客滿意經營系統的三個方面不僅有緊密的關聯性，而且有很強的層次性，從而形成了一個有序的、縱向的、功能耦合的顧客滿意系統結構，見圖2-2。

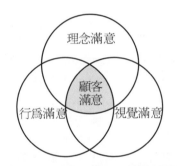

圖2-1　顧客滿意整合關係圖

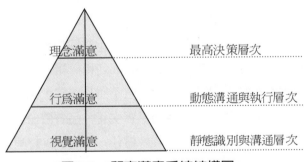

圖2-2　顧客滿意系統結構圖

由此可見，顧客滿意的經營理念，是一項十分複雜的系統工程，它的價值取向是以客人為中心，而理念滿意、行為滿意、視覺滿意作為顧客滿意的重要組成部分，都必須按照這種價值取向去進行整體運作。

客人對餐飲企業的理念滿意、行為滿意、視覺滿意，都必須由企業和企業的員工用實際的工作狀態和品質管理體現出來，從而滿足客人在就餐過程中最大程度的心理滿意。

一、理念滿意

理念滿意，英文為mind satisfaction，簡稱MS。是指餐飲企業理念帶給客人心理滿足狀態。

企業理念是統合餐飲企業生存和發展的靈魂，是在餐飲品質經營過程中的品質經營理念、品質經營信條、企業使命、品質目標、品質精神、品質文化、企業風格、經營座右銘和品質策略的統一化。透過理念的統一，確定飯店的本質，突顯餐飲企業的品質風格。

例如，遍布全世界的西式速食店麥當勞，其品質經營理念是「炸薯條和漢堡，一杯可樂加微笑」。就是這一句簡單的話，把麥當勞連鎖企業經營的基本風格、經營哲學、價值觀念和道德觀念等基本特色簡練而明確地概括出來，甚至把它獲得成功的基本經驗也包含在其中了，它不僅成為麥當勞全體員工共同信奉和遵守的行動準則，而且也受到了廣大餐飲消費者的歡迎和信賴。

顧客滿意的核心是理念滿意，它不僅是餐飲企業品質經營的宗旨與方針，而且也是一種鮮明的品質文化、品質價值觀。對外它是爭取廣大客人乃至社會公眾理解、信任、關心、支持與愛戴的一面旗幟，對內它是推動廣大員工形成共同的目標感、方向感、使命感

和責任感的一種崇高的精神力量。因此，餐飲企業理念的建設，必須能夠徵求廣大顧客的意見，爭取他們的認同，使客人得到最大程度上的滿意。

二、行為滿意

行為滿意，英文為 behavior satisfaction ，簡稱BS 。是指餐飲企業的全部運行狀況帶給客人的心理滿足狀態，包括行為機制滿意、行為規則滿意和行為模式滿意等。

由於理念滿意的重心是實現客人的價值觀，明確「客人希望怎樣」和「我如何做」，它偏向客人心理滿足，落腳點是滿意，特質是情感傳遞。所以，當認真對飯店實際動態進行全面的分析，制定出飯店的理念滿意系統之後，則需要企業的整體經營運作行為，在飯店的實際運作中來貫徹、落實企業的理念精神，實現行為滿意，進而讓客人滿意。因此，行為滿意是顧客滿意的操作中心，是理念滿意的行為方式，是在飯店組織制度、管理培訓、行為規範、公共關係、營銷活動、公益事業中，對內外傳播餐飲企業的理念精神和對待員工與顧客的態度。

山東濟南的淨雅大酒店，是一家創立僅有十幾年的餐飲企業，由於在管理上捨得下大氣力，注重人才的使用和建立嚴格有效的品質運行機制，該酒店通過了中國方圓標誌委員會和國際認可論壇多邊組織ISO9002品質體系認證。為了使ISO9002品質管理體系得以深入貫徹執行，酒店成立了專門的質檢部門，質檢人員由原來的二人增加到八人，他們負責對體系存在的問題進行審核，由專門的統計人員對工作中產生的不合格項進行統計分析，然後回饋到問題部門，逐一進行解決，使不合格項逐漸減少，員工的品質意識也明顯增強。有效的品質管理機制，使該酒店得到良好的回報，員工在具

體的勞務中與企業理念保持高度一致，進而使客人也得到了滿意。不久前，在淨雅的一次顧客意見調查中，顧客對菜品評價的合格率達到了99.8％，對服務品質評價的合格率達到了99％。

淨雅大酒店的做法為餐飲企業開展行為滿意活動提供了十分有價值的經驗。實踐證明，在餐飲企業的行為滿意系統中，員工對企業的滿意、客人對餐飲產品品質的滿意、客人對餐飲服務的滿意，是行為滿意運作的重點。

三、視覺滿意

視覺滿意，英文為visual satisfaction，簡稱VS。是指餐飲企業所具有的各種可視性的顯在形象帶給客人的心理滿足狀態。

視覺滿意，是餐飲企業具體化、視覺化的訊息傳遞形式與客人對這種企業傳遞的訊息及方式認同之間的一種有效的協調和溝通，也是顧客滿意中分別項目最多、層面最廣、效果最直接的影響客人滿意度的系統。

視覺滿意又包括基本要素滿意和應用要素滿意。所謂基本要素是指企業形象的直接體現內容，它包括企業的名稱、菜品標誌、品牌標準、象徵企業形象的圖案、吉祥物、企業宣傳標語、口號、菜單設計的大小、字體等。也就是客人只要透過這些基本要素，就可以得到對這家飯店的基本印象。所謂應用要素是指與經營的飯菜有關的設備設施等，它包括餐廳中的各類用品、建築外觀風格、櫥窗、室內裝飾、員工的衣著、產品本身、菜餚的盛器或外包裝、廣告宣傳、展示陳列樣品等。

綜上所述，顧客滿意（CS）是理念滿意（MS）、行為滿意（BS）、視覺滿意（VS）的統一體，是餐飲企業的整體經營策略，是全新的、全方位的品質經營策略。但這種經營策略的實施必須從

理念滿意、行爲滿意到視覺滿意形成明確的層次，如圖2-2所示的有序的層次系統，同時每個層次都有明確的功能，並透過功能的耦合達到最佳運作效果，如圖2-3。

顧客滿意經營系統要素的構成，可用下列圖表示出來，見圖2-4。

透過對顧客滿意要素構成的分析，可以清楚地看出，餐飲企業

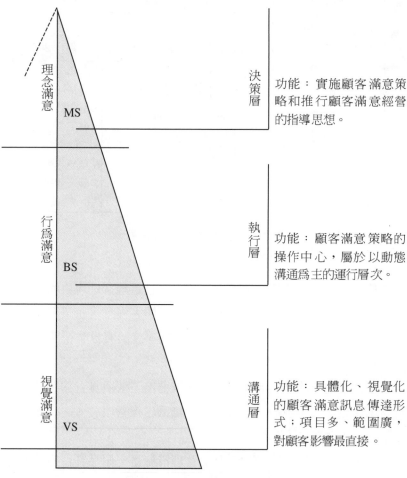

理念滿意 MS

行爲滿意 BS

視覺滿意 VS

決策層　功能：實施顧客滿意策略和推行顧客滿意經營的指導思想。

執行層　功能：顧客滿意策略的操作中心，屬於以動態溝通爲主的運行層次。

溝通層　功能：具體化、視覺化的顧客滿意訊息傳達形式；項目多、範圍廣，對顧客影響最直接。

圖2-3　顧客滿意系統功能

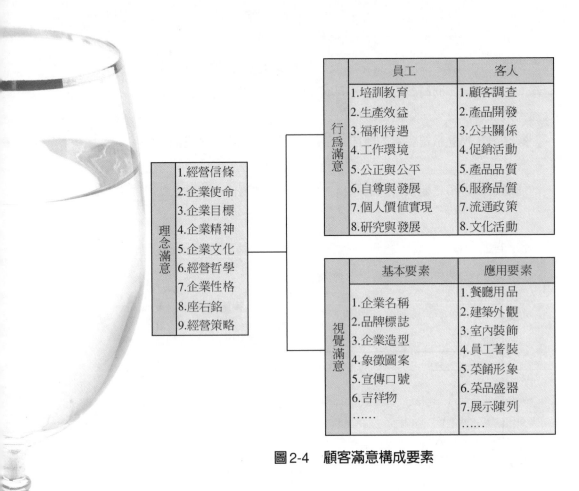

	員工	客人
行為滿意	1.培訓教育	1.顧客調查
	2.生產效益	2.產品開發
	3.福利待遇	3.公共關係
	4.工作環境	4.促銷活動
	5.公正與公平	5.產品品質
	6.自尊與發展	6.服務品質
	7.個人價值實現	7.流通政策
	8.研究與發展	8.文化活動

理念滿意
1.經營信條
2.企業使命
3.企業目標
4.企業精神
5.企業文化
6.經營哲學
7.企業性格
8.座右銘
9.經營策略

	基本要素	應用要素
視覺滿意	1.企業名稱	1.餐廳用品
	2.品牌標誌	2.建築外觀
	3.企業造型	3.室內裝飾
	4.象徵圖案	4.員工著裝
	5.宣傳口號	5.菜餚形象
	6.吉祥物	6.菜品盛器
	……	7.展示陳列
		……

圖2-4　顧客滿意構成要素

的成功經營不僅需要樹立良好的形象，而且這種良好現象的建立，必須是基於顧客滿意的前提下的，離開了顧客滿意，企業形象也不復存在。上海「紅子雞」美食總匯的成功，就給餐飲業帶來了十分有意義的啓示。

在眾多的餐飲品質管理中，紅子雞推出了兩項具有獨特色彩、符合現代企業競爭規範、體現了紅子雞酒店經營理念、從「產品推銷」到「品質營銷」的策略轉變。

紅子雞酒店推出的第一項品質管理措施是一個品質否定公式：$100 - 1 < 0$。這個公式的涵義是在顧客的心目中，酒店的品質是一

個整體，它由各個崗位的每一項工作和各個人的每一項行為所構成。客人對酒店的品質進行評價時，通常是根據酒店的某一點作出結論，哪怕這一點微不足道。比如，某客人可以根據某個服務員的用語不禮貌或者門衛人員指揮車輛不力，或者某道菜中發現了一根頭髮，或者上洗手間發現馬桶沒有沖水，不論酒店其他方面工作做得如何好，客人也會全盤否定整個酒店的產品品質，這就是 100 － 1 ＜ 0 的品質否定公式，也就是「一票否定」。紅子雞酒店要求每個員工都要認識到這一點，並將全面品質管理貫穿到每個崗位、每個服務項目中去，每個員工都認識到「1」代表的不僅僅是「1」，而是酒店整體，要從整個酒店的品質高度去做好每個崗位的工作。

為貫徹好 100 － 1 ＜ 0 的品質否定公式，酒店展開了無差錯活動。酒店將可能發生的問題根據發生的次數多少分為 A、B、C 三大類。A 類問題指經常發生的問題，雖然問題小，但發生次數特別多，約占投訴總數的 70 ％ 左右，如餐飲器具衛生問題、服務員見客人不微笑、不問候、不講敬言等；C 類問題主要指那些偶然性或不可控性問題；B 類問題發生的次數少，但比 C 類問題要多。酒店根據分析結果，制定詳細的預防措施，A 類問題重點解決，C 類問題以防範為主，B 類問題主要控制發生次數。這樣，整個酒店的品質管理既突出了重點，又抓住每個崗位的重點。為了把無差錯活動深入做好，各部門、各班組展開競賽，開展諸如無差異工作日、無差錯工作週、無差錯工作月等活動，使員工逐漸養成了無差錯的工作習慣。決策層的理念滿意很快成為全酒店員工的行為規範，使酒店形象與產品品質帶給客人心理極大的滿足。

紅子雞酒店推出的品質營銷的第二項措施是在服務模式上的創新。所謂服務模式，是指服務場所的空間布局、服務流程、服務方式、服務功能的組合等。為了適應客人對快餐時間上的需求，酒店推出了「溜冰傳菜」的新穎方式，別具一格。酒店八十多名服務員

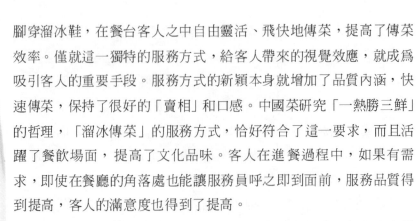

腳穿溜冰鞋,在餐台客人之中自由靈活、飛快地傳菜,提高了傳菜效率。僅就這一獨特的服務方式,給客人帶來的視覺效應,就成為吸引客人的重要手段。服務方式的新穎本身就增加了品質內涵,快速傳菜,保持了很好的「賣相」和口感。中國菜研究「一熱勝三鮮」的哲理,「溜冰傳菜」的服務方式,恰好符合了這一要求,而且活躍了餐飲場面,提高了文化品味。客人在進餐過程中,如果有需求,即使在餐廳的角落處也能讓服務員呼之即到面前,服務品質得到提高,客人的滿意度也得到了提高。

紅子雞酒店的品質營銷理念,是一種全新的企業形象與客人滿意理念的融合,並且收到了奇特的市場效果。一時間,擁有一萬二千平方公尺營業面積,八十多間貴賓包廂,二千多人可同時進餐的酒店,天天門前食客盈門,車水馬龍,生意異常火爆,並很快成為上海灘的餐飲品牌,甚至出現了轟動效應。

第四節　顧客滿意的基本精神

餐飲產品品質中實施顧客滿意經營策略,關鍵在於把握住餐飲品質經營角度的根本性轉變。要把握住顧客這一餐飲品質經營的新角度,就必須能夠做到深刻的理解和把握顧客滿意經營的基本精神。

一、追求顧客滿意

實行餐飲品質管理向顧客滿意經營策略轉化之後,企業的經營角度,已在本質上發生變化,實現了由以餐飲企業為中心向以客人為中心的轉變。實現這種轉變的最終目的,就在於追求顧客滿意。

這正是餐飲業經營角度發生根本轉變的重要標誌和基本要求，也是顧客滿意經營的基本精神。

傳統意義的酒店，往往只重視飯店內部對產品的開發、生產，服務上也是酒店自己確定標準，從本質上看，是以企業為中心的經營方式。而顧客滿意理念，將把宴會設計、菜品的開發等轉向以客人需求、滿足客人心理狀態的產品生產經營，使客人滿意。北京長城飯店為客人設計「絲綢之路」主題宴會就給餐飲企業樹立了典範。

一九九六年春天，一位美國老先生來到長城飯店宴會銷售部，向接待他的員工表達了這樣一個願望。老先生是一位學者，不久前剛在中國西部遊歷了數月，讓他留下了難以忘懷的印象，他想在臨回國之前，在長城飯店宴請在北京的百餘名同行及朋友，並想透過宴會向朋友們展示中國西部風光。老先生非常希望長城飯店能幫他實現這個願望。因為老先生實在很留戀新疆的天山和草原的駝鈴，也想藉此讓他的美國朋友感受一下。老先生最後動情地說：「我個人提不出具體的宴會方案，因為我不是餐飲專家，但我知道貴店在京城餐飲業中享有盛譽，我相信你們一定能令我滿意。」

客人的需求，就是飯店的工作，客人的滿意，是飯店的目的。長城飯店為了滿足這一美國客人的獨特需求，動員宴會部的宴會策劃設計人員和宴會製作人員，開始了認真地準備，經過反覆比較，最後終於決定為客人舉辦以「絲綢之路」為主題的宴會。

兩天後，當老先生與他的朋友們一起來到宴會大廳時，他們的驚喜已無法用語言表達。展現在他們面前的宴會廳就像一幅中國西部優美的風景圖。從宴會廳的三個入口處到宴會的三個主桌，服務員用黃色絲綢裝飾成蜿蜒崎嶇的絲綢之路；寬大的宴會廳背板上，藍天白雲下一望無際的草原點綴著可愛的羊群；背板前高大的駱駝昂首迎候著所有賓客，其形象逼真使人難以相信這僅僅是飯店美工

人員在兩天內製作出來的。宴會廳的東側,古老的長城城樓象徵著中國五千年文化的滄桑,西側有一幅天山圖的背景板,寬大的舞台上,有新疆舞蹈演員在載歌載舞。十六張宴會餐桌錯落有致地擺放於三條絲綢之路兩側,金黃色的座椅與絲綢顏色一致,宴席菜餚的設計也融入了濃濃的西部風味。面對這富於濃郁中國西部文化氛圍的宴會場景,老先生激動地說:「你們做的一切已大大超過了我的期望,真令我終生難忘。」宴會的成功不言而喻。

長城飯店為獨特需求的客人設計的「絲綢之路」宴會,從最大程度上達到了客人的滿意,至於這種做法是否會給飯店帶來很大的困難,由於一次性的使用,也可能造成成本上的增大,但追求顧客滿意、滿足顧客需求是飯店的最終目標。

長城飯店給餐飲經營的啟示,是不難理解的。追求顧客滿意,是餐飲業生存和發展之根本。但在追求顧客滿意中,要釐清顧客滿意與經濟效益的關係。顧客滿意與企業賺錢,兩者不是手段與目的的關係。如果企業為了賺錢而追求顧客滿意,那麼企業一定賺不到足夠的錢;如果把追求顧客滿意作為品質經營的目的,那麼肯定會為企業帶來豐厚的利潤。其中的微妙之處,也許正如俗話所說的那樣:「有心栽花花不開,無心插柳柳成蔭。」退一步說,如果一定要把顧客滿意當成餐飲企業獲利的手段的話,那麼也必須把真正目的暫時忘掉,而全心全意、真心實意地去追求顧客滿意。企業對客人們的厚愛,他們一定會加倍回報的。

二、顧客滿意就是高品質

顧客滿意是餐飲經營最基本,也是最重要的一個概念。究竟什麼是顧客滿意呢?

其實,顧客滿意就是指這樣的一種狀態,即餐飲企業提供給客

人的食品和服務符合或超過客人在事前所期待的狀態。例如在前文所講長城飯店為美國客人專門設計「絲綢之路」宴會的例子，就收到了良好的效果。美國客人事前僅僅希望能達到一種基本的預期願望就算達到了目的，沒想到，實際結果遠遠超出了他的期望，達到了非常滿意的狀態。

但作為運作中的酒店，要正確理解這一概念，就必須注意以下幾個方面：

第一，顧客滿意，實際上就是飯店使顧客獲得滿意的簡單表述。在這裡，飯店是「滿意」的運行者和提供者，滿意的主體對象是客人。所以，客人究竟滿意與不滿意，不能由飯店根據自己的主觀推斷而定，而應由客人判定。

第二，滿意的對象不是飯店所提供的產品，而是飯店本身。飯店所具備提供的產品，只是構成客人滿意的媒介。如果飯店所生產供應的產品，使客人在進餐過程中，產生方便、舒適、愉快等感覺，那麼客人將透過產品給客人帶來的整體感受對該飯店感到滿意。於是，當該客人需要時，便會再到該飯店就餐，甚至成為該飯店的永久性客人。否則，他將不會再次成為該飯店的客人，甚至還會影響到其他客人。

第三，構成客人滿意的基本要素至少有兩個：

1.顧客的事前期待：是反映客人在到某飯店進餐之前，對該飯店餐飲產品所抱有的希望，如該飯店是四星級標準，應該能給客人提供何等優質的飯菜和服務，以及給客人的進餐過程帶來愜意和愉快，帶給客人一種真正的進餐享受。

2.客人在飯店的實際進餐過程：如果客人的實際進餐過程與自己對四星級酒店所期望的感受吻合，那麼，客人就會達到基本的滿意；如果客人的實際進餐過程的感受超過了自己事前

的期望，那麼客人就會非常滿意。

第四，滿意就是兩個基本要素的比較過程。有時，聽到客人走出某家飯店時，會對同伴抱怨說：這哪裡像四星級酒店的水準。實際就是客人經過進餐過程後，飯店的產品品質水準較之客人對該飯店預期的產品品質水準要低得多。所以，就滿意的判定而言，乃是進餐時客人心中的「事前期待」與「實際評價」之間的關係。當兩者之間的關係平衡時，就達到了客人的基本滿意；如果兩者的關係出現正向傾斜，那麼客人會非常滿意；如果兩者之間的關係出現反向傾斜，那麼會令客人大失所望，自然也就無滿意可言。

這裡所說的客人的事前期待是指正常情況的期待，而不是太「離譜」的或是不正當的。例如，有的客人一進酒店，就大呼小叫地要「小姐」，如果不予以滿足，就對該酒店不滿意。也有的客人到五星級酒店進餐，得到了最好的服務，品嚐到了一流水準的菜餚，可到頭來因為五星級酒店的價位高而超出了他事前期待，於是也對酒店產生了不滿。這些情況，均屬非正常狀態。也就是說，在正常情況下，客人的事前期待不會太「離譜」，在這種情況下，飯店只要能夠提供高品質的菜餚和優良的服務，並且不出現差錯，是能夠達到客人滿意的，甚至可以使客人非常滿意。

三、顧客滿意是餐飲經營獲利的保證

餐飲業要想在競爭中得到壯大和發展，就必須追求資本增值利潤最大化，這是飯店追求的目標。但要實現這一目標，就得擁有客人，沒有客人就餐，就無從談其他。所以，飯店必須達到顧客滿意而留住老顧客，並吸引新客人，而使銷售額倍增，確保利潤目標的實現。

同樣，企業要發展，唯一的推動力也是顧客滿意。飯店傳統的作法，往往只注重生產產品和推銷產品，廣告宣傳羅列了一些「味美可口，風格獨特，服務一流」之類的詞語，唯獨沒有顧客眞正需求什麼產品，如何使顧客滿意的理念。如果建立以顧客爲中心的飯店經營意識，就應該把飯店眞正的使命定位在顧客滿意的運行中，並成爲全體員工唯一的信仰。

　　如果飯店在品質經營過程中，眞正能夠做到時時刻刻以顧客爲中心確定工作目標，以顧客滿意爲最終目的，那麼飯店的效益和發展前景都會得到良好的實現。當然，一個飯店要做到時時刻刻爲客人著想，必須做大量一般人不願做的工作，想一般人不曾想的事情。如某酒店爲了適應小型家庭一家三口到酒店就餐的需求，特製了一種適合二至五歲兒童坐的小椅子。小椅子放在大椅子上面，把小孩放小椅子上，剛好與餐桌平行。這樣，既不影響大人用餐，也可很方便地照顧孩子，減少了帶孩子外出用餐的麻煩，深受三口之家到飯店用餐者們的喜歡。就是這樣一件小事，如果不是站在客人的角度上，是不可能想得到的。

　　事實證明，飯店若能使顧客滿意，客人就會將自己持有的「貨幣選票」更多地投給你。這樣，飯店不僅能保持足夠數量的客人，還可以獲得豐厚的利潤，餐飲企業想進一步發展便得到了顧客的支持和資本增值的保證。

　　當然，飯店在追求顧客滿意的過程中，必須充分地了解客人，有時甚至要比客人自己還要了解他們。也就是說，飯店必須設法了解顧客現在的和未來的、顯在的和潛在的需求。比如，在大陸南方的一家星級飯店，凡是下榻該飯店的客人，如果恰好是在住店期間過生日，飯店總是第一個把生日蛋糕送到房間的人，有時令客人大感意外。而正是這種超出客人事前期待的滿足感，贏得了許多客人的滿意。有時，當客人在外出繁忙的工作中忘記了自己生日的時

候，一個意想不到的生日賀禮，會給客人帶來終生難忘的瞬間。其實，飯店要做到這一點並不難，每位客人住店時都必須登記身分證號碼，而客人的生日就在號碼之中，只要服務員留心一下就可以做得到。

飯店要了解客人，除了以上的類似方法之外，還必須與客人進行友好的接觸、溝通，經常傾聽客人的意見。一個顧客滿意的餐飲企業，必定有良好的發展前景和客觀的利潤收益。

四、顧客滿意是餐飲經營成功的標誌

什麼樣的企業才是一個成功的企業？什麼樣的飯店才是一個成功的飯店？這樣的問題似乎毫無意義。其實則不然，長期以來，無論是餐飲經營者，還是其他企業的經營者都存在一種誤解，好像只有能賺到很多錢的企業，才算是一個成功的企業，飯店業也是如此。假如說在以前的年代，這或許還稱得上是一個正確認識的話，那麼在當今人們追求高品質生活的時代，這種見解卻是錯誤的，至少是不完整的經營思想和價值觀。因為這樣的企業已經不符合時代潮流了。

在當今時代，只有顧客滿意才是企業成功的標準。一個成功的餐飲業，必定是一個贏得顧客滿意的飯店、酒樓。如果你提供的餐飲產品質不高，服務也不道地，顧客如何能滿意。沒有顧客的飯店豈能是一個成功的企業。經營餐飲企業者們大抵都常說這樣一句話：先有人氣，然後有財氣。人氣是什麼？就是擁有數量眾多的客人，就是顧客滿意。一個能使客人就餐滿意的飯店，必然人氣盛，內部員工上下團結，充滿活力，外部擁有一大批忠誠的客人，其經營業績自然也是蒸蒸日上。所以，顧客滿意不僅是顧客滿意理念的基本精神，它更是判定一個飯店是否成功的標誌。

第五節　如何提高顧客滿意度

一、什麼是顧客滿意度？

　　餐飲產品品質的優劣是由客人對該產品消費過程的綜合感受評定的，所以，餐飲企業追求高品質的食品和與之配套的餐飲服務，就要追求顧客滿意。問題在於，客人的滿意標準也是隨著社會文明的進步而在不斷提高，即使在同一時期，客人對餐飲品質的滿意與否也有不同程度上的差異，這種滿意程度的高低一般可分為五個階段或五種程度，見圖2-5。

　　仔細分析起來，顧客滿意度是由消極因素和積極因素兩部分組成。消極因素包括價格貴、品質差、供應不及時、服務不周到等；積極因素指價格便宜、品質優於其他同類產品、供應及時、服務優

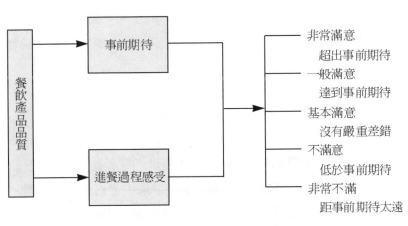

圖2-5　顧客滿意程度示意圖

良等。由此，飯店首先應在保證產品基本品質的前提下，充分考慮顧客滿意度的積極性因素。

　　一般來說，優質的餐飲產品，必然會使顧客滿意。所謂優質產品，主要包括如下幾個技術指標：上乘的實物產品、合適的產品價格、優良的餐飲服務、供應及時方便。這些因素的整合程度，決定了顧客滿意度。

　　因為餐飲產品品質本身就是由實物部分與無形部分組成，並且包含了供應及時與方便程度。所以，就餐飲產品的滿意度而言，應該是品質與價格的組合，再加上情感的融洽程度。因此，餐飲顧客滿意度可用下面的公式表示：

$$餐飲顧客滿意度 = \frac{Q + D + S + F \cdots\cdots}{P}$$

其中Q指品質，D指供應及時的程度，S指進餐過程中的服務，F指融入服務過程中的情感因素，P指價格（或是單價）。

　　由公式可以看出，即使是品質上乘的餐飲產品，如果價格昂貴，客人也會抱怨的，而影響了產品的售量。常常有客人抱怨說：五星級酒店，不是咱去的地方。那意思分明是說，客人對五星級酒店還是迫切期待的，但因價格太貴又顯得無奈，由此產生了不滿意情緒。

二、從「消除不滿意」到「追求滿意」

　　如上所述，餐飲品質管理，是指向餐飲消費者提供高品質餐飲產品的一項活動，這種產品必須是滿足需求、價格合適、供應及時、服務優良。同等品質的餐飲產品，比如說一桌宴席，如果以合適的價格提供給客人，就會得到滿意的評價。如果以高於品質的價

格提供給客人，就會令消費者不滿意，認爲「價格這麼高，品質卻是這等水準」。相反，如果以低於品質的價格提供給客人，就會給消費者帶來極大的滿足，認爲「價格便宜，菜餚品質又好，服務也非常周到」。

品質管理，是以品質爲中心，努力開發和提供客人滿意的餐飲產品，要想「不降低顧客滿意度」，就必須從「提高顧客滿意度」出發，去「追求顧客滿意」。但長期以來，眾多的餐飲業者往往忽略了提高顧客滿意度這一重要因素。飯店有時爲了「消除不滿意」，就在飯店的設施設備上下功夫，動輒投資千百萬裝飾餐廳，購置高級餐具等。結果，就餐環境得到了改善，菜餚品質也有所提高，因爲請來薪水拿得更高的廚師，自然價格也成倍地增加。當價格在客人滿意度中的期望值低的時候，這種做法一度有效。但是，其結果必然會形成大量高級飯店、賓館的出現，這些高級飯店儘管不至於引起顧客的不滿意，卻也不是讓所有消費者都感興趣，因爲畢竟價格太高，大多數客人只有望而興嘆。

一旦客人對餐飲產品的價格挑剔不滿時，餐飲消費就會朝兩極分化。一方面有些客人對於產品品質的要求，認爲只要一般滿意就行，唯一是希望價格便宜一些，因爲這些客人也明白，便宜的價格不可能得到非常滿意的餐飲品質。而另一方面，有些客人認爲價格貴一些也無所謂，只是追求餐飲產品的高品質和提供特色的服務，尤其是要與同類飯店不同。所以，餐飲業在把握滿足顧客需求因素上，要認眞地下一番功夫去加以研究，見**圖**2-6。

餐飲業傳統的觀念，是處理好客人的投訴或把投訴降低到最低程度，表面看，這也是使顧客滿意的方法。但這種方法顯然是一種被動消極的做法，充其量也就是爲了保持原有的顧客滿意度。在激烈的市場競爭中，如果不能不斷地提高顧客滿意度，其競爭力就會下降。所以，要始終保持餐飲產品品質，就必須實現由「消除顧客

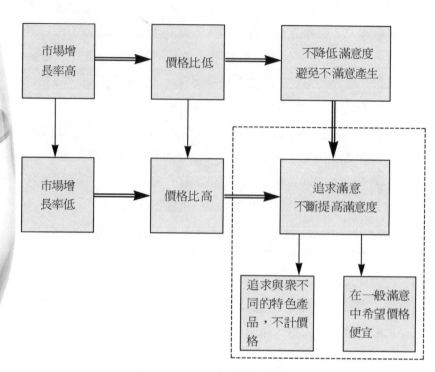

圖2-6　餐飲環境對品質要求的變化

不滿意」到「追求顧客滿意」的轉化，不斷提高顧客的滿意度。
「追求顧客滿意」較之「消除顧客不滿意」是一種較爲積極、主動
的品質管理觀念。「消除顧客不滿意」從某種意義上講，注重的是
企業自身的形象、產品的品質管理，功夫在內部，雖然這樣做也是
一種有效的途徑，但在市場競爭的運行中，不能主動「追求顧客滿
意」，就會落後。因爲「追求顧客滿意」是以客人的需求和滿足狀
態爲前提，站在消費者的立場上，時時事事爲客人著想，餐飲產品
品質管理也是以客人需求爲中心，充分了解客人的需求，以提高適
應性強的產品。

　　追求顧客滿意，提高顧客滿意度，難就難在「一般滿意」和

「高度滿意」是截然不同的兩種需求。餐飲業者僅聽取和處理客人的不滿和投訴，是無法提高顧客滿意度的。其結果只能一味地提高產品成本。由於來自於客人的不滿和投訴，往往不是關於提高顧客滿意度方面的內容，更多的是對產品實物和服務內容的意見。因此，餐飲管理者要學會從客人的投訴或不滿意見中判斷出客人滿意方面的東西是什麼，這是餐飲管理中一門很重要的技術。因為，有時過度追求顧客滿意度，把客人的標準提得很高，稍有疏忽，就會引起顧客的不滿。當然，這裡是說準確地把握顧客對滿意餐飲產品的需求是最重要的。

三、正確理解影響顧客滿意的因素

首先，從品質和價格這兩個因素上看一看顧客滿意度。「提高滿意度」和「不降低滿意度」是兩個不同的概念，這一點必須再次認識清楚。如果從這樣的前提出發，就可以弄清楚什麼是應予以保證的好的餐飲品質，而且可以明白存在著兩種品質。一種是為了提高顧客滿意度的品質，如某種菜餚或是宴席富於特色，而且是其他酒店所沒有的。另一種是為了不降低顧客滿意度的品質，如減少和處理好顧客的不滿意見與投訴等。餐飲業的競爭就是這樣，當其他酒店也從事基本的品質保證活動時，大家的投訴都在降低，而其中一家酒店的客人投訴有所增加，就會明顯地降低顧客對該酒店的滿意度。同樣，如果某酒店以品質保證活動作為吸引客人的幌子，也絕不可能長久地提高顧客滿意度。關鍵是你提供的餐飲產品比競爭對手提供的產品更能有多少可以達到顧客滿意度高的內涵。很顯然，認清和確保餐飲產品品質，才是更重要的。不過這裡所說的餐飲產品品質，是指與競爭對手相比較具有與眾不同的積極因素的品質，是指直接關係到顧客滿意度的品質。

其次，品質與價格的關係對於顧客滿意度的影響，幾乎是相悖關係。價格高的餐飲產品未必能得到客人的滿意，加之同行業的競爭，必然會導致餐飲企業間的價格競爭。當然也不是說價格高的餐飲產品就是顧客滿意度低，假如價格高而其餐飲產品的品質具有其他酒店所沒有的，甚至是獨家經營，也能提高顧客滿意度。所以，餐飲企業在設定餐飲產品品質時不可忽略這一因素。其實，眾多酒店在經營活動中都想凸顯自己的特色，都想與眾不同，就是這種思想的體現。也就是說，餐飲產品品質必須優於競爭對手，必須人無我有。唯有如此，才能不參與價格競爭，自信地確定一個合適的價格，並且使客人感到滿意。與此相反，餐飲產品品質既不突出，且毫無特色，最終只好透過降低價格來提高顧客滿意度。品質與價格兩大因素的關係，見圖2-7。

圖2-7的兩條線，一條是表示顧客滿意度的固定曲線，另一條是表示提高顧客滿意度的努力方向。從中可以看出有兩種產品存在。一種是品質稍低而價格也便宜的餐飲產品，另一種是價格稍高

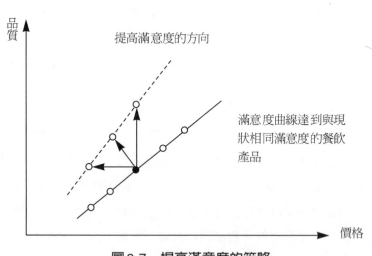

圖2-7　提高滿意度的策略

而品質明顯地與眾不同的餐飲產品。這兩種餐飲產品均能達到相同的顧客滿意度。同時。從圖中可以明白，以現狀為出發點進一步提高顧客滿意度時有三個努力方向：

第一個是不降低餐飲產品品質而大幅度降低價格的方向；

第二個是以較低的價格提供優質產品的方向；

第三個是不降低價格而提高餐飲品質水準的方向。此處的品質水準，是指與眾不同、富有特色的品質內核。

餐飲企業在提高顧客滿意度時應該根據酒店餐飲品質的定位情況，認真研究以上的問題，對企業的發展其意義重大。

某城市有一家原本是設施設備一般的餐飲企業，以特色的涮羊肉火鍋，贏得了客人的喜歡，有時即使室內沒有座位，客人寧願在馬路的人行道上，支起火鍋，涮而食之，也感到非常滿意。隨著生意的興隆，決策者覺得如此簡陋的設施已不適合進餐的高標準需求，而只是根據部分客人的意見，投資建起了大樓，室內裝修也是高水準，餐桌、火鍋均換成了高水準的，結果，導致價格的大幅度上升，大部分客人因此而不得不選擇其他家酒店進餐，從而影響了上座率。企業則因為成本的猛增，導致經營利潤明顯地下降。由此可以看出，餐飲產品的品質、價格、成本的關係，必須建立在以提高顧客滿意度為前提，否則是用心良苦，效果相悖。因此餐飲企業在處理它們之間的關係時，應重視以下幾個方面的問題。

1.在提高餐飲產品品質方面，只注重產品的檔次、完美，而沒有提高顧客滿意度的觀念，便會因不必要的提高品質水準而使產品成本上升。加上原有餐飲產品的特色未加以改進，企業不得不窮於應付價格競爭，最終也難於產生什麼利潤上的效益。如果在提高餐飲品質方面的同時，充分考慮到大多數顧客的滿意度，那麼即使提高了品質水準而使餐飲產品的成

本上升，消費者對產品的價格依然可以承受得起。也就是說，儘管餐飲品質和成本相悖，但品質和價格並不對立，仍可以同時並存。

2.餐飲產品中與眾不同的品質這一主要的因素方面可以讓顧客滿意地接受的話，便可對其他次要的因素方面降低其成本，由此也可使餐飲品質和成本並不兩立，可以同時並存。

3.即使消費者有所不滿，但是比起那些一般滿意的品質較好的餐飲產品來說，具有引起進餐興趣的特色菜品和服務更能讓客人接受。也就是說，對促使消費者滿意的真正因素加以認真研究，便可在成本上大作文章。

4.如果能透過對餐飲市場不同消費層次的仔細分析和研究，找出顧客對餐飲產品固有的滿意因素，那麼，作為與眾不同品質而加以考慮的這方面因素相應地可以有所減少，由此便可使餐飲品質和成本並不兩立，可以同時並存。但當市場層次不明確時，具有與眾不同餐飲品質的產品就是一張富有誘惑力的王牌，可以適應整個消費層的需求。僅僅是餐飲成本的提高，來自各消費層的滿意度就不會那麼高。也就是說，明確區分適應各消費層的餐飲品類問題和各消費層認可的品質問題是非常重要的。

四、加強有競爭優勢的餐飲產品

提高顧客滿意度，是餐飲產品品質管理中一項系統工程，只有正確理解並了解品質的需求趨向，正確認識影響提高顧客滿意度的各種因素，在客人滿意的前提下大力開發有特色的餐飲產品，從而使自己的產品與競爭對手相比更加有競爭優勢，更加能吸引顧客，更加能使客人達成消費過程的滿意狀態。在加強餐飲產品競爭優勢

的經營管理中，上海紅子雞酒店對此積累了相當成功的經驗。

簡要地說，上海紅子雞酒店的整個決策、經營管理活動始終都是在於提高顧客滿意水準，加強有競爭優勢的餐飲產品的開發、設計與生產。他們以市場為導向，根據市場消費水準、市場發展趨勢、消費者需求、市場在不同時期的特點來決定酒店的餐飲產品定位、產品的定價、經營格式等要素。在追求客人滿意的餐飲經營中，主要從適應性入手，發展特色產品和特色經營。主要有以下幾點：

第一，餐飲產品與市場整體消費水準相適應，選擇自己酒店最宜發展的市場空間。紅子雞集團之所以創辦一個酒店就能成功一個，關鍵在於事前對市場、對消費者進行調查，選擇與消費者消費水準相適應的餐飲產品和價位，從而贏得顧客廣泛意義上的滿意。紅子雞集團在惠州創辦的豐湖大酒店適應了惠州餐飲市場的消費水準，形成了自己的特色和風格，創造了「紅子雞品牌」。但經過一段時間的餐飲競爭，惠州餐飲市場已處於飽和狀態，於是紅子雞集團透過市場調查，又到上海創辦了紅子雞美食總匯，選擇了自己適合的市場發展空間，贏得了顧客的滿意。

第二，餐飲產品定位與餐飲市場的發展趨向相適應，用發展的眼光設計和創造酒店的新風格。總體上看，餐飲市場是不斷變化的，而且是不斷向前發展的，那麼，餐飲業者就應用發展的眼光設計和創造酒店服務的新風格。顧客對餐飲產品品質最容易「喜新厭舊」，尤其是餐飲服務內容。如何使餐飲服務的風格永遠對客人具有與眾不同的新鮮感呢？這就要從餐飲市場發展的大趨勢出發，不斷改進和變換服務方式，不斷地拿出新招、奇招，達到「人無我有，人有我新」的目的，使酒店的產品和服務方式始終能率領餐飲消費新潮流。因為如前所述，與眾不同的餐飲品質可以滿足顧客的需求，從而提高顧客滿意度。

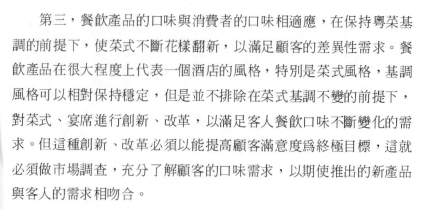

第三，餐飲產品的口味與消費者的口味相適應，在保持粵菜基調的前提下，使菜式不斷花樣翻新，以滿足顧客的差異性需求。餐飲產品在很大程度上代表一個酒店的風格，特別是菜式風格，基調風格可以相對保持穩定，但是並不排除在菜式基調不變的前提下，對菜式、宴席進行創新、改革，以滿足客人餐飲口味不斷變化的需求。但這種創新、改革必須以能提高顧客滿意度為終極目標，這就必須做市場調查，充分了解顧客的口味需求，以期使推出的新產品與客人的需求相吻合。

只要餐飲產品品質與價格全方位的與客人相適應，就可以保證提高顧客的滿意度，使酒店的餐飲產品富有很強的競爭優勢。

第六節　顧客滿意經營的步驟

一、顧客滿意經營的目標

餐飲企業推行顧客滿意策略，進行顧客滿意經營的目的就是為了不斷提高顧客的滿意度，建立良好的企業形象，贏得消費者的信任，從而贏得更大的市場占有率，獲得更好的經濟效益和資本營運能力。因此，顧客滿意經營的目標主要可以從以下幾個方面理解：

（一）以顧客滿意度為餐飲經營指標

顧客滿意經營的最大特色，就是從消費者的角度來分析餐飲企業的一切活動，並加以計量化，以作為餐飲經營的目標。然後透過顧客滿意度的測定、顧客意見的收集，再經過科學的處理，以提高資料的可信度，最後檢討測定結果，並將它轉化為餐飲品質經營的

目標。

　　常見的餐飲企業經營指標主要有營業額、利潤、市場占有率、餐位利用率、銷售增長率、客人投訴率、食品成本率等，但這些都是從酒店本身出發對餐飲經營的評價。也就是說，它們所依據的都是餐飲業本身所定的標準。但是餐飲滿意經營理念的出發點，是酒店站在顧客的立場來對企業的產品品質、經營活動進行客觀的評價。它除了按消費者所需求的標準來加工菜點供客人消費外，更要進一步做好客人在進餐過程中的服務，並及時了解客人對實物產品與無形產品的反映，以準確地測量客人對餐飲產品的滿意程度，然後依據測定結果來決定下一步顧客滿意經營的目標。

（二）顧客滿意是顧客滿意經營理念的終極商品

　　在工廠，為了生產某種式樣和精度的產品，可以透過裝配機器設備，設定作業流程和作業步驟，規定工人的動作和操作方法，並且最終產品是由機器完成的。但餐飲產品，它是以服務為主的，無法套用工廠的生產方式。「無形」產品不能像工業產品那樣可以按照設定的規格和形狀來生產，為了使客人的進餐獲得最大程度的滿足，員工必須根據服務過程中的具體對象、具體情況作靈活的彈性處理。

　　飯店員工要向客人提供優質服務，最重要的不是「如何做」，而是「如何思考」。也就是說，飯店的員工要使顧客滿意，首先要認識自己的使命和角色。尤其是飯店的餐廳服務員，他的工作不只是送菜倒茶斟酒而已，更必須贏得顧客滿意，取得顧客信任，用真實的情感與客人建立溝通方式，從而樹立良好的飯店形象。這種角色定位可以說是顧客滿意經營理念取得成功的基礎。因此，推行顧客滿意經營的企業，必須要求每一名員工都有清楚的角色意識，然後才能判別和得出進行實際服務工作的恰當方法，並付諸餐飲服務

工作中。

　　所以，顧客滿意經營理念將客人的滿意視爲終極商品。飯店在進行一切品質經營活動時，都要經常思考如何做才能使顧客滿意，這種觀念融入餐飲業的品質文化建設中，努力使之成爲全體員工共同遵守的經營理念，這才是顧客滿意經營理念的目標與方向。

（三）開展顧客滿意理念促進活動

　　在顧客滿意理念經營中，餐飲經營者和管理層必須經常親臨市場，儘可能直接獲得來自於客人的訊息，親自掌握顧客意見，了解客人的心聲，以避免經營決策時出現失誤，以創造高於其他飯店顧客滿意度的業績。廚房的廚師是飯店供餐的技術人員，也應直接了解顧客對菜品品質的需求意見，不能僅僅聽取服務員的訊息傳遞與書面投訴等。因爲，所有的餐飲員工只有直接從客人那裡了解其需求，才能在菜品改革、創新、服務環節推新的工作中，按客人的意願去做，達到顧客滿意。

　　說到底，餐飲產品品質的顧客滿意經營，是一種全員性的品質經營活動。不僅管理層、決策層有以顧客滿意爲中心的經營理念，而且還要不斷地將這種理念加以強化，傳授給廣大員工，讓全體員工清楚什麼是正確的判斷，什麼是良好的行動，如何使客人滿意，讓客人滿意能給餐飲企業帶來什麼好處等。這也是顧客滿意經營理念和創新的一個重要目標。

二、顧客滿意經營的步驟

　　餐飲企業顧客滿意經營是一項十分複雜的工作，不是一朝一夕就能很快奏效。而且，由於各飯店的體制、機制、經營管理方式不同，所處競爭環境不同，因而各餐飲企業在顧客滿意經營中所面臨

的問題也各不相同。但就一般情況而言，實施顧客滿意經營主要有以下五個步驟：

（一）餐飲品質經營理念的再建立

　　顧客滿意經營，是以重視顧客的接觸點，定期定量綜合測定顧客滿意度，由決策者和管理層爲主導等三個原則爲基礎，首先調查員工是否具備使顧客滿意的理念，尤其是餐廳服務員。因爲，從某種意義上講，餐廳服務員本身就是餐飲產品的一部分。然後將飯店內不成文的規定形成文化，再經過檢討與確認，使這種理念深入整個飯店及全體員工，以建立自上而下的自覺確認的餐飲品質經管理念。

（二）顧客滿意度的測定與分析

　　顧客滿意經營理念確立之後，就要分析和掌握顧客與自己飯店的所有接觸點，並針對每個接觸點來設定問題，然後制定顧客滿意度測定計畫，對到自己飯店進餐的顧客進行調查，對調查進行統計、分析與評估。最後根據調查結果，制定提高顧客綜合滿意度的改善計畫。

（三）餐飲實物產品與無形產品（服務）的改善與改革

　　根據顧客需求消費心理、消費行爲的變化，及顧客滿意度的測定，定期分別制定菜品與服務的改善計畫和改革創新辦法，決定重點項目或環節的實施辦法，然後付諸行動。菜品的改革出新計畫一般可按年度、季度、每月，甚至每週制定，以使產品保持常新和與衆不同的特色。

（四）檢測、評價行動結果

顧客滿意經營策略開展後，應持續地定期測定顧客滿意度，以確認改善和改革計畫是否收到實效。透過對行動結果檢測與評價，對好的部分總結經驗加以推廣，對不理想的部分要繼續加強改善，努力創新，實現突破。如果制定的菜品出新與服務改善計畫已達到目標，就應該向新的目標挑戰。如此反覆進行，有組織地、持續地提高顧客的滿意度。

（五）顧客滿意品質文化的變革

透過以上有序的工程和系統化運營，確立飯店內部重視顧客接觸點的價值與行為規範，建立消除與顧客溝通障礙的組織與方法，進行連續性的菜品更新與服務改善，優化重建餐飲企業的品質文化。

餐飲品質顧客滿意經營的步驟可用**圖2-8**來表示。

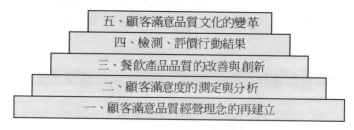

五、顧客滿意品質文化的變革
四、檢測、評價行動結果
三、餐飲產品品質的改善與創新
二、顧客滿意度的測定與分析
一、顧客滿意品質經營理念的再建立

圖2-8 餐飲品質顧客滿意經營的步驟

第3章

餐飲產品品質的設計

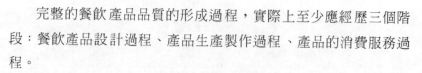

　　完整的餐飲產品品質的形成過程，實際上至少應經歷三個階段：餐飲產品設計過程、產品生產製作過程、產品的消費服務過程。

　　由此看來，餐飲產品品質的設計過程，是餐飲產品形成的基礎，是完整產品的前提，因為它直接關係著產品的生產和產品的消費服務過程。

　　所謂餐飲產品品質的設計，這裡主要針對餐飲產品的實物部分而言，是指餐飲產品生產製作前對菜餚、點心、飲品的各種功能、原料狀況、加工技術、成品特點、成本與獲利等情況進行一系列分析、安排和調整，以訂出最合乎自己飯店生產的規範方案。

　　餐飲產品的目標品質，在產品的設計階段已經基本確定下來，設計是餐飲品質的母親，如果設計出來的產品，其品質已經達不到客人需求的標準和要求，那麼最終生產出來的菜品品質肯定是個先天不足的「嬰兒」。因此，抓好餐飲產品品質的第一項工作就是要把好餐飲產品設計關，打好品質的基礎，以確保顧客的消費滿意。

第一節　餐飲產品品質設計的意義與目的

一、餐飲產品品質設計的意義

　　餐飲產品品質的設計，實際就是飯店廚房生產標準化的制定。然而，廚房生產特點決定著其標準的制定是一項十分艱巨而複雜的工作。在餐飲實踐中，目前除了部分速食業有的廚房生產標準比較完善外，一般飯店的廚房生產標準僅僅只有食品原料標準、標準菜譜和標準淨料率等。儘管如此，這已屬於餐飲產品品質的設計工

作，它在餐飲產品的品質管理、品質經營中具有重要意義和作用。

（一）有利於餐飲產品品質的穩定性

除了食品原料的品質影響餐飲成品品質外，原料的搭配與分量、加工工具和生產工藝與操作方式等都會影響成品品質。餐飲產品品質在設計過程中，以標準菜譜的形式表示出來，規定了單位產品的標準配料、配料量、標準的烹調方法和工藝流程、使用的工具和設備，有效地避免了廚師在生產加工操作過程中的模糊性和隨意性，為保證餐飲產品品質提供了可靠的依據，也為餐飲品質管理打下了堅實的基礎，制定了量化標準。

（二）有利於食品原料品質的控制與管理

食品原料品質的優劣，對菜餚成品品質有著直接的影響，關係重大。餐飲產品的品質設計首先要對食品原料的品質進行標準化規範。食品原料品質標準的制定，為原料的採購、驗收、貯藏保管也提供了工作依據，從而可以從根本上保證廚房生產所需要的食品原料規格和品質，為提高菜餚出品品質奠定了基礎，同時也減少了原料損失，降低了生產成本。

（三）有利於餐飲生產成本的控制

用於餐飲產品品質設計的標準菜譜，對每份菜餚成品的配料、配料量和原料單價都做出規定，就可以計算出每份成品的原料標準成本。廚師在配份中按此標準操作，就可起到規範用料的作用，可以防止廚師盲目投料，既可以杜絕原料損失浪費，控制原料成本，又可保證菜餚成品品質。

（四）利於計算菜餚成品的售價

食品原料成本是餐飲產品定價的基礎。因爲標準菜譜規定了每份成品的原料標準成本，餐飲管理者就可以以此爲基礎計算各種菜點的價格。一般在設計標準菜譜時，菜單上都留有準備原料價格變化調整原料單價欄和原料成本欄，若市場原料價格變化，便能立即對原料成本進行調整，並根據原料成本的變化及時計算出菜餚成品的新售價。

（五）有利於提高原料的利用率

食品原料在加工、切配和烹調過程中都會產生折損。不同種類、規格和品質的食品原料，其可利用部分的程度是各不相同的，也就是說其淨料率是不同的；不同的加工方式、切配方法也有其差異。有了食品原料標準，就可以規定對食品原料採取不同的加工和切配的標準淨料率或折損率。降低原料的折損，就可以降低原料的損失，對於原料成本控制，保證出品的數量與品質都是很重要的。

（六）有利於規範菜餚烹飪工藝流程

菜品成品的品質水準，還與廚師在烹製過程中的操作程序有關，這就是烹調方法所規定的工藝流程。嚴格地按工藝流程加工菜餚和不按標準工藝流程加工菜餚，其出品製成的品質是不同的。標準菜譜中規範了烹飪工藝的操作步驟、技術要領，使廚房工作人員在工作中有了基本的操作依據，先幹什麼，後做什麼，再做什麼，對工藝流程的每一個環節都進行規定，這樣可以減少廚師在操作中的隨意性，降低失誤和過錯，從而保證菜餚品質的穩定性。

二、餐飲產品品質設計的目的

　　餐飲產品實物部分和無形服務部分，都是預先就對其加工、運行進行了規定，這就是餐飲經營中的科學化管理。科學化運行和管理的內容，從廣義上講，都屬於餐飲產品品質設計的內容。在生產環節，則是以食品原料標準、標準菜譜、標準淨料率形式出現的，在服務環節，則是以服務程序、規範和服務標準出現的。透過對餐飲產品品質的全面設計，主要為了達到如下的目的：

(一) 保持和不斷提高顧客滿意度

　　一般來說，所有飯店在確定經營風格時，都要對所選定的經營品種進行不同程度的市場調查，充分了解客人的需求，然後制定經營菜單，對菜品內容進行品質設計。經過一段經營後，對客人進行餐飲產品品質的滿意度調查，對菜品或服務不合格、客人不滿意的進行調整或改革，重新設計。透過對餐飲產品的設計，保證了提供的產品對客人的適應性，可以達到客人的滿意，並且在不斷的調整中，提高顧客的滿意度。這是菜品品質與服務品質設計的主要目標。

(二) 實行廚房生產標準化管理

　　廚房生產標準化是指為取得廚房生產的最佳效果，對廚房生產的普遍性和重複性事物的概念，透過制定標準和貫徹標準為內容的一種有組織的管理活動。由於我國傳統的廚房生產方式，多少年來都幾乎是在沒有任何量化標準的環境中運行的，產品的配份、數量、烹製等都是憑藉廚師的經驗進行的，有相當的盲目性、隨意性與模糊性，影響了餐飲產品品質的穩定性，也妨礙了廚房生產的有

效管理。如果對餐飲產品品質的各項運行指標都加以標準化，提前設定好，那樣情況就會根本不同，廚師會根據預先設計的標準進行工作，使廚房實現生產標準化和管理標準化。因此，標準設計時包括兩個部分，即技術標準和管理標準。技術標準是針對廚房生產過程中普遍性和重複性出現的技術問題所制定的技術準則。管理標準是針對廚房生產標準化領域中需要協調統一的管理事項所制定的標準。有了這些標準，廚房就進入了標準化生產的運行軌道，它是組織和管理廚房生產運作活動的依據和手段。

（三）確保餐飲產品品質的穩定性

由於廚房生產變動性較大的特徵，加之手工操作的加工形式，使餐飲產品品質管理中最令人頭痛的事，就是菜品品質的穩定性，而餐飲產品品質的穩定性又是直接影響顧客滿意度的重要指標。餐飲產品品質的設計，對各項指標都進行了規定，尤其是對廚房生產中普遍性和重複性的技術環節統一了標準，使廚師的工作有了標準，即使重複運行的技術環節，也會因為標準統一而減少失誤或誤差。當然手工操作難免會出現誤差，加上廚房員工的臨場發揮、工作狀態，也會影響誤差的存在，但有了運行準則，較之隨意操作，其餐飲品質的效果肯定是不一樣的，這樣可以在最大程度上使產品品質保持穩定不變，避免了數量的忽多忽少、工序的簡繁不一、品質的優劣差異。

（四）塑造企業的良好形象

餐飲企業的良好形象，是靠穩定的、始終如一的產品品質為基礎形成的。而餐飲產品品質設計的目的之一就是為了保持產品品質的穩定性。同時，餐飲產品品質的設計標準還有一定的靈活性，它需要根據顧客的消費意願、根據餐飲市場的動向，不斷調整設計的

品種和品質內容，使產品富有持續的吸引力和競爭力，以滿足客人對餐飲產品穩定性與不斷追求變化的需求。一個產品品質始終如一的餐飲企業，再加上與眾不同的變化，就會在客人心中留下良好的印象，企業的公眾形象也就在這產品品質穩中有變、穩中有升的良性運行中逐漸地被確立起來，客人的滿意度也會不斷提高。

第二節　影響餐飲產品品質設計的因素

　　餐飲產品品質的設計，是一項細緻複雜的系統工程，它必須依據市場的需求、飯店的經營取向、廚房的設備、生產的成本、廚師的技術水準等去進行。由此看來，影響餐飲產品品質設計主要有兩大因素：一是成本因素，一是生產因素。其中成本因素包括餐飲產品品質成本、產品價格、品質成本與產品價格的關係；生產因素則包括廚房設備水準、廚師技術水準及生產管理水準等。

一、餐飲產品成本因素

（一）產品設計品質與產品成本的關係

　　一般而言，所設計的餐飲產品品質越高，產品本身所需支出的成本就越高，在達到一定程度之後，如果繼續提高產品的設計品質（假設設計品質可以無限度提高），則產品的成本會增加得更快。反之，餐飲產品的設計品質越低，其本身的成本也就越低。但若低到一定程度之後，若繼續降低設計品質，則成本降低的幅度會變小，這種產品設計品質與產品成本的關係，可以用一個簡單的圖予以表示出來，見圖3-1。

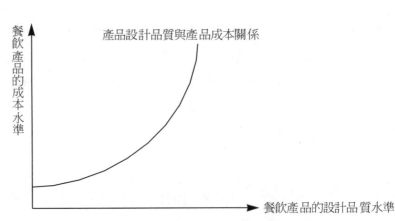

圖3-1　餐飲產品設計品質與產品成本關係

（二）產品設計品質與產品價格的關係

　　餐飲產品的設計品質因為與成本有著密切關係，而成本又與成品價格相關，所以，餐飲產品品質的設計也要考慮產品的價格因素。常常是餐飲產品的設計品質越高，產品的售價也相應提高。但當產品售價上升到一定程度時，再提高設計品質水準，其售價也不會按比例升高。反之，設計品質越差，售價也相應下降，但是，下降到一定程度後，再降低設計品質水準，也不能再引起價格下降了。這種餐飲產品品質與產品價格之間的關係，可以用較簡單的曲線圖表示出來，見圖3-2。

（三）餐飲產品品質與成本與價格關係

　　根據以上對餐飲產品設計品質與產品成本、產品價格的關係分析，可以看出，不同的產品設計品質，會帶來不同品質水準的餐飲產品，這些產品的成本和售價也是各不相同的。把設計品質水準與產品的成本、產品的售價關係聯繫起來，就可以清楚地發現產品設計品質、產品成本與產品售價之間的整合關係，對餐飲產品的盈利

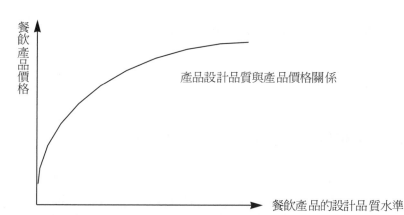

圖3-2　餐飲產品設計品質與產品價格關係

有著重要的指導意義，見圖3-3。

　　如圖3-3所示，為了使所設計的產品品質水準能夠獲利，就一定要使設計品質維持在盈利區域之內。這實際上是餐飲產品設計品質水準的適度性問題。品質上粗製濫造的產品不能賺錢，過分考

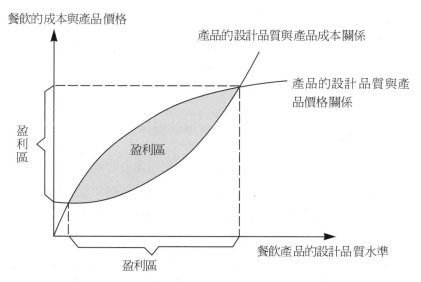

圖3-3　餐飲產品設計品質、成本、價格關係

究、精雕細琢的品質要求同樣也不能給企業帶來利潤。

二、餐飲產品生產因素

（一）產品設計品質與生產設備水準的關係

餐飲產品設計品質的最終實現和形成，主要是透過具體的生產加工來完成的。因此，產品的品質設計與廚房生產設備的水準也有直接關係。雖然餐飲產品的主要工序都是由手工完成的，但手工的操作也必須借助一定的工具、設備來完成，如刀具、切配台、爐灶等。一般來說，生產工具、設備越精良，品質越高（指運行中較少發生故障），實現餐飲產品設計品質水準的保證系數就越大。反之，工具不利，設備簡陋，運行中又經常出毛病，餐飲產品設計品質再好，也往往實現不好。這就是爲什麼五星級酒店設計的許多菜品在一般小酒店無法完成的原因之一，因而一般性小酒店因爲設備落後、簡陋，產品設計的品質水準就必然降低。但精良先進的生產設備，加之日常維護與維修的要求，導致產品成本升高，於是又影響到產品的價格。因此，餐飲產品品質的設計必須根據自身生產設備的水準，全面予以考慮。

（二）產品設計品質與生產技術水準的關係

餐飲產品的品質設計從宏觀品質方面看是由管理層來完成的，但微觀品質方面則是由生產技術人員來完成的。例如飯店餐飲經營的品質風格、品質文化、菜品的檔次、菜品品種的最終選定等品質問題，無疑是由決策層和管理層來決定的。也就是說，餐飲產品宏觀的設計品質是由非生產技術人員完成的。宏觀品質設計完成之後，菜餚製品的具體品質設計則必須由生產技術人員去完成，如原

料品質標準、配份數量、成品特點、工藝過程等，因為這些品質指標具有很強的技術性與專業性要求，非一般管理人員所能通曉。於是，問題就在於，生產技術人員技術水準的高低，會直接影響餐飲產品的品質設計。一般情況下，生產技術人員的技術水準全面、技藝精湛、對技術性指標的理解程度高，所設計的產品品質就會在整體水準上高出一籌，而且產品品質有較強的顧客適應性特色。否則，生產技術人員的技術水準一般，甚至低劣，操作上不熟練，對技術環節的理解上也是一知半解，所設計的產品品質自然就不會太高，甚至較低。但就餐飲產品設計品質的意義而言，菜品部分的具體品質指標都是由生產技術人員完成的。所以，從某種意義看，餐飲產品品質的設計水準關鍵取決於生產技術人員的技術水準。

（三）產品設計品質與生產管理水準的關係

如上所述，餐飲產品設計品質和品質管理的宏觀部分，是由管理人員，尤其是生產管理人員完成的。因此，生產管理人員的管理水準對產品設計的品質水準也至關重要。另一方面，產品設計品質的具體技術品質指標雖說是由生產技術人員完成的，但所設計的品質要求是否達到了經營目標的規定標準，是否與市場的適應性相吻合，管理人員可起決定性的把關作用。由此，管理人員對餐飲產品品質管理理念的理解程度與管理水準對餐飲產品的設計品質水準也有直接的影響，而且關係重大。

其實，飯店廚房的生產狀態與加工製作水準的高低，綜合看就是由生產設備水準、廚師技術水準和生產管理水準構成的。換句話說，生產設備水準、廚師技術水準和生產管理水準都高的情況下，產品加工製作水準就高，其產品設計品質水準的適應性就高，反之則低。所以，產品加工製作水準的高低，可以改變產品的設計品質及成本水準。良好的加工製作水準不僅可以保證產品設計品質的實

現，而且可以幫助降低產品成本；反之，則會帶來更多的成本支出。他們之間的關係可以用簡單的曲線圖表示出來，見圖3-4。

　　顯然，高水準的生產加工既保證了產品品質，降低了產品的成本支出，又增加了盈利區域。因而，做好餐飲產品的生產加工過程的管理就顯得極為重要。

第三節　標準菜譜設計

一、標準菜譜的涵義

　　餐飲產品設計品質的技術性指標，主要是以標準菜譜、食品原

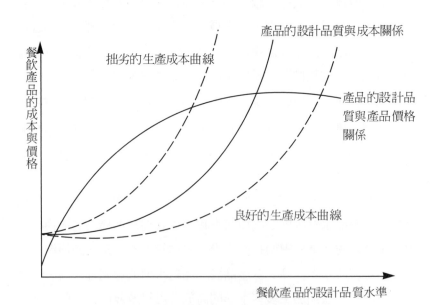

圖3-4　成本因素與生產因素的關係

料標準、標準淨料率等形式出現的。其中標準菜譜又是品質設計的重點項目。

　　所謂標準菜譜是指飯店根據經營和產品品質水準的需要，對每一產品的原料標準、配份數量、成本要求、工藝流程、標準成本等技術性品質指標作出具體的、規定的文字、圖片綜合資料，也稱為標準食譜。

　　這裡所說的標準菜譜，並不是指書店裡出售，由專門人員編寫的各地廚師在烹飪時必須遵照的那種菜譜。它首先是各飯店、餐館自行設計、定型的菜單，它為了規範餐飲產品的製作過程、產品品質和經濟核算，對產品所用原料、輔料、調料的名稱、數量、規格，以及產品的生產操作程序、裝盤要求等作出準備的規定。

　　標準菜譜是廚房控制菜品生產的重要工具，也是廚房生產標準化控制的重要環節。同時，標準菜譜還是餐廳菜單定價的根本依據。因為透過對餐飲產品各項用料成本的計算，每種菜餚的標準成本就可以計算出，從而為其銷售價格的確定提供了基本依據。

　　標準菜譜和普通菜譜有著明顯的區別。普通菜譜的主要內容包括：加工餐飲產品的原料、輔料以及餐飲產品的製作過程兩大部分，它的作用主要是作為廚師餐飲產品加工生產者的生產工具書。標準菜譜的主要內容中，除了普通菜譜的部分內容之外，另有關於餐飲產品經濟核算方面的內容，它的作用主要是供餐飲管理人員作為餐飲成本核算、控制的手段。

　　這裡的標準菜譜就廣泛的意義上講，它包括所有餐飲加工品類的標準食譜，如標準菜譜、標準麵點譜、標準湯羹譜、標準粥譜、標準酒譜、標準飲料譜等。

二、標準菜譜在餐飲產品品質管理中的作用

1.使用標準菜譜,能使菜餚、麵點等食品的分量、成本、成品品質保持始終如一的一致性,發揮穩定餐飲產品品質的作用。

2.所有廚房生產工作人員只需按標準菜譜規定的工藝流程與操作方法烹飪加工餐飲產品,從而減少了管理人員現場監督管理的工作量,並且能確保重複性的操作工序在最大限度地減少誤差。

3.便於生產管理人員依據標準菜譜制定安排生產計畫,確保生產部門的工作品質。

4.按標準菜譜生產,即使是技術水準一般、操作不很熟練的廚師,也能烹製出符合品質要求的餐飲產品。

5.由於統一使用標準菜譜,規範了廚房的生產,管理人員對生產人員的調配使用也顯得比較容易,產品的品質管理也有據可依。

6.客人對餐飲產品的品質投訴,是否符合道理,有標準菜譜作標準,廚師在證據面前無話可說,如果是個別客人的故意為之,服務人員也可依據標準菜譜向客人說明。

7.便於餐廳菜單、麵食單、酒水單的定價。

8.為飯店生產流程標準化的實施提供基本的保證。

三、標準菜譜的設計原則

(一) 以客人的需求為導向

標準菜譜的設計，首先是根據飯店所作的市場調查，確定餐飲食品的種類和品質水準。餐飲產品品質水準必須以能提高客人的滿意度為目的。所以，標準菜譜的設計首先要以客人的需求為導向，篩選品種，並設計適應性強的品質水準。

(二) 要能體現本餐廳的經營特色，具有較強的競爭力

飯店首先要根據餐廳的經營方針來決定提供什麼樣的菜品、麵點等，是中式還是西式，是魯菜還是粵菜，是風味菜還是特色菜，是大眾化的還是高檔次的。標準菜譜的設計要儘可能選擇反映本店特色的菜品，並依據市場的競爭情況，制定具體的品質標準，使菜品富於較強的競爭力。

(三) 要根據廚房的生產能力、技術水準設計菜品的品質水準

廚房生產設備的優劣與齊備程度、廚師的技術水準對於標準菜譜的設計有直接影響。操作工藝複雜、所需工具設備獨特的菜品在設計中尤其要在充分了解設備情況的基礎上作出決策，不能盲目設計。同時，廚師的技術水準因素也是標準菜譜設計的關鍵。如果設計的菜品廚師不會烹製，或烹製的成品達不到設計的品質要求，這樣的標準菜譜對於生產而言就毫無意義。

(四) 要考慮食品原料的供應情況

因為標準菜譜的設計雖然內容很多，但其中最主要的內容是食

品原料。食品原料的供應往往受到供求關係、採購、運輸條件、生產季節、生產地區、生產量等因素的影響。因此,設計標準菜譜時,必須充分考慮這一因素。比如,某飯店地理位置較偏遠,或位於某山區風景景點內,交通不是十分便利,且屬內陸,如果非要設計使用活海鮮原料,顯然是無法實現的。

(五)標準菜譜的設計要適應市場原料價格的變化情況

市場經濟時期,食品原料因供求關係的變化、季節的變化、淡旺季的不同、生產量的不同,其價格也隨時發生變化,因而在設計標準成本時就應保持一定的靈活性,留有充分的變動餘地,以適應市場的變化,又便於生產成本的控制與管理。

(六)求變求新,適應飲食新形式

標準菜譜,雖說不能經常變動,但設計時還是以求新求變為原則,注意各種菜品、各類食餚、各種風味的搭配。同時,菜餚在有部分穩定的基礎上,要經常更換,推陳出新,總能給常來就餐的客人以新鮮感。還要考慮季節因素,安排時令菜餚,同時還應顧及客人對營養的不同需求、客人的健康狀況、進餐要求等,這些都是促使飯店在設計標準菜譜時不能有一勞永逸的思想,必須求變求新,才能吸引更多的客人。

四、標準菜譜的設計內容

一般來說,標準菜譜設計的內容主要有以下幾個方面:

(一)基本技術指標

標準菜譜中的基本技術指標主要包括編號、生產方式、盛器規

格、精確度等，它們雖然不是標準菜譜的主要部分，但卻是不可缺的基本項目，而且它們必須在設計的一開始就要設定好。

（二）標準配料及配料量

菜餚品質的好壞和價格的高低很大程度上取決於烹調菜餚所用的主料、配料和調味料等的種類與數量，標準菜譜首先在這方面做出了規定，爲菜餚的質價相稱，物有所值，提供了物質基礎。

（三）規範烹調程序

規範烹調程序是對烹製菜餚所採用的烹調方法和操作步驟、要領等方面所做的技術性規定。這一技術規定是爲保證菜餚品質，對廚房生產的最後一道工序進行規範。它全面地規定了烹製某一菜餚所用的爐灶、炊具、原料配份方法、投料次序、型坯處理方式、烹調方法、操作要求、烹製溫度和時間、裝盤造型和點綴裝飾等，使烹製的菜餚品質有了可靠保證。

（四）烹製份數和標準份額

廚房烹製的菜餚多數是一份一份單獨進行的，有的也是多份一起烹製的。標準菜譜對每種菜餚、麵點等的烹製份數進行了規定，是以保證菜餚品質出爲發點的。如一般菜餚爲單份製作，也就是其生產方式是單件式；麵點的加工一般是多件，帶有批量生產的特徵等。

（五）每份菜餚標準成本

標準菜譜對每份菜餚標準成本做出規定，就能夠對產品生產進行有效的成本控制，可以最大限度地降低成本，提高餐飲產品的市場競爭力。標準菜譜對標準配料及配料量做出了規定，由此可以計

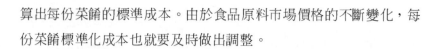

算出每份菜餚的標準成本。由於食品原料市場價格的不斷變化，每份菜餚標準化成本也就要及時做出調整。

（六）成品品質要求與彩色圖片

透過標準菜譜對用料、工藝等的規範，保證了成品的品質，標準菜譜為此對出品的品質要求做出規定。但因為菜點的成品品質有些項目目前尚難以量化，如口味的輕重等，所以在設計時，應製作一份標準菜餚，拍成彩色圖片，以便作為成品品質最直觀的參照標準。

（七）食品原料品質標準

只有使用優質的原料，才能加工烹製出好的菜餚。標準菜譜中對所有用料的品質做出規定。如食品原料的規格、數量、產地、產時、品牌、包裝要求、色澤、含水量等，以確保餐飲產品品質達到最佳效果。

五、標準菜譜的設計過程

標準菜譜的設計制定是一項十分細致複雜的技術工作，也是廚房生產管理的重要手段，必須認真做好和高度重視。標準菜譜的設計制定應該由簡到繁逐步完成和完善，並充分調動廚師的積極性，反覆試驗，使標準菜譜中的各項規定都能科學合理，切實成為廚師生產操作的準則，以規範廚師烹調菜餚過程中的行為。設計制定的標準菜譜要求文字簡明易懂，名稱、術語確切規範，項目排列合理，易於操作實施。

標準菜譜的設計過程如下：

（一）確定菜餚名稱

由於餐飲產品經營的品種眾多，標準菜譜設計的第一步是先確定菜餚名稱。菜餚名稱的確定必須是和餐廳的菜單名稱相一致。菜餚名稱的確定主要注意兩點：一是菜名的直觀性，看後、聽後讓人知道是什麼主要成分；二是菜名的藝術性，使人聽後、看後具有吸引力和誘惑力。

（二）確定烹製份數和規定盛器

根據餐飲品種的不同，確定菜餚、麵點一次加工時的份數。份數的確定要從確保成品品質出發，然後考慮工藝的要求、生產的要求、單位數量的需要。同時根據菜餚整體型態、色澤確定盛器的大小、形狀、色澤。如整魚菜餚就應使用魚形盤，若使用圓形盤，必然盛裝後頭、尾兩端超出盤外，就顯得不雅觀。

（三）確定原料種類、配份與用量

這是標準菜譜設計過程中最細致、也是最複雜的工作環節。原料的種類可以根據普通菜譜對某種菜餚用料的規定來確定，但用量則必須根據自己飯店的生產情況和銷售價格規定，一一對各種原料的數量作出規定，然後透過試烹進行測定，並對不合理的進行調整。其中調味品、佐料較難做出精確的規定，但透過反覆試製，可以確定其用量範圍。

（四）計算出標準成本

原料配份與使用量確定後，可根據原料的單價，計算出原料的價值，將所有原料價款相加後得到的總價款數，就是製作一份或幾份的標準成本，若是幾份一起烹製的菜餚，再用總價款數除以分

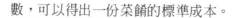

數，可以得出一份菜餚的標準成本。

（五）確定工藝流程與操作步驟

工藝流程的確定是根據烹調方法的工藝要求確定的。在確定工藝流程和操作步驟時，主要是對具體的技術環節作出規定。如主、輔料加工切製的形狀、大小、粗細、厚薄等，原料蝎配後的處理環節，如預熱處理方法、型坯處理方法、漿糊使用的種類等。同時對烹調加熱過程的技術要求更應作詳細要求，如加熱的方式、加熱的溫度與時間、調味料投放的次序、勾芡的技術要求等。另外，對成菜裝盤也應明確規定其裝盤方法、裝盤的形狀、點綴裝飾的效果等。

（六）制定具體指標，作成書面表單

將以上各項設計制定出具體指標後，作出詳細記錄，然後加以整理，透過草表的形式作成書面表單。據此可讓廚師進行試製，測試的結果對草表中的項目、用量進行調整。

（七）製出標準菜譜文本

將調整確定的各項指標用正式的文字形式規定下來，並請廚師據此烹製出標準菜餚，然後請攝影師拍照，將彩色照片貼在該標準菜譜規定的空格內，形成完備的標準菜譜文本。

（八）裝訂成冊

將標準菜譜的各項內容一一核對後，填寫設計時間、編號及設計人姓名、製作人姓名。一菜一頁，然後裝訂成冊。

為了便於及時對標準菜譜作出調整，所有的材料最好用微機編製、備份，定期或隨時對某些品種作調整時，在原來材料的基礎上

加以修訂即成。

　　標準菜譜的文本格式與實例見**表**3-1、**表**3-2、**表**3-3。

表3-1　標準菜譜例一

菜餚名稱　干貝扒火雞		菜單編號　NO.0059	
		使用器具＿＿＿＿＿	
烹製份數　　1　　份		烹製方法＿＿＿＿＿	
原料	投料量（克）	單價（元）／千克	小計（元）
火雞脯肉	250	9.60	2.40
干貝	50	58.50	2.93
火腿	25	35.00	0.88
蔥	15	2.40	0.04
薑	10	4.00	0.04
水澱粉	25	1.60	0.04
熟大油	25	6.00	0.15
味精	3	12.00	0.04
白糖	5	2.40	0.01
料酒	5	1.60	0.01
精鹽	5	0.74	0.01
合計成本			6.59
每份成本	6.59元÷1份		6.59
操作步驟 1. 2. 3. 4. 5.	彩色圖片	裝盤圖例	

表3-2　標準菜譜例二

菜品：鴛鴦火鍋		每批量：3位以上					總成本：35.30 元
類別：宴會、零點							總售價：78.40 元

用料名稱	用量(克)	日期1995年3月22日		日期 年 月 日		日期 年 月 日		製作程序	用法	使用工具
		單價(元)(每500克)	成本(元)	單價(元)(每500克)	成本(元)	單價(元)(每500克)	成本(元)			
豬肉片	150	5	1.5					1.準備涮料：先在盤子中間鋪上生菜，放上粉絲，在盤子邊沿依次放上豬肉片、牛肉片、鱿魚片、目魚圓，圍成一圈 目魚圓的作法：將目魚斬成漿，加鹽、鮮雞精拌勻，用手捏成魚圓 涮料圍圈之後，再在盤中放上切成塊狀的豆腐，放上蟹柳，點綴少許香菜、蔥絲、紅椒絲 2.準備調味：在小碟裡放入鮮醬油、豬油、生抽、香菜、蔥絲、紅椒絲，調勻 3.鴛鴦火鍋一隔為二，放入用雞、火腿、豬肉燒成的上湯，加熱升溫。當鍋裡的湯水滾沸時，在一半鍋裡放入汁嗲醬、加入椰汁、淡奶、鹽、鮮雞精，拌勻，湯汁呈黃色。另一半鍋裡，加鹽、鮮雞精，拌勻，湯汁保持原色	各人可按不同口味將涮料分別投入鴛鴦火鍋各一邊涮熟，並蘸調味料享用	一隔為二的火鍋一個，40cm盤一個，小碟兩個
牛肉片	150	5	1.5							
鱿魚片	150	30	9							
目魚圓	150	30	9							
蟹柳	50	60	6							
豆腐	1塊	0.6	0.6							
粉絲	250	4	2.0							
生菜	100	2	0.4							
香菜	50	3	0.3							
紅椒	50	2	0.2							
蔥絲	50	1	0.1							
沙嗲醬	25	10	0.5							
淡奶	2000	1	4							
蒜汁	100	1	0.02							

表3-3　標準菜譜文本格式

編號：

名稱 _____ 類別 _____ 成本 _____ 分量 _____ 售價 _____ 盛器 _____ 毛利率 _____						圖片
品質標準						
用料名稱	單位	數量	單價	金額	備註	製作程序
合計						

第四節　最佳品質標準的選擇

一、個性化餐飲產品的開拓

　　餐飲產品的品質設計過程，表面看是一個簡單的菜品的篩選、確定過程，實際上還是一個最佳餐飲產品品質的選擇過程。也就是說確定的菜品必須是品質最佳的，顧客食用後滿意，飯店能獲取理想的利益回報。

　　顧客的品質滿意度是靠最佳品質標準的選擇實現的。不同的顧客，有不同餐飲評定標準。經濟條件、生活習慣、口味嗜好、社會地位、文化程度、審美情趣、健康狀況等因素的不同，顧客對餐飲品質的認同也是有很大的差異的。在這種情況，最佳品質標準的選擇就是個性化餐飲產品的開拓。為了在所設定的顧客群（也即目標市場）中滿足不同品質的需求，就必須使餐飲產品富於個性化。

　　所謂個性化，簡單地說就是根據不同顧客各自的餐飲需求特徵，分別提供不同品質標準的實物產品（食餚）和外圍產品（服務），以達到顧客滿意的目的。

　　要做到真正的個性化服務，是需要下很大功夫的。從酒店方面而言，在經營決策中，它有自己的目標市場，有根據目標市場而確定的經營項目、範圍與品質標準、水準，即使要保證目標市場的顧客人人滿意也不容易。當然，個性化服務不是絕對的。例如，有的客人喜歡吃辣，服務員在點菜寫單時透過與客人交談，了解到了客人的這一口味嗜好，就可以儘量推介辣味味型的菜品；客人不喜歡把酒斟到八分滿，而要求倒滿，服務員就按顧客的要求把酒斟滿；

顧客喜歡紅色格調的包廂，服務員就不要帶他去藍色基調的包廂去；顧客對油膩的菜餚不滿意，就給他上清淡的等等。這些從餐飲經營方面來說都是小事，而正是這些小事構成了個性化服務的整體風格。現在餐飲服務過於強調標準工藝、服務規範，而缺少靈活性，使飯店之間在整體感受上區分不出有什麼特色，這就是缺少個性化服務的表現。

要做到個性化服務，餐飲企業和員工就必須先去了解客人，和顧客進行多方面的溝通，建立顧客用餐檔案等。比如，訂餐服務，尤其是電話訂餐，服務員幾乎都是按「用餐人數、時間、價格、特殊要求」等幾個內容記錄和交談，就是預約訂餐單上也很少設計有反映顧客個別需求方面的內容。比如是否有的顧客不吃辣、有沒有客人不吃甜等等。如果能在訂餐中把類似的問題弄得很清楚，廚房和餐廳服務肯定會把工作做得更好。

個性化服務雖然很麻煩，但卻能給酒店帶來很高的顧客滿意度，因此是最佳品質標準的選擇範圍之一。

二、餐飲產品適應性的確定

不是所有的菜品和服務品質達到較高水準就一定能被所有的顧客喜歡，因為這其中有個適應性的問題。口味的適應、風格的適應、價格的適應、簡繁的適應程度等，都是能否贏得顧客滿意的重要方面。因此，餐飲產品適應性的設計與確定就成為品質標準的重要內容。

餐飲產品適應性的設計與選擇其實與滿足顧客個性化需求有關係，但「口之於味，有同嗜焉」也不可忽視。雖然人們的審美情趣各不相同，但對藝術價值高的作品大家都是認可的。就餐飲產品的適應性而言，也有許多顧客共同的東西，比如優雅的環境、舒適的

氛圍、周到及時的服務、可口的飯菜等等。

　　餐飲產品品質的適應性，尤其讓大多數顧客都適應你的產品，喜歡你的產品，購買你的產品，也就是要儘可能做到餐飲產品有較強的適應性，以贏得更多的顧客。要做到這一點，菜式設計與選擇就要儘可能地讓顧客參與，徵詢顧客的意見，了解顧客的需求。最常用的手段就是選擇菜單中的菜式，作顧客、市場調查，然後經過一段時間的經營，對菜單中的菜式進行分析。透過分析來確定、判斷哪些菜餚是顧客的首選，哪些菜餚有較大的顧客群。而且分析的結果，還可以為酒店每個菜（或每類）的盈利水準作出評價。

　　下面透過一個案例，加以說明。

　　表3-4是某酒店零點餐廳五種菜餚的月底報告情況，根據需要，分別計算出下列數據：

1.每份菜餚的平均毛利：

　77992 ÷ 13202 ＝5.9（元）

2.各種菜餚的每份毛利：

　A：18385 ×（1－38.2％）÷1679 ＝6.77（元）

　B：30255 ×（1－33.9％）÷2763 ＝7.24（元）

　C：27324 ×（1－28.3％）÷3437 ＝5.7（元）

表3-4　菜單銷售情況

菜式	銷售份數	食品成本率（％）	銷售金額
A	1679	38.2	18385
B	2763	33.9	30255
C	3437	28.3	27324
D	3878	44.8	26952
E	1445	35.0	18713

銷售總份數：13202　　　　　　　　　　　　　　總毛利：77992

D：26952 ×（1 － 44.8 ％）÷ 3878 ＝ 3.84（元）

E：18713 ×（1 － 35 ％）÷ 1445 ＝ 8.42（元）

3.計算各菜餚所占的比例

1 ÷ 5 × 100 ％ ＝ 20 ％

4.各種菜餚所占的實際比例

A：1679 ÷ 13202 × 100 ％ ＝ 12.7 ％

B：2763 ÷ 13202 × 100 ％ ＝ 20.9 ％

C：3437 ÷ 13202 × 100 ％ ＝ 26 ％

D：3878 ÷ 13202 × 100 ％ ＝ 29.4 ％

E：1445 ÷ 13202 × 100 ％ ＝ 10.9 ％

根據以上計算，列出菜單分析表，見**表**3-5。

根據菜單分析表，作出分析圖，見**圖**3-5。

透過圖3-5，我們可以看出，位於I區的菜餚屬銷量好、利潤高的菜餚，也就是顧客喜歡、適應性強的菜餚。由於這類菜餚的利潤又高，因此對飯店的收益也是有利的，屬明星菜品，不僅要保留，而且應放在菜單的顯著位置，甚至可能成爲酒店的招牌菜。

位於II區的菜餚雖然利潤較高，但由於其適應性不強，顧客喜歡的程度較低，因而銷售不高。對此類菜餚應作顧客調查，弄清楚顧客不適應的因素是什麼，是口味、價格、品質等，然後制定相應

表3-5　菜單銷售分析

菜式	平均毛利	每份毛利	所占菜單比例	實占菜單比例
A	5.9	6.77	20 ％	12.7 ％
B	5.9	7.24	20 ％	20.9 ％
C	5.9	5.70	20 ％	26.0 ％
D	5.9	3.84	20 ％	29.4 ％
E	5.9	8.42	20 ％	10.9 ％

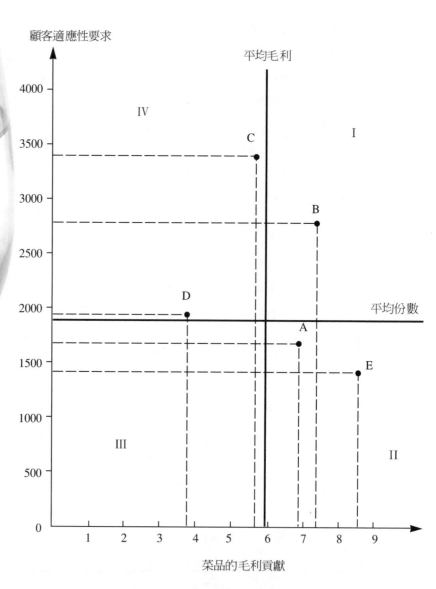

圖3-5　菜單對顧客適應性分析

對策。若是價格太高則適當採取降價措施，若屬菜品品質則應改革工藝或配料內容。

位於III區的菜餚屬銷量低，利潤也低的部分，說明既無適應性，也對酒店無利可圖，應該予以淘汰。

位於IV區的菜餚屬於銷量高，但利潤較低的一類，適應顧客需求，但對酒店的盈利水準會產生不利影響。因此可採取降低成本（但不能影響品質）的手段等。

透過這樣的分析，酒店就可以完全掌握菜單的菜餚，哪些是適應性強的，哪些是顧客不適應的，並相應作出對策，使餐飲產品品質的適應性得到不斷提高。

三、餐飲產品的穩定性設計

餐飲產品品質要保持始終如一的高水準，是產品設計和選擇過程中一項最為重要的內容。事實證明，許多餐飲企業之所以顧客逐漸減少，一個重要因素就是品質不穩定，忽好忽壞，或者是由好逐漸到差，使顧客對餐飲產品失去了信任。

餐飲產品品質穩定性的設計，是非常複雜的一項工作，它不同於工業產品，有準確的量化指標、技術參數等來做保證。菜餚製作、餐廳服務都是員工用手去操作。手工勞作的最大弱點就是容易產生誤差，而且其誤差是不可避免的，幾乎無法控制。就拿菜餚烹製工序而言，整個的工序過程可以說是一個多變量的集合體，任何一個環節的變化，都會環響到其他環節。比如油溫控制，就有炊具傳熱性能、燃料提供火力的大小、油的種類、油量的多少、油炸食品原料的數量、原料的含水量、投入原料的節奏等，這些因素皆是影響油溫控制的變量，其中不論哪一個因素發生變化，或者掌握不準確，就會影響成品的品質。菜餚加工的其他工藝過程無不如此。

這就給餐飲產品的穩定性設計帶來很大的困難。

但品質的穩定性又是不可忽略的，目前在餐飲企業中，主要透過以下幾個方面來確保餐飲產品品質的相對穩定：

1. 制定適合自己菜餚生產標準的標準菜譜。
2. 確定原料品質標準，核定用料數量。
3. 規範工藝操作過程，嚴格投料順序、時機等工藝環節。
4. 制定服務規範、服務標準及服務程序。
5. 實施全面的品質管理。
6. 加強品質監督，達到零缺點的產品品質。

從嚴格意義上講，穩定的產品品質既與生產形成過程有關，更與形成過程中的品質管理密不可分。有時，產品是按穩定性的要求設計的，但管理不嚴，或者是管理不得法，生產不能按照設計標準進行，那麼穩定性的設計將顯得毫無意義。

從最佳產品品質選擇的角度來看，穩定性的餐飲產品的設計，僅僅是一個基礎，只有建立有效的生產運行體系和與之配套的品質管理模式，才能真正體現出餐飲產品品質穩定性設計的意義。

四、餐飲產品安全性的定位

餐飲產品的安全性問題是一個關係重大的品質問題，更是一個關乎人身生命安全的首要問題。

餐飲產品的基礎是可以食用，它是提供維持人體生命活動和勞務活動的營養需求的材料。因此，其安全性自然成為人們選擇食品的首要的品質標準，這就是食品營養衛生標準的定位。

造成食品不安全的因素，來自於多方面的原因，主要有以下幾個方面：

1. 食物原本含有對人體有害的因素，如果加工處理不當，而被遺留在成品菜餚中，就會給食品帶來不安全的因素。

2. 食物原本不含有對人體有害的因素，但在生長、收割、運輸、儲存等過程中被感染、傳播、滋生、寄生了一些病菌或蟲卵等，加工時處理不徹底，也是不安全的致因之一。

3. 食品在加工、烹製過程中被污染上有害的菌類。

4. 食品在加工、烹製過程中由於加入過量的添加劑，而使食品的安全性降低。

5. 由於環境污染而使食物也被污染。

以上的因素都可以導致餐飲產品的安全性降低，而在顧客食用時危害顧客的身體健康，乃至生命安全。為此，餐飲產品在設計時，就應充分考慮其安全性。透過選料的要求規定、加工處理的要求、烹飪加熱的工藝要求、加工儲存等衛生要求，以確保餐飲產品的安全可靠、無毒無害、富於營養、利於吸收等品質內容。

當然，餐飲產品品質的安全性，僅靠設計也是不能完全保證的，重要的還在於操作運行過程中加強衛生安全管理，按菜品設計的安全指標一絲不苟地進行，才能實現餐飲產品品質有很高的安全係數。設計者應按照零安全隱患設計，加工人員則應按零安全問題嚴格操作，以絕對保證餐飲產品的品質安全。

第4章

餐飲產品品質分析

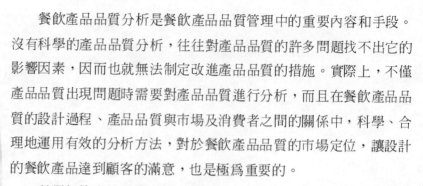

　　餐飲產品品質分析是餐飲產品品質管理中的重要內容和手段。沒有科學的產品品質分析，往往對產品品質的許多問題找不出它的影響因素，因而也就無法制定改進產品品質的措施。實際上，不僅產品品質出現問題時需要對產品品質進行分析，而且在餐飲產品品質的設計過程、產品品質與市場及消費者之間的關係中，科學、合理地運用有效的分析方法，對於餐飲產品品質的市場定位，讓設計的餐飲產品達到顧客的滿意，也是極為重要的。

　　所謂餐飲產品品質分析，簡要地說就是運用現代科學分析問題的方法，對影響餐飲產品品質的設計、市場定位、顧客需求和產品品質問題進行綜合梳理、總結，找出其影響因素的運行操作過程。我國傳統餐飲經營管理的模式是靠經營管理者多年的實踐經驗來實施經營管理的，具有很大的隨意性和模糊性，而且實踐中還帶有很嚴重的情緒化傾向，不是運用科學的分析方法對出現的問題進行分析處理。於是出現了問題雖然得到處理，但是只是暫時的，或是部分的，沒能從根本上得到解決。所以，餐飲經營管理中重複出現同一問題的現象非常普遍。如果管理者運用科學的分析方法，從錯綜複雜的問題中找出關鍵的因素，並針對這一因素採取相應的改進措施，就會在某種程度上避免類似的問題重複發生。

第一節　餐飲產品品質的市場分析

　　所謂餐飲產品品質的市場分析，是指根據當前餐飲市場供需關係的分析，以準確定位自己餐飲產品的品質水準和銷售結構，並且能保證有一定的利潤。

一、對餐飲市場需求分析預測

　　由於餐飲產品品質設計的經濟性，主要是根據產品銷售結構的壽命週期考慮，因此對某一類型菜品銷售結構在市場的需求量及變化規律要有科學的預測。餐飲產品像其他產品一樣，也有一定的週期，一種新的菜式、一種新的菜品銷售結構、一種新的宴席設計，從它進入市場到被市場淘汰，是有一個發展過程的。這可以根據市場調查和以往的經營經驗得出較為清楚的結果。現在的餐飲市場，已經進入了時尚消費時代，人們不再滿足於一成不變的菜餚口味和菜餚銷售結構。但飯店缺少的正是對這種餐飲產品生命週期和市場需求量的分析預測。例如，九〇年代中後期在山東濟南市場興起的自助海鮮火鍋餐，從盛到衰不足兩年的時間，可以說是曇花一現。這是從宏觀看。如果就一個酒店而言，也是這樣，這就要求所設計的菜品品質和品類也應根據其市場需求、根據變化規律把握好，並要考慮到不同品質等級在市場上的價格，從而能合理地確定餐飲產品的品質水準。

二、注意質價匹配

　　產品品質和價格有時是矛盾的，要提高品質往往就會增加餐飲產品品質成本，成本增加又會引起產品價格的提高。如果品質成本不適當地增加，導致價格過高，超過消費市場的購買力，產品的適應面相對就會減少。反之，產品品質低檔，即使價格降低，也沒有多少人就餐。這裡面必有一個合理的價格關係，力求達到這個合理的質價關係，就是所謂質價匹配。例如飯店的常規性菜餚和時令性菜餚，由於後者價格一般比前者要高一些，有的服務員在向客人介

紹菜品時，也以爲舊有的常規性菜餚可能與時令菜比較點的會少一些，但許多進餐卻往往不點時令菜品，原因就在於時令菜的價格較高。可見，餐飲產品設計中質價匹配是一個相當重要的問題，不能盲目追求高檔化、名貴化，而忽略經濟性。畢竟，現階段的我國消費者還不全是富翁。爲此，透過市場調查，準確定位餐飲產品的價位（指整體價位），設計與此價位相匹配的品質水準，就顯得至關重要。

三、菜餚銷售結構分析

菜餚銷售結構是指各式菜餚銷售數量的組合。也可以理解爲各式菜餚的銷售數量在菜餚銷售總額中所占的比例。由於飯店就餐客人在不斷變化，客人口味要求和對菜餚品質要求也在不斷變化，因而餐飲產品銷售結構也隨之變化。菜餚銷售結構的變化會引起不同品質水準的菜品銷售量的變化，也由此引起每份菜餚平均銷售額以及毛利的變化。因此，菜餚品質設計與產品定價時應加以研究分析和利用。下面舉兩個例子說明相同數量的菜餚在不同銷售結構的情況下，所引起的每份平均銷售額的變化，見**表**4-1、**表**4-2。

表4-1　菜餚銷售結構例一

菜餚	售價（元）	銷售份數	銷售收入（元）
A	12.50	125	1562.50
B	14.50	175	2537.50
C	15.00	150	2250.00
D	15.00	160	2400.00
E	16.50	140	2310.00
合計		750	11060.00
每份菜餚平均銷售額：11060.00 ÷ 750 ＝ 14.75（元）			

每份菜餚平均銷售額的提高必然會增加菜餚銷售收入總額，提高毛利，如果其他營業費用不變，則必然使淨利也相應增加。因此，在對餐飲產品品質的市場分析中，管理者應善於利用菜餚銷售結構，注重產品品質和銷售毛利均高的菜式。

　　然而，菜餚銷售結構的改變在很大程度上又不受管理者的控制，除了根據季節、原料供應等情況，飯店主動改變菜式品質與種類外，客人對菜式的選擇是菜餚銷售結構變化莫測的主要原因。菜餚銷售結構的變化，不僅給餐飲產品品質設計帶來影響，而且還能引起食品成本率的變化，而且這種變化在某種情況下，可能引起管理者的錯覺，現舉兩例以示說明，見**表**4-3、**表**4-4。

　　例一的食品總成本率為42.6％，例二中由於菜餚銷售結構發生了變化（總銷售數量不變），使得食品總成本率下降至41.3％。表

表4-2　菜餚銷售結構例二

菜餚	售價（元）	銷售份數	銷售收入（元）
A	12.50	130	1625.00
B	14.50	150	2175.00
C	15.00	150	2250.00
D	15.00	140	2100.00
E	16.50	180	2970.00
合計		750	11120.00
每份菜餚平均銷售額：11120.00 ÷ 750 ＝ 14.83（元）			

表4-3　菜餚銷售結構與毛利之關係例一

菜式	單位成本（元）	售價（元）	銷售份數	食品成本（元）	銷售收入（元）	食品成本率
A	6.00	15.00	100	600.00	1500.00	40％
B	7.00	16.00	200	1400.00	3200.00	43.8％
合計			300	2000.00	4700.00	42.6％

表 4-4　菜餚銷售結構與毛利之關係例二

菜式	單位成本（元）	售價（元）	銷售份數	食品成本（元）	銷售收入（元）	食品成本率
A	6.00	15.00	200	1200.00	3000.00	40％
B	7.00	16.00	100	700.00	1600.00	43.8％
合計			300	1900.00	4600.00	41.3％

面上看，這種變化很理想，因為降低了食品成本率，但實際上在其他費用不變的情況下，這種變化沒有帶來經濟上的任何好處，因為兩個例子中所得毛利完全相同。也就是說，降低食品成本率沒能起到提高毛利的作用。以上實例告訴餐飲管理者，菜餚銷售結構的變變會引起食品成本率的改變，而食品成本率的下降不一定意味著毛利的增加。因此，管理者在控制食品成本率的同時，必須更加注意菜餚銷售的毛利。在某些情況下，降低菜餚品質，使食品成本率下降反而會導致毛利降低，在另一些情況下，提高菜餚的設計品質，提高食品成本率卻會使毛利相應的增加。這就是為什麼有的飯店即使餐飲產品品質較高、食品成本率甚至達到60％也仍然可以取得成功，而有的飯店儘管食品成本率只有30％，但利潤仍然很低甚至虧本的原因所在。

因此，在餐飲產品品質的設計與定價中，分析利用菜餚銷售結構時，既要考慮到菜餚品質水準是否能達到客人的滿意，又應著眼於改善菜餚的毛利上，而不是靠降低食品成本率。方法之一就是逐一更換菜式，使新的產品品質能改善菜餚銷售結構，並提高毛利。下面的兩個例子經過比較就可以得到認證，見**表4-5**、**表4-6**。

例一中的五種菜餚在一定的銷售結構中，總食品成本率為39.5％，獲毛利3360.01元，每份菜餚平均毛利為9.26元。在例二中，由於菜餚5得到更換，銷售結構也發生了變化，結果總食品成本率上升至40.7％，獲毛利3407.31元，每份菜餚的平均毛利為9.39

表4-5　菜餚銷售結構與獲利變化例一

菜式	單位成本（元）	售價（元）	銷售份數	食品成本（元）	銷售收入（元）
1	7.28	14.60	78	567.84	1138.80
2	6.25	15.95	39	243.75	622.05
3	8.30	16.30	65	539.50	1059.50
4	4.80	15.75	105	504.00	1653.75
5	4.50	14.25	76	342.00	1083.00
合計：			363	2197.09	5557.10

毛利：5557.10－2197.09＝3360.01（元）

每份菜餚平均毛利：3360.01÷363＝9.26（元）

食品成本率：2197.09÷5557.10×100％＝39.5％

表4-6　菜餚銷售結構與獲利變化例二

菜式	單位成本（元）	售價（元）	銷售份數	食品成本（元）	銷售收入（元）
1	7.28	14.60	58	422.24	846.80
2	6.25	15.95	45	281.25	717.75
3	8.30	16.30	60	498.00	978.00
4	4.80	15.75	125	600.00	1968.50
5	7.20	16.50	75	540.00	1237.50
合計：			363	2341.49	5748.80

毛利：5748.80－2341.49＝3407.31（元）

每份菜餚平均毛利：3407.31÷363＝9.39（元）

食品成本率：2341.49÷5748.80×100％＝40.7％

元。由此可見，改變菜品品質，變換菜式改變了菜餚的銷售結構，雖然食品成本率有所上升，但毛利卻提高了。在變換菜餚品種時，應注意分析觀察一種菜式的質、價變化對其他菜品銷售的影響，變換的目的在於提高顧客的滿意度，從而帶來毛利的提高。

四、最佳品質水準的分析

在確定餐飲產品品質水準時，要根據市場變化規律和客人對產品品質、價格的需要，還要儘量實現為飯店帶來更多的利潤。餐飲企業的利潤主要決定於產品的價格與產品成本的差額，而成本與價格通常又決定於餐飲產品的品質水準。根據成本與價格對品質水準的變化關係，就可能找到利潤最佳時的品質水準，這就是最佳品質水準。因此，最佳品質水準，並非最高品質水準。

圖4-1表示了餐飲產品價格、成本和利潤隨著品質水準而變化的一般關係。由圖可以看出，品質水準為M時，利潤水準為最高，也就是最佳品質水準。品質水準低於A或高於B時，都將產生虧損，a、b兩點即為盈虧點。

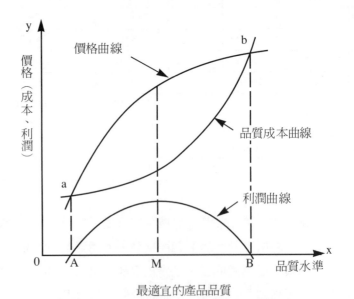

圖4-1　品質、成本、價格、利潤關係

實際上，在分析最佳品質水準時，還應考慮到銷售量的大小、菜品銷售結構的變化，特別是在餐飲市場競爭的條件下，品質水準與市場需求有密切關係，因而對餐飲市場需求進行預測、分析就顯得特別重要。由於餐飲消費者的需求是多元化的，而且是在不斷變化的，這就要求餐飲產品品質應具有靈敏的適應性，以適應餐飲市場變化著的需求。

　　一般情況，餐飲產品的品質水準與滿足市場潛在需求的百分比有著密切的關係。當餐飲產品尚未達到一定的品質水準時，不能滿足任何潛在市場需求。當達到一定品質水準以後，品質的改變可能擴大消費市場，最後為了更進一步滿足潛在市場的需求，就要求大大提高品質水準。圖4-2 就表示這種相互關係。

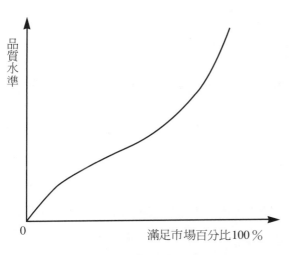

圖4-2　品質與市場銷售的關係

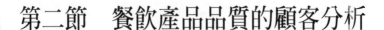

第二節　餐飲產品品質的顧客分析

一、影響顧客對餐飲產品品質評價的因素

　　餐飲產品品質的設計與生產，是以顧客的需求為前提的，這樣的菜餚才能達到顧客的滿意。那麼，顧客的需求和滿意經營管理者又如何去把握呢，這就必須對市場和消費者進行全方位的調查、預測和分析。餐飲產品品質的市場分析是從宏觀對顧客的需求進行分析與預測。而菜品品質的具體定位，就必須對顧客，也就是不同的消費群體進行具體的分析研究。首先來看一看影響顧客對餐飲產品品質評價的因素都有哪些。

(一) 生理因素

　　影響顧客對餐飲產品品質評價的生理因素主要有以下幾個方面：

年齡

　　不同的年齡，對食品的口味、硬度、脆度等指標的要求是不同的。老年人由於身體的某些生理變化，一般口味上喜淡，口感上以軟爛滑嫩為主，大油大肉也不是首選，喜歡吃湯汁多的菜餚等。而青年人，則喜歡硬脆酥香的菜式，而且有追求新、奇、特等趨向，加之不同的年齡層的人其消費觀念不同，在選擇菜餚時對菜餚的品質和價格也有很大差異。

性別

　　性別也是影響顧客對餐飲產品品質評價的因素之一。比較而

言，女性對菜餚品質的評價比較細膩，口味以平和為主，喜甜、酸口味，價位的選擇上也較男性謹慎，飲品以非酒精飲料或酒精度較低的為主。而男性消費者則比較粗獷，對菜餚品質的評價標準比較單純些，口味的選擇上更為寬泛，年輕的男性更追求刺激、新潮食餚，大多數男性喜歡飲含酒精較高的飲品，對菜品的價格也不十分關注，有時為滿足一時之需，甚至可以不惜多花錢。

口味嗜好

所裡所說的口味嗜好主要指消費者本人的口味偏向，當然其中也包括由於長期生活在某一群體口味的環境內所形成的口味的偏愛。口味嗜好主要可以從地域上來區分。中國俗有「東辣西酸、南甜北鹹」就說明了這一點。四川、湖南、貴州人大多喜辣，江蘇、浙江、廣東等地的人大多喜甜，而黃河及其以北地區之人則以鹹鮮為主，其中山西人嗜酸等。實際上，在局部的消費群體中，同一口味嗜好的不同消費者，也有所差異。比如喜辣人群中，有人喜麻辣，有人喜生辣，有人喜香辣，有人喜酸辣，有的人以強辣為主，有的人則傾向於微辣，各有不同。

健康狀況

消費者的健康狀況大概是影響顧客對餐飲產品品質評價因素最大的變數。由於人的健康狀況比較複雜，其影響也是多層面的。比如說胖與瘦，肥胖食者自然想減肥，不喜油膩食餚，遠離甜品等，而消瘦食者也各有不同擇食標準。不同疾病患者對食品品質要求更是各有所異，糖尿病患者不吃甜食，高脂血症自然忌諱油膩之物，心血管病患者視膽固醇食品如虎等等。對於正常的健康人而言，擇食也有不同，有的追求苗條的身材，有的追求強壯的體格，有的需要增智，有的需要益壽。如此一來，消費者們在選擇食餚時的標準可謂五花八門，各有千秋，其對餐飲產品品質的評價標準也是不同的。

（二）社會因素

　　人們到飯店去進餐，從廣泛的意義上講，本身就是一種社會性的活動。因此，眾多的社會因素直接影響著顧客對餐飲產品品質的評價，主要的社會因素有如下幾個方面：

國家

　　這裡所說的國家是指來自於生活在不同的國度裡的餐飲消費者。由於不同的國家其政治、經濟、文化等的不同，從而直接影響到人民的飲食生活習慣。因而反映在食物的選擇標準上也就有些差異。這也就是許多涉外旅遊飯店在接待外國客人時，首先要弄清楚客人的國籍的原因所在。

　　民族，民族和國家有時是一致的，但也是不一致的，有的國家有若干的民族。這些民族由於在歷史的發展過程中各不相同，因而形成了不同的生活習慣，導致對食物的選擇標準差異很大。我國除漢族以外，還有五十五個少數民族，這些少數民族從宏觀而言，其飲食習俗和擇食標準沒有一個與另一個民族是完全相同的。所以，不同的民族對菜餚食品品質的評價標準是不一樣的。

宗教信仰

　　大多數宗教教義中對信教者都有一系列的生活規範，其中包括對食物的選擇與禁忌。這樣，凡是具有宗教信仰行為的消費者，往往由於遵守教規，而對食餚的品質標準有嚴格的要求。有些宗教雖然日常飲食沒有規定，但在舉行一些隆重的禮儀活動中前後也有對食物的要求。因此，由於宗教信仰的不同，對食餚的品質評價也就有所不同。

社會地位

　　我們所生活的社會，是一個有等級區分的群體，在這個群體中，每個人都在一定的社會層面中從事不同的活動和生活，尤其對

那些社會層面較高的顧客，在進餐時往往希望能夠展示自己優越的社會地位，於是選擇講究、豪華的飯店、餐廳，選擇菜餚食品也有較高的品質標準。而對於社會地位相對較低的顧客來說，他們通常會選擇適合自己生活群體的飯店、餐廳就餐。所以，不同社會地位的客人對餐飲產品品質的評價也是有區別的。

身分（職業）

人們的身分、職業與社會地位有相通的地方，但也有區別，特別對於一些具有特殊身分的客人來說，尤其是重要的標誌。不同身分、不同職業的因素所形成的消費群體，在就餐的選擇上、對菜餚品質的評價上，也是有區別的。比如，日常所說的政府官員、教師、醫生、工人等，他們對餐飲產品的品質評定標準顯然是有著區別的。

文化修養

這裡的文化修養主要指接受教育的程度和教育的效果給人帶來的文化、學識積累的程度。應該說，現在到飯店就餐的客人都具有一定的文化程度，但由於接受教育的機會以及從事工作需要的不同，客人的文化水準是有高有低的。一般來說，文化學識較高的顧客對餐飲產品品質的要求更高一些，因而其評價標準自然也就高一些。當然，並不是說文化水準低的顧客就一定對品質要求低，只是想說明，由於每個人的文化修養有別，從而在進餐時，對菜餚食品的品質評價是有差異的。

經濟條件

不同的經濟條件，往往也是影響顧客對餐飲產品品質評價的重要因素。有錢者有時可以一擲千金，為的是享受某種奇特的美味菜餚。經濟條件較差的客人，雖然有時也得掏大把的錢請客吃飯，但畢竟是少數。與那些富商巨豪相比，就不值一提了。由於經濟條件差別的原因，使客人對菜餚選擇的標準往往區別較大。有錢的客人

可以經常吃山珍海味、名貴大宴，對菜品的品質要求非常高，其評價餐飲產品品質的標準自然就高。對於一般經濟條件的顧客來說，就沒有那樣的條件，只能根據自己的實際情況選擇符合自己消費水準的菜餚，其對品質的要求自然是有局限性的。

就餐目的

　　顧客到飯店就餐、設宴都是一種有明確目的的飲食活動，由於就餐目的的不同，其對菜餚品質的要求是不同的。比如，全家人節假日到飯店就餐，是為了休閒或享受不用在自己家裡操勞的感覺，往往選擇價位不是太高、但衛生及環境又要講究的地方，其菜點的選擇完全根據自己的喜愛，有一定的隨意性和靈活性，對菜點的品質要求不是太高，適口、合自己的心意就行。如果是宴請同學好友，或是請客人幫忙辦事而到飯店就餐，那情況自然是不同於隨意就餐的，對宴席的規格、價格，以及菜餚品種的組織、菜餚的品質都是有嚴格要求的，甚至是一絲不苟的。因為宴請的目的是為了讓同學好友愉快高興，讓幫他辦事的客人滿意、體面等。

(三) 心理因素

　　影響顧客對餐飲產品品質評價的心理因素比較複雜，也是經營者難以把握的問題，這裡僅列舉幾個常見的方面：

審美情趣

　　即使人們接受了同樣的教育程度，並且在相同的生活環境中長大，其各人的審美情趣也不是完全一樣的。因為每個人的審美標準不同，所以不同的顧客在飯店進餐時，對菜餚的型態、色調、盛器等表現美術方面的評價標準也有很大的區別。就餐環境的選擇也有不同的審美標準，有的喜歡紅色格調，有的喜歡綠色，有的偏於色彩較濃厚的氛圍，有的則追求淡雅的背景。以菜餚的色調而言，也是如此，有喜歡顏色濃重的，有喜歡清淡的等等。

求異獵奇

　　現在的時代是倡導追求個性發展的時代，許多人在飲食則表現
爲求異獵奇的心理特徵。在選擇就餐場所與食餚時，一心追求新、
奇、異、特，以滿足自己好奇的心理。尤其是那些國外的遊客，由
於不同民族的生活方式大異其趣，許多地方名菜、土特食品便成爲
滿足外國遊客好奇心理的載體。許多餐飲業也爲此在經營上追求新
潮、標新立異，以迎合這部分客人的飲食需求。

追古懷舊

　　由於對中國古代歷史文化的崇敬，而引發對古人生活方式的嚮
往，由於遠離故鄉幾十載而有朝一日回到故鄉，引起人們對過去生
活的追憶。這些情形，幾乎在每個人身上都可以發生，可以說是人
類共有的心理活動，只是程度不同而已。人們在追古懷舊的心理活
動中，往往把飲食活動放在首先位置，以滿足憶舊的心理。比如在
異國他鄉漂泊了三十多年的遊子，一旦回歸故里，大概第一件事就
是要品嚐他幼時在家鄉所吃過的令自己終生難以忘懷的風味食品。
於是，好多飯店在經營中也在此方面大做文章，推出仿古宴、仿古
菜，諸如仿唐菜、仿宋宴、明金宴、清宮御宴，以及富於濃厚地方
特色、充滿民俗風情的鄉土食餚、鄉土宴，以滿足追古懷舊一類客
人的心理需求。

異常心理

　　在飲食上，有許多客人具有一些常人所難以理解的異常需求，
這一般說來是由其異常心理活動所造成的。如飲食癖好，專門喜歡
吃一些奇形怪狀的東西。還有嚴重的偏食者，以及由於種種原因使
人們形成的飲食禁忌。如有的客人不食羊肉，見了羊肉食品就大倒
胃口，甚至有嘔吐等反應。在食忌方面，簡直可以說是五花八門。
這些異常的心理導致了客人在對餐飲產品品質評價時也各有千秋。

情緒變化

　　客人就餐時對菜餚品質優劣的評價，還在某種程度上受客人就餐時情緒的影響，有時這方面的影響是決定性的。每個人都有喜、怒、哀、樂、悲、傷等情緒變化，不同情緒對人的行為有著直接影響。客人心情舒暢、情緒高昂時進餐，對菜餚品質的評價可能會廣泛一些，因為此時在客人心目中，一切事物都是美好的。然而，當人遇到了心情不暢時，甚至是怒火中燒，此時進餐恐怕就要挑剔一些，因為此時所見到的所有事情都是不美好的。有鑑於此，飯店服務員在接待客人時就應特別注意到客人的情緒狀況。

二、顧客對餐飲產品品質的評定方法

　　許多飯店根據自己服務對象的要求制定出符合客人就餐要求的完整的菜餚品質和服務品質標準，不強求品質標準的統一。由於各飯店接待客人的層面有別，即使接待同一層次的客人，其需求也是不一樣的。因此，各飯店所確定的餐飲品質標準也不一樣，所要滿足的要求也各有側重面。飯店制定的餐飲品質標準透過各種方式，傳遞給客人，如廣告、飯店和餐廳裡的各類宣傳、餐廳服務的介紹，以及餐廳的實際表現等。

　　然而，飯店所制定的餐飲品質標準能得到客人的滿意嗎？這就有必要了解客人是如何對餐飲產品品質作出評定的，或者說，客人運用什麼方法來評定餐飲產品品質。

　　一般來說，客人對餐飲產品品質的評定方法可歸結為四種形式：

（一）單項品質標準評定法

　　單項品質標準評定法，是指客人在進餐時只以眾多品質因素中

自己認為最重要的一項內容作為餐飲產品品質評定的唯一標準，其餘因素僅作參考，或者忽略不計。例如有的客人只注重菜點的味道如何，因此就餐時特別重視廚師的烹調技術，其他如裝飾環境、服務項目、服務態度等皆可不去計較，只要菜味烹製得好，可以一好遮百醜。而有的客人則看重服務，或特別重視環境等，其他則均屬次要的。這種以一項品質標準來代替整個餐飲產品品質評定的方法的客人，在就餐中還為數不少。雖然僅用一項標準來評定餐飲品質的好壞，但這一項標準的要求卻是十分嚴格的，稍有問題，即視為品質欠佳，一票否定。相對於眾多顧客而言，用單項標準作為評定餐飲產品品質好壞的顧客是最容易達到滿意的一族。只要飯店在接待中準確把握好，在不降低其他品質標準的情況下，把某一項做好，就可以贏得客人的滿意，甚至是百分之百的滿意。不過，由於一項標準評定整體品質的優劣，其要求較高，要達到顧客的高滿意度也很不容易。如真正的美食家品食菜餚的調味水準，就不是輕易能夠使其滿意的。

　　運用單一品質標準評定整體餐飲產品品質好壞的客人，平常見於兩大食群，一是青年客人，生活經驗相對較少，對食品要求不是很刻薄，用單一標準確定就餐地點，經常見到。再一類是個性較為粗獷的男性顧客，性格大度，不抱泥於細小瑣事，不斤斤計較，一種標準定好壞，乾淨俐落。餐飲經營管理者可據此注意觀察，弄清哪些顧客喜歡用單一標準評定餐飲產品品質的好壞，對達到顧客的滿意，將會起到事半功倍的效果。

（二）主輔品質標準評定法

　　主輔品質標準評定法是指客人在就餐時，對其品質優劣的評價是以一項標準為主，另一項標準為輔助標準，只有一主一輔均達到客人的基本要求，才算滿意。如有的客人把菜餚食品的品質作為評

定品質的主要項目，把餐廳環境看成是輔助項目；也有的客人把到飯店就餐時的娛樂看得很重，成爲主要標準，如果沒有娛樂或娛樂設施不全就不去，然後把服務態度作爲輔助性標準，只有兩者都具備，客人就滿足了。

　　一般情況下，用一主一輔的品質標準評定餐飲產品品質的好壞，是大多數顧客最常用的方法。比如有朋友請你到飯店吃飯，告訴你說，××酒店菜做得不錯，服務也挺周到，我常到那去。這就是主輔兼備的評定方法。主輔品質標準評定法適應的顧客面較廣，但用的較多則是文化層面較高的顧客，或者是餐飲消費較理性化的顧客群，一般各年齡層都有，但多見於中年層面。這一部分顧客處事穩妥，不盲從，也不過於苛求，對餐飲品質的評價標準也是如此。

（三）一主多輔品質評定法

　　一主多輔品質標準評定法與主輔品質標準評定法有類似之處，只不過輔助標準由一項擴大到了若干項。也就是說，客人在選擇就餐場所、對餐飲品質作評價時，是用一項主要品質標準爲基礎，然後再將其餘的各項品質標準爲輔助。這樣，對餐飲產品品質的評價更爲全面。主要品質項是前提，主要的達不到標準就已經失去了基本條件。輔助品質標準由於是多項，但並不是要求所有的項目都高標準，而是只要不失水準就可以。這種品質評價法，主要求嚴格些，衆多輔項不是十分嚴格，只要能達到基本要求就行。如有的客人往往把菜餚食品的品質作爲評定餐飲品質的主要標準，其他方面如衛生、環境、服務、效率、娛樂等作爲輔助標準。如果一個飯店連起碼的菜餚都做不好，其他也就不必再評價了。

　　一主多輔品質標準評定法適應的顧客面也比較廣，基本與主輔品質標準評定法的顧客層面相同，但一主多輔品質標準的運用，較

之一主一輔法更為成熟、穩定。因此，多見於中年以上的顧客，文化水準較高、辦事穩重的顧客群，主要標準達到要求，其餘諸項不能太差，但也不是過於刻薄。這一部分客人從某種意義上講，較容易與之溝通，而且客人也很理解餐飲經營者的苦衷。但餐飲消費必須物有所值，理解不等於可以降低品質標準。應該說，這是餐飲消費群中最為理想、最為成熟的顧客。

（四）平均品質標準評定法

平均品質標準評定法是指客人在就餐時，把各項品質指標都作為評定餐飲產品品質優劣的標準，而且各項標準的重要程度基本差不多。換句話說，客人在進餐時，只要有一項品質標準有欠缺，就可以認為餐飲品質不高。

使用平均品質標準方法評定餐飲產品品質的客人，相對而言是比較認真、遇事要求完美、比較理想化的客人群體。他們的社會閱歷廣、生活經驗豐富，並且對生活很認真，來不得半點馬虎。表面上看，這類客人是最難以達到顧客滿意的，因為要求各項都好，誰也不敢保證，說不定哪個環節上出點差錯，就前功盡棄，全盤否定。其實，完全不是這樣。這類客人雖然對各項品質標準都有要求，但並不是刻薄到不能容忍的程度，恰恰相反，在眾多標準中，如果有幾項，或者是一、二項特別出色的，仍然可以彌補其他方面的不足。比如，有的飯店服務員的服務態很好，真把客人當成親人接待，使客人深受感動，在這種情況，假若有一兩個菜餚的口味不是很好，良好的服務可以起到彌補作用。

畢竟，平均品質評定法適合於追求完美的客人，要求標準不僅高，且項目全，這就給餐飲經營者提出了很高的要求，可以促使管理者不斷地全面考慮餐飲產品的品質。在飯店裡，常見運用平均品質評定法對餐飲產品品質作評定的客人，大多數是老年顧客群，以

及女性顧客爲多。

　　不同的顧客，餐飲需求不同，他們對餐飲產品品質的評定方法也就有差異。但餐飲經營是以實現顧客滿意爲目的的，所以認眞研究不同客人的需求以及他們評價餐飲品質的方法，對於提高經營水準和產品品質是大有裨益的。

三、顧客對餐飲產品品質評定的內容

　　客人到飯店進餐，是從不同角度對飯店提供的餐飲產品進行鑑賞接受和食用的，其評定的內容也是非常寬泛。從就餐環境到服務程序，從菜點品質到服務態度，從衛生狀況到菜點價格等，都是顧客對餐飲產品品質評定的內容。但這所有內容的評定，客人都是透過自己身體的感覺器官、眼、耳、鼻、舌、手來實現的，其對產品品質印象的好壞，便是由感覺器官的綜合結果，給客人的一種整體感受所形成的。因此，客人進餐時，對餐飲品質的評判，是在運用所有的身體感官，調動以往的經歷和經驗，對各項品質內容進行評定，並形成整體的品質涵義。

　　由此看來，顧客對餐飲產品品質評定的內容是多方面的，常見的內容不外乎實物、外圍兩大部分，具體有以下幾個方面：

(一) 營養衛生評定

　　營養衛生是菜餚及其他一切食品必須具備的公共條件。衛生與營養的涵義雖然對顧客而言較爲抽象，但它可以透過菜餚的色、香、味、形、質等內在品質指標體現出來，便於顧客判斷和把握。比如，透過炒熟綠葉蔬菜的顏色判斷維生素的破壞情況，透過對清蒸魚肉質的品嚐，可知該魚是否受過污染和新鮮程度，透過一桌完整宴席菜點用料及口味等的比較，判斷營養搭配是否合理、均衡

等。但有些方面不是直觀易見的，比如畜肉是否經過檢疫，有毒的河豚魚是否處理得當，其他食品是否不含任何病菌和毒素等，這些光依靠食物的外表和普通的品嚐是不容易被發現和把握的。因此，顧客在選擇就餐場所時，還要透過飯店的一貫行為在顧客心中的形象所形成的信賴度來評定。這就要求餐飲經營管理者加強產品生產的嚴格管理，提供給客人始終如一的優質菜點和服務，以提高顧客的信任度。假如某酒店因管理不嚴使客人在進餐中出現了食物中毒現象，或是客人偶爾到廚房發現混亂不衛生的場面，它的影響絕不僅僅限於當事客人。因此，餐飲企業必須注重自身的形象。

（二）味覺評定

味覺是人的舌頭表面味蕾接觸食物，受到刺激時產生的反應，可以辨別甜、鹹、酸、苦、麻、辣等味道。菜餚的口味調製得是否恰當準確，符合製品風味要求，這就要靠顧客的味覺評定來判斷。當然，這種味覺判斷不一定百分之百的靠得住，它受到客人鑑賞水準、味感靈敏程度、口味嗜好、身體狀況等多種因素的影響。因此，口味的好壞，取決於兩個方面。一個方面是廚師的調味技術。飯店提供的菜點，其口味大多呈複合味，個別菜餚如純甜口味的菜餚例外，如酸甜味、鹹鮮味、鹹甜味，更有幾種基本味結合成的，如怪味、五香味等。烹製菜餚，廚師調味用料準確無誤，比例恰當，才能達到口味醇美的合格產品。如果廚師技術不精，調味菜餚達不到風味特色，客人品嚐後自然不會滿意。另一個方面是顧客對口味的需求標準，為了準確把握這一方面，主要是多了解就餐客人，與客人加強溝通，把握客人的口味嗜好，也可根據客人的生活地區加以判斷，如四川人喜麻辣、山西人偏重酸、江浙人嗜甜等。即使在小的地域內，人們的口味也有差異，如山東膠東人口味淡（用鹽量少）、濟南人口味重（用鹽量多些）等。

（三）嗅覺評定

　　嗅覺評定就是運用嗅覺器官——鼻子來評定菜餚的氣味。菜餚的氣味是品質評定的重要內容，主要是各種誘人的香氣。菜餚的氣味一般來自於兩個方面。一個是來自於食品原料的本身，另一個方面是來自調味香料的氣味。原料本身的香氣也要透過烹製加熱處理，這種處理也需要透過一定的技術組合，才能達到良好的效果，如烤麵包及其他烤製菜餚的焦香、油炸食品的脂香等。將原料本身的氣味充分調動出來，再調入適當的調味香氣予以充實、補充，就能夠較好地保持並能恰到好處地增加菜餚的芳香。擁有良好芳香氣味的菜餚，則為優質產品。破壞、損害原料本身原有芳香或香料投放失當，或烹製加熱處理不得法，掩蓋原料固有的香味，產生出令人反感氣味的菜餚則肯定不會受人喜歡，因而屬不合格流，甚至為不良產品。而菜點的香是餐飲實物產品品質不可或缺的指標。

（四）視覺評定

　　視覺評定是顧客根據經驗，用視覺感官眼睛對菜餚的外部特徵，如色彩、光澤、型態、造型，以及菜餚與盛器的配合和裝盤的藝術性等進行檢查、鑑賞、評定，以確定其品質的優劣。色澤是用視覺評定餐飲食品品質好壞的重要指標，色彩鮮艷、光亮度好的菜餚其品質必然不差。不新鮮的原料烹製的菜餚，如何掩蓋也達不到原料原有的色彩與光澤。因此，菜餚充分利用天然色彩，主要是食品原料本身的色彩，進行合理搭配，烹調處理得當，使菜餚的搭配自然和諧，色澤誘人，刀工美觀，裝盤優美，造型別緻，從而達到菜餚的品質優良標準，滿足顧客視覺評定的需求。

　　如果原本是優質的原料，但刀工不精，菜餚成型不美觀，或切配不當，調味用料重，導致成品菜餚暗黑無光澤，色彩不艷麗，或

是烹製較好，但裝盤不得體，或者不整潔，都會使菜餚品質下降，甚至不堪入食，從而影響了餐飲產品的整體品質水準。

（五）聽覺評定

用聽覺來評定菜點的品質水準，雖然不是很普遍，但對於一部分餐飲產品來說卻是重要的品質指標之一。

所謂聽覺評定，是指用人的聽覺感官耳朵，透過音波振動刺激耳膜來評定餐飲產品（主要指能夠發出聲響的菜餚）品質的優劣。中國菜餚中能夠發出聲響的很多，如鍋巴類菜餚、鐵板燒類菜餚，以及少量的炸熘類菜餚，如鍋巴蝦仁、鐵板牛肉、糖醋鯉魚等。

運用聽覺檢驗評定菜餚品質，既可發現其溫度是否符合要求，質地是否處理得膨發酥脆，同時還可以檢視服務是否全面得體。若菜餚在獻上餐桌時，能及時地發出應有的響聲，並且香氣四溢，可令就餐氣氛為之一振。由於溫度過高而在發出響聲時可能有湯汁濺出，此類菜餚應有防護措施。具有優美的響聲發出，則說明菜餚品質達到這一方面的要求。反之，應該有響聲的菜餚上桌不響，或者聲音微弱得使客人欣賞不到，從而沒有引起就餐氣氛的變化，就證明菜餚品質欠佳，或是因為服務效率低而將溫度本來很高的菜餚放置時間太久，失去了發聲的條件，這也是餐飲品質水準不高的因素。

（六）觸覺評定

透過人體舌、牙齒以及手對菜餚直接或間接的咬、咀嚼、按、摸、敲、壓等活動，可檢查菜餚的組織結構、質地、溫度等，從而評定菜餚的品質水準。

運用觸覺評定，可以判斷菜餚的質地、溫度是否達到了品質標準。如透過咀嚼可以發現菜餚的老嫩、軟硬程度，湯汁、菜料與舌

及口腔的接觸，可以判斷溫度是否合適，用手掰麵包可以檢驗其鬆軟狀態及筋力程度，用手借助湯匙、筷子等餐具，可以檢驗菜餚是否軟嫩、酥爛等。菜餚軟硬恰當，酥嫩適口，老嫩適宜，菜、汁比例相當，溫度感良好，其餐飲產品的品質自然就是好的。反之，老硬乾枯，爛糊不清，該熱反涼，其品質肯定大打折扣。

運用五種感官對餐飲產品的實物品質內容進行評定時，往往要幾種同時並用，綜合判定，才能全面把握菜餚的品質。如評定烤鴨的品質，內容就是多方面的，不僅應觀察鴨皮是否紅潤光亮，聞聞其脂香、焦香是否純正誘人，還需要用筷子敲打其表皮，看是否酥脆，然後再用口腔與舌品嚐鴨、甜麵醬等是否香甜可口，進而透過配食、咀嚼的觸感，對其軟、脆、爽、滑、嫩、細、綿、勁等作出評定，這樣，基本上就能對烤鴨的品質作出較正確全面的評定了。

（七）環境評定

如果是把造型優美、口味佳好的食品放置於一個衛生條件極差、空氣不流通、牆壁又髒又黑、光線暗淡的環境中進食，恐怕沒有人能夠接受，除非你是餓到極點。到飯店就餐應該是一種享受，所以，提供客人品嚐美味佳餚的理想環境，是提高餐飲產品外圍品質的重要因素。

顧客在餐廳進餐，一方面是為了補充食物營養，滋養身體；另一方面更是為了鬆弛神經，調節心情，消除疲勞。這就要求飯店不僅提供美味可口的飯菜，還要求餐飲環境的裝飾布置能給人舒適愜意感，以振人情緒，增進食欲。因此，就餐環境應儘可能設計得舒適美觀，大方別緻；餐桌和餐具的造型、結構必須符合人體構造規律；餐廳的色彩、溫度、照明要力求創造安靜輕鬆、舒適愉快的環境效果。

顧客在餐廳進餐，往往還有滿足嗜好、追求情趣及文化品味的

需求，而美觀雅致的餐飲環境有助於顧客這方面的要求得到充分滿足。創造美觀雅致的餐飲環境應儘可能採取人工裝飾環境和利用自然環境相結合的方法，在根據不同餐廳類型、不同餐飲內容設計相應主題進行裝飾的同時，應充分利用周圍環境的自然美，將湖光山色、自然天趣引入室內。

顧客在進餐時對環境品質評定的基本標準是舒適愜意、美觀雅致，能透過環境的反射振人食慾。事實上，這只是一個抽象的涵義，在不同性質、不同內容、不同時間、不同場合、不同主題的餐飲活動中，進餐者往往還產生許多特定的心理需求。如歡慶喜宴要迎合顧客喜氣洋洋的心理狀態，因而環境氣氛需講究熱烈興奮、紅火輝煌；而正規宴席的環境布置要求莊重嚴肅而又不失親切溫暖；親朋好友聚餐則要求溫馨安逸，恬靜舒適；隨意小酌則要求輕鬆愉快，無拘無束，隨心所欲。

（八）服務評定

餐飲產品品質價值的實現，有賴於顧客的進餐消費，而顧客就必須以價格來衡量餐飲產品的總體品質水準。因此，餐飲產品品質水準必須與產品價格水準相適應，也就是質價相稱、價格合理，使顧客購買餐飲實物產品時，感到實惠或值得。在一般情況，顧客總希望以儘可能少的花費或在一定的價格水準上享受水準儘可能高的服務，而飯店總希望以儘可能高的價格提供最高水準的服務。

當菜餚品質與餐飲環境都達到了一定的品質水準之後，顧客按產品的價格水準還要對服務品質作出符合自己需求的評定，而服務品質不僅是餐飲實物產品的外圍部分，更是餐飲產品品質水準得以保證和提高的活的部分。所以有效地提高餐飲產品的外圍品質，也是為了滿足顧客的服務需求。

當飯店餐飲在具備了一定的服務設施條件和服務水準之後，只

要有意識地改進那些花費不大的服務細節,以提高餐飲產品的外圍品質,便能成功地將服務水準提高到較高的水準,從而滿足顧客追求高水準服務的需求,飯店也可以將產品價格提高到一定的檔次。比如,餐飲帶位員除了微笑之外,用流利的外語招呼國外客人;變問答式的餐飲服務爲主動向客人介紹菜點產品,並透過回答顧客的各種提問加強與客人的溝通,增加親近感;把用塑料花草點綴的餐桌改用應時鮮花等等。這些服務細節的改進並不需要花多少費用,有的根本不需要額外花費,但足以使就餐客人感到飯店的服務水準有了明顯的提高。

四、用ME方法分析客人對菜餚的喜好程度

ME分析法本來是餐飲營銷分析的重要手段之一。因爲這種分法方析是從客人對菜餚的喜好程度入手,因此對於餐飲產品的品質分析具有重要意義。凡是客人喜好程度高的菜餚,就說明其產品品質可以使顧客滿意,銷量也就增加,其毛利水準也相應提高。不過,ME分析法因爲是從各種菜餚的標準成本計算入手,須弄清毛利率、食品成本率等內容,因而操作起來比較複雜,尤其每份菜餚的售價和原料成本率不同,給分析過程帶來許多麻煩。

(一)ME分析法運行步驟

ME分析法主要運行步驟如下:

第一,根據菜餚的銷售份數,計算出客人對各種菜餚的喜好程度,計算加權平均成本、加權平均賣價、成本率、加權平均毛利對。

第二,以喜好程度爲縱軸,毛利額爲橫軸,建立座標系。根據慣例,以喜好程度、加權平均毛利額0.7爲界線,將座標分爲四個

區域，如**圖**4-3所示。

第三，將每種菜餚的不同喜好程度和毛利額描在座標圖上，對不同區域的菜餚進行分析。座標中的四個區域的分析情況如下：

A區：客人對菜餚的喜愛程度高，毛利額也高，這類菜餚對飯店和消費者雙方都有利，餐飲產品品質的顧客滿意度最高。

B區：客人對菜餚的喜愛程度高，但毛利額低於平均毛利額。這類菜餚可起到吸引客人的作用，還可以滿足注意節約開支的客人的需求，餐飲產品品質的滿意度也相當高。但因利潤水準較低，不是餐飲產品中的主要部分。

C區：客人對菜餚的喜愛程度低，但毛利額卻較高。在這個區域內，有些屬於飯店的招牌菜餚或體現餐飲高水準的菜餚，經營者可以透過提高餐廳的檔次，引起客人的興趣，但畢竟由於價位太高而少有人問津。

D區：這個區域是客人喜愛程度和毛利額都低於規定界限的菜餚。所以，應認真對這一區域的菜餚篩選，該淘汰的必須淘汰，取

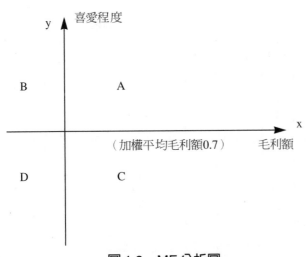

圖4-3　ME分析圖

而代之的是客人喜愛程度高、毛利額也高的菜餚，以達到顧客較高的滿意度。

（二）案例

下面透過一個案例，來看一下ME分析法的運行及意義。

某飯店的中餐餐廳，有一百二十個餐位，早餐爲自助餐，中、晚餐均爲零點，現在中、晚餐台共用一份菜單。根據對中、晚餐用餐人數、人均價格的統計，建立分析表如下，見**表4-7**。

分析一

午餐客人所點菜餚的單價分布範圍在十至十九元之間，晚餐客人所點菜餚的單價分布範圍在二十至四十元之間。午餐的差價爲九元，晚餐的高低差價爲二十元。

午餐餐廳利用率最高71.1％，最低50％，高低之間的差爲21.7％；晚餐餐廳使用率最高時81.7％，最低59.2％，高低之間的差爲22.5％。

表4-7 客量、單價分析表

日期	1	2	3	4	5	6	7	8	9	10	11	12	13	14	15	16	……	27	28	29	30	最高	最低	平均
午餐人數	73	71	62	65	76	84	76	63	62	70	68	74	64	68	74	76	……	63	86	68	84	86	60	73
午餐平均單價	16	12	16	18	16	16	11	14	14	18	16	19	17	12	17	15	……	12	13	16	18	19	10	16
晚餐人數	95	73	76	76	79	71	75	80	90	80	91	92	98	80	91	89	……	72	79	72	88	98	71	85
晚餐平均單價	27	21	20	32	34	22	39	40	32	26	27	35	22	33	33	25	……	32	34	24	29	40	20	30

判斷一

　　根據上面的分析，午餐、晚餐客人點菜單價已明顯分布在兩個區域，為了便於管理，應該單獨設計午餐菜品種類和晚餐菜式。

　　午餐客人人均消費水準較低，客人點菜單價波動不大，可考慮設計套餐形式的菜式，提高生產效率，從而縮短客人就餐時的等待時間，提高顧客滿意度。

　　晚餐客人消費水準高，客人點菜單價波動較大，因此菜單中應增加高級菜餚，並在質價相符的前提下合理安排菜餚的價格搭配，有目的的保證客人有較多的選擇餘地，從而保證顧客的滿意度。

　　以上是對該餐廳三餐的客量與單價分析的結果，下面再根據統計資料，製作A日和B日鄰接兩天的菜餚銷售情況，見**表**4-8、**表**4-9。

分析二

　　A、B兩日菜式與價格相同，總銷售額未變，每種菜餚毛利率未變。

　　B日比A日銷售份數增加。

　　B日比A日毛利額低，總毛利率下降。B日的總毛利額損失：

表4-8　菜餚銷售表（A日）

菜名	銷售份數	價格（元）	銷售額（元）	毛利額（元）	毛利率（％）
炸雞卷	50	10	500	200	40
糖醋鯉魚	40	20	800	480	60
拌雞絲	60	15	900	270	30
燻雞	30	20	400	280	70
抓炒魚片	50	15	750	300	40
炸蝦球	30	10	300	180	60
合計	250		3650	1710	46.85

表4-9 菜餚銷售表（B日）

菜名	銷售份數	價格（元）	銷售額（元）	毛利額（元）	毛利率（%）
炸雞卷	60	10	600	240	40
糖醋鯉魚	30	20	600	360	60
拌雞絲	70	15	1050	315	30
燻雞	15	20	300	210	70
抓炒魚片	54	15	810	324	40
炸蝦球	29	10	290	174	60
合計	258		3650	1623	44.47

$1710 - 1623 = 87$（元）

其中：糖醋鯉魚損失：$480 - 360 = 120$（元）

燻雞損失：$280 - 210 = 70$（元）

炸蝦球損失：$180 - 174 = 6$（元）

判斷二

總銷售份數增加並未保證總毛利率增加或不變，毛利率低的菜餚份數增加，實際降低了毛利率，影響了毛利額。

透過分析可知，糖醋鯉魚的毛利額下降最多，但顧客對它的喜好程度卻相當高，價格也高，毛利率也較高，應在今後針對客人的喜愛重點推銷。

如果將上面的統計資料、銷售情況列表並進行ME分析，見**表4-10**。

經過分析可知，該餐廳的菜餚品質設計基本是成功的，沒有出現C區中的菜式，更沒有D區的菜式。

表4-10　菜餚銷售ME分析表

貨幣單位：元

序號	菜名	喜愛程度	單位成本		單價	毛利額	毛利額合計（元）	分類
1	炸雞卷	1.20	1.74	24	6.95	5.21	125.04	A
2	糖醋魚	1.00	4.78	20	11.95	7.17	143.40	A
3	拌雞絲	0.80	3.17	16	8.50	5.33	85.28	A
4	燻雞	1.75	1.28	35	5.50	4.22	147.70	A
5	炒魚片	1.10	6.85	22	14.50	7.65	168.30	A
6	炸蝦球	0.6	3.33	12	8.95	5.62	67.44	B
合計								

第三節　餐飲產品品質問題的分析方法

全面餐飲品質管理的運行，必須對大量的數據、記錄材料等進行分析，以得到比較準確的結論。餐飲業常用品質問題分析的方法主要有以下幾種：

一、排列圖

排列圖是義大利社會經濟學家帕累托所首創，又叫帕累托圖。排列圖的作用是，以圖表的形式把許多餐飲品質問題或形成品質問題的因素一一排列出來，並表示出各項問題的累計百分比，使人們清楚地看出有哪些品質問題及造成品質問題的關鍵所在，以便找出解決品質問題的主攻方向。

排列圖是由兩個縱座標、一個橫座標、幾個挾高低順序由左向右依次排列的矩形和一條累積百分比的曲線組成，見圖4-4。

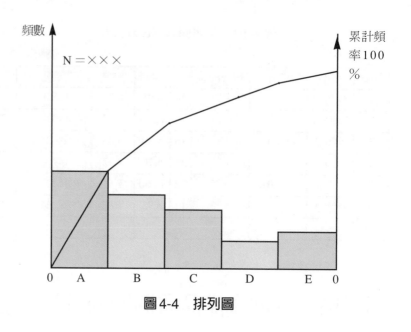

圖4-4　排列圖

　　排列圖是找出影響餐飲品質最主要問題的一種有效工具。運用的基本步驟如下：

（一）搜集數據

　　即搜集品質問題或影響品質因素的數據。首先要確定關於餐飲產品品質問題的數據、訊息搜集方式。具體方式有品質調查表、客人投訴表、賓客意見書、內部檢查記錄等。

　　例如，某飯店餐飲部一九九九年上半年共從顧客來信、意見書和書面投訴中搜集到了二百條，這就是品質問題數據。

（二）將數據分項統計

　　將搜集起來的有關餐飲品質問題的數據，按項目進行分類，列成分項統計情況。見**表4-11**。

表4-11　顧客意見分項情況

項目	意見數
違犯服務規程	76
菜點品質問題	63
設備問題	35
衛生狀況問題	18
其他	8

表4-12　顧客意見分項統計表

項目	頻數	累積頻數	頻率（％）	累積頻率（％）
違犯服務規程	76	76	38	38
菜點品質問題	63	139	31.5	69.5
設備問題	35	174	17	86.5
衛生問題	18	192	9.5	96
其他	8	200	4	100

（三）製成分項統計表

　　按數據分類統計情況，分別計算出各項的頻數、累積頻數、頻率、累積頻率，然後將分類項目按頻數，從大到小排列，製作出分類項目統計表，見**表4-12**。

（四）繪製排列圖

　　按一定的比例畫出兩個縱座標和一個橫座標，在縱座標上分別標出刻度，分別表示頻數與頻率，在橫座標上按分項的大小，從大到小由左向右排列好，然後按累計頻率的百分數座標點繪出一條曲線，見**圖4-5**。

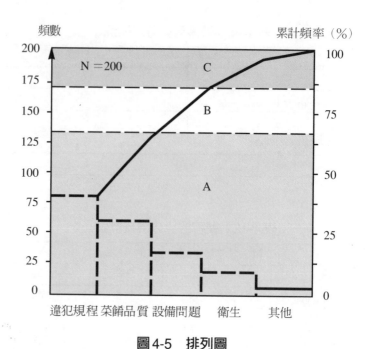

圖4-5　排列圖

（五）進行分析，找出主要品質問題

一般情況下，排列圖上累積頻率在0％至70％的因素為A類因素，即主要因素；在70％至90％的因素為B類因素，即次要因素；在90％至100％的因素為C類因素，即一般因素。據此，在座標中標出A、B、C三個區域。找出主要因素就可以抓住主要矛盾。從圖中可知A類因素是菜餚品質問題，這個主要矛盾一經解決，即可解決問題的67.1％

（六）注意事項

在運用排列圖進行品質分析時，主要因素一般為一至二項，過多就失去突出重點的意義，因為排列圖的主要思想就是「關鍵是少

數，次要的是多數」。

關於A、B、C區劃分的累積頻率的確定可根據具體情況，不一定非按0％至70％是A類、70％至90％是B類、90％至100％是C類的標準不行。

二、因果關係分析法

因果關係分析法，也叫因果圖、魚刺圖、樹枝圖，該分析圖是世界著名品質管理專家日本東京大學石川馨教授提出的，故又叫做石川圖，是分析品質問題產生原因的有效工具之一。

在餐飲經營過程中，影響餐飲產品品質的因素是錯綜複雜的，並且是多方面的。因果分析圖對影響品質的各種因素及其之間的相互關係整理分析，並把原因與結果之間的關係明確地用帶箭頭的線表示出來。因此，因果分析圖是由一條主幹線以及一系列帶箭頭的、表示造成品質問題的大、中、小原因的分支線組成，見圖4-6。

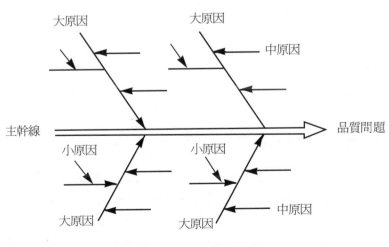

圖4-6　因果分析示意圖

作因果分析圖尋找品質問題產生原因的基本程序如下：

（一）確定要分析解決的品質問題

一般是透過排列圖，找出Ａ類問題，如果Ａ類問題是一個，即要解決的主要問題，如果Ａ類問題是兩個，可確定其中最需馬上解決的問題。

（二）尋找造成品質問題的原因

召集同該品質問題有關的人員參加因果分析會，尋找要解決的品質問題是怎樣產生的（原因）。如前一個案例，菜餚品質是餐飲產品品質問題的主要項，那麼就發動餐飲部所有與之有關的人員，如廚師、採購員、驗收員等，共同分析，尋找造成菜餚品質問題的原因。找原因要集思廣益，充分聽取各方面的意見，尋找原因要按照由大到小、由粗到細、尋找究源的原則，所找的原因以能直接採取具體措施為主。例如，透過因果分析，大家對造成菜餚品質不高的原因，最後整理總結。

（三）根據整理結果，畫出因果圖

將找出的原因進行整理後，按結果與原因之間的關係反映到圖上。先畫主幹線，再畫大原因，依次畫出中原因、小原因，見**圖4-7**。

（四）確定解決品質問題的主攻方向

經過因果圖的繪製，然後排除沒有直接影響或影響較小的原因，在剩下的原因中再確定一至二項需要立即解決的原因。

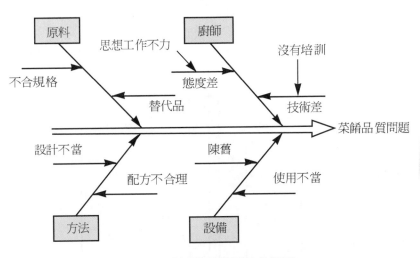

圖4-7　菜餚品質因果分析圖

三、直方圖

所謂直方圖，就是將搜集的品質特性數據，分成組距相等的若干組，以組距為底邊，以落入該組距範圍的數據頻數為高，所構成的若干直方形排列所形成的圖。

直方圖能表示品質數據離散程度，可以用來整理品質數據，分析、判斷和預測產品品質或工作品質的好壞，再根據對品質特性的分析，加以調節控制，解決存在的品質問題。直方圖由一條品質特性橫座標、頻數縱座標和一些頻數直方形組成，見圖4-8。

直方圖運用的基本步驟如下：

（一）作頻數分布表

先搜集數據，填入數據表。

例如：某飯店西餅屋加工的蛋糕，重量標準要求在1100至

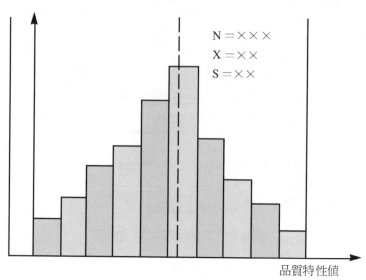

頻數

N＝×××
X＝××
S＝××

品質特性值

圖4-8　直方圖基本形式

1150克之間。為了分析蛋糕加工重量的實際分布狀況，現場隨機抽樣一百個，測量得到一百個重量數據。為了簡化計算，可只列出每個測量值的波動數據。本案例只列出波動的兩位數，如「40」代表的測量值是「1140」克。將各數據填入數據表中，見**表4-13**。

　　然後根據全部數據中的最大值與最小值，計算極差、確定組數及組距。

　　一般情況五十至一百數據分六至十組，組距是極差與組數的比值。本例極差為：

47－1＝46　　組數取10，

則組距為：46／40＝4.6，組距可取整數5。

接下來確定各組的上、下界值，編製頻數分布表。

本例第一組的下界值為1－(1/2)＝0.5

表4-13　蛋糕測量數據表

測量單位：克

40	28	22	42	47	38	28	6	34	14
32	19	34	32	28	36	32	38	22	32
24	30	22	34	26	22	21	42	30	24
24	19	21	20	30	25	20	14	29	18
28	32	10	28	31	36	26	34	22	29
20	12	14	34	30	20	39	30	24	33
35	38	46	20	12	18	24	36	22	26
24	28	21	34	28	8	18	35	28	27
20	20	18	27	28	12	28	29	45	28
30	28	29	24	40	37	16	24	1	43

上界值加上組距即可：0.5 + 5 = 5.5

其他各組的下界值＝第（n－1）組的上界值。

第n組的上界值＝第n組的下界值＋組距數。

依次定出各組的組界，按組號順序填入各組界值，並計算各組中值。

（二）畫出直方圖

根據編製的頻數分布表，畫出蛋糕重量直方圖，見圖4-9。

（三）分析

由蛋糕重量直方圖可以看出，蛋糕重量出現在1125.5至1130.5克之間的次數最多，而1120.5至1125.5克之間次之，平均重量為1126.6克，蛋糕加工重量的離散程度標準偏差為9。

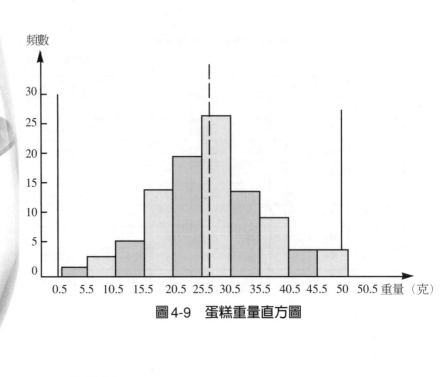

圖4-9　蛋糕重量直方圖

四、控制圖

　　控制圖是畫有控制界線的一種圖,其主要用途是分析和判斷品質波動是由於偶然原因,還是由於系統原因引起的,從而判斷生產過程是否處於管理的穩定狀態,預報影響工序或工作品質的異常原因。

　　控制圖有一個縱座標和一個橫座標,縱座標表示所控制管理的品質特性值,橫座標表示時間或組號,圖中的三條線分別為中心線(實線)、上控制界線(虛線)、下控制界線(虛線),見**圖**4-10。

　　現透過一個案例說明控制圖的運用。例如,某飯店餐飲部,一九九六年和一九九七年上半年共十八個月,每月餐具(包括飲具)損壞價值如**表**4-14。

　　繪製餐具破損價值額控制圖的步驟如下:

品質特性值

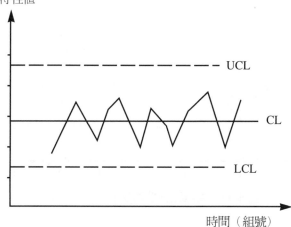

圖4-10　控制圖基本形式

表4-14　各月餐具破損額統計表

單位：元

序號	破損額	序號	破損額	序號	破損額
1	230	7	280	13	210
2	300	8	200	14	220
3	180	9	190	15	240
4	240	10	250	16	220
5	210	11	270	17	260
6	240	12	230	18	250

先計算控制圖的中心線和上、下控制線值：

中心線（CL）＝ Σ Ds ／ 18 ＝(230 ＋ 300 ＋ … ＋ 250) ／ 18 ＝ 3

上控制線（UCL）＝ 234.4 ＋ 3 $\sqrt{234.4}$ ＝ 280.3

下控制線（LCL）＝ 234.4 － 3 $\sqrt{234.4}$ ＝ 188.5

再根據計算結果繪製成圖，見圖4-11。

根據此圖分析可知，餐具每月破損價值額應控制在234元左

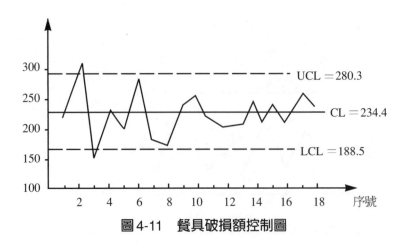

圖4-11　餐具破損額控制圖

右，最多不應超過281元，下限越低越好，如果每月低於188元，說明管理工作做得很出色。

五、層別圖

層別圖，也叫分組法，它既是加工整理品質數據的一種重要方法，也是分析品質因素的一種基本方法。

這種方法就是把搜集起來的品質數據或品質因素，依據一定標誌對其進行加工整理、判斷分析，使雜亂的品質數據和錯綜複雜的品質因素系統化、條理化，更加明確突出地反映客觀實際，以便對品質問題進行更有針對性的管理控制。

一般的餐飲企業所做的層別圖通常為「空間層別」，如**圖4-12**。

例如：某餐飲企業第一季度三個月，根據統計，產品（菜餚）與不良品的情況如**表4-15**。

以每月的不良品率加以統計，可掌握第一季各月的產量及不良品率情況，便於有可靠的依據，在第二季度採取措施，把不良品率

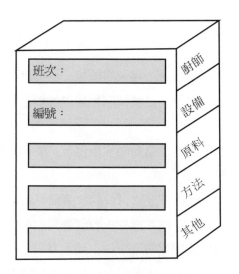

圖4-12　層別圖基本形式

表4-15　菜餚不良品率情況

項目 ＼ 月份	1	2	3
菜餚份數	10000	10500	9800
不良率（％）	3.6	4.5	2.8

減少到最低限度。

六、幾種常用的簡易圖

在全面品質管理中，有些簡易圖繪製方法簡單，形象直觀，使用價值較高，易於被一般員工和基層管理者掌握使用。下面介紹幾種常用的簡易圖：

（一）折線圖

折線圖由一條縱座標、一條橫座標和一條折線構成，縱座標表示數量，橫座標表示時間，各個時間相對應的數量點連接起來，便形成一條折線。

折線圖的明顯特點是反應動態性變化，主要用來形象地表示數量隨時間發展變化的情況。

例如：某飯店餐飲部一至六月份的營業額見**表**4-16。

畫出縱、橫座標，分別在座標上標出營業額與時刻整數值，最後，在橫座標的月份時間點向上，找出與本月營業額對應的點，按月份順序將各點連接成線，即徵成一條折線，見**圖**4-13。

（二）餅形圖

餅形圖又叫圓形圖，由一個圓和用半徑劃分成幾個扇形而組成，主要透過扇面的大小，形象直觀地表現某一事物構成因素的比例。

例如：某飯店第三季度食品原料儲存損失額中，受潮變霉占40％，搬動破損占21％，鼠咬蟲蛀占17％，堆壓破損占13％，丟失占4％，其他占5％，繪製成餅形圖，見**圖**4-14。

透過對圖的觀察和分析，可以抓住倉儲管理中的主要問題，以便採取適當對策，提高倉儲工作品質，減少食品原料損失。

表4-16　餐飲部上半年各月營業額

月份	1	2	3	4	5	6
營業額（萬元）	4.5	5.6	5.0	7.0	7.8	5.8

營業額（萬元）

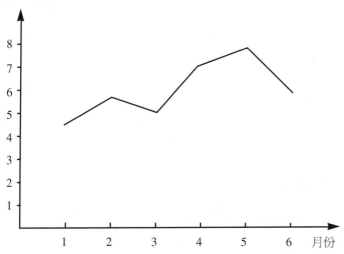

圖4-13　餐飲部一至六月份的營業額折線圖

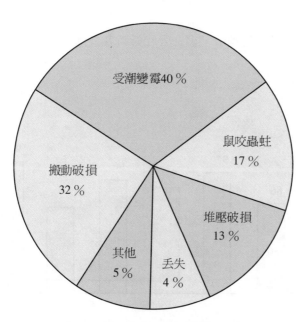

圖4-14　食品原料損失額構成圖

（三）條形圖

條形圖又叫柱形圖，是由一條縱座標、一條橫座標及一些長方形組成。它的最大特點是便於進行分析比較，能夠直觀形象地表現出情況的變化和結果的不同。

例如：某飯店在第一季度對顧客進行了一次顧客滿意度調查，調查結果用條形圖表示出來，見**圖**4-15。

（四）線條圖

線條圖以線條、文字、數字代號等表示計畫時間、計畫數額、計畫開始及截止時間、實際開始及截止時間，見**表**4-17。

七、調查表與對策表

在全面品質管理中，調查表和對策表是兩種最常用的表。

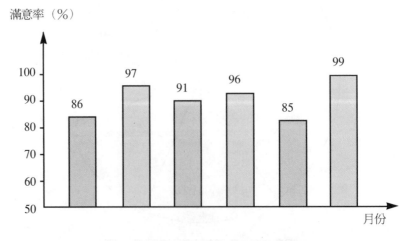

圖4-15　各月份顧客滿意率比較圖

（一）調查表

在全面品質管理中，為了了解掌握品質問題，可以事先設計表格，在表格中列出要調查的問題，發給顧客，顧客對問題回答後，收回加以統計整理，取得所需要的數據資料，這種表就是調查表。

調查表沒有固定格式，可根據調查內容自行設計，但設計時要注意以下幾個問題：

1. 列入的問題要少而精：要針對選定的課題，提出十分必要的問題，但不能過多。
2. 問題明確易答：提出的問題不能模稜兩可，含混不清，要使調查對象易於回答。以選擇題、評分題為宜。
3. 表格要通俗易懂：必要時對填表方法加註說明，使調查對象看得明白，填得合乎要求。

例如：某酒店對服務員接待顧客情況調查表，設計情況如下，見**表**4-18。

（二）對策表

對策表即措施計畫表。企業透過調查分析找出品質問題的諸因素及其要素後，就要針對主要原因制定改進措施和計畫，並進行分

表4-17　某餐廳開業前準備工作進度表

工作項目	進度（週）			實施部門	負責人
	一、二	三、四	五、六		
廚房設備安裝調試	安全	調試	試菜	廚房	廚師長
餐廳用具	進貨	擺放	配齊餐具	餐廳	餐廳經理
店堂衛生	全面打掃	重點死角	試運轉	餐廳	餐廳經理

表4-18　某酒店服務情況顧客調查表

序號	1	2	3	4	5	6
項目	服務態度	服務程序	服務效率	菜餚品質	乾淨衛生	上菜速度
評價						
說明	每項有三個小格，分別填入A、B、C。A表示優；B表示良，C表示差。					

表4-19　提高菜餚品質對策表

序號	問題	現狀	對策	負責人	進度				
					5	10	15	20	25
1	原料不符合規格	菜餚外形不美觀	1.制定採購規格標準 2.嚴格原料入庫手續	趙××					
2	無標準菜譜	菜餚份額不均	1.制定標準菜譜 2.增設廚房配菜員	王××					
3	技術水準低	菜餚花色單調	1.參加廚師等級培訓考試 2.請名師現場指導	李××					

工、落實責任。將這些措施和計畫彙集成表，就是對策表，見**表4-19**。它是改進服務品質的一種有效控制方法。

透過表可以看出，對策表主要有以下內容：

1.主要問題：影響品質的主要因素。

2.目標：指採取措施後要達到的目標。

3.對策：解決問題的具體措施、計畫。

4.責任者：負責實施具體措施的人。

5.完成時間：指計畫進度與結束時間。

有的對策表把完成措施後的結果也列在表內。

第5章

全面餐飲產品品質管理

九〇年代以來，在大陸的大中小各類企業中，一提到全面品質管理，無論是從決策管理層還是一線員工，都能從理論到實踐，從方法手段，講出管理的原理和積累的經驗。

全面品質管理，英文寫作total quality control，簡稱TQC。它的基本內容誕生於二十世紀的五、六〇年代。全面品質管理是品質管理發展的最新階段，最早源於美國，隨後在日本及西方工業國家得到迅速推廣發展。它是把經營管理、專業技術、數據統計和思想教育結合起來，形成從市場調查、產品設計、生產製造直至使用服務的一個完整的品質體系，使企業品質管理進一步科學化、標準化。日本在推行全面品質管理中有很大發展，為世界各國所矚目，這也是日本產品在全世界影響很大的原因之一。中國大陸自一九七八年開始在工業企業中推行全面品質管理後，又將其引入商業、供銷企業、餐飲業、賓館業等服務性行業，在理論和實踐上都取得了一定成效。

第一節　全面餐飲產品品質管理的涵義

一、基本定義

全面品質管理概念最早是由美國通用電氣公司品質總經理菲根鮑姆在所著的《全面品質管理》一書提出來的。在該書的研究與論述中，他給全面品質管理下的「定義」是：

全面品質管理是為了能夠在最經濟的水準上並考慮到充分滿足用戶要求的條件下進行市場研究、設計、生產和服務，把企業

內部部門的研製品質、維持品質和提高品質的活動，構成為一體的一種有效體系。

這個定義中包括兩個基本涵義：

第一，要解決品質問題不能僅限於產品生產製作過程，品質問題70％是在品質產生過程中出現的，20％是在形成過程中出現的，10％是在實現階段產生的。

第二，「全面」是指解決問題的方法、手段是多種多樣的。而講品質必須與品質成本和經濟效益結合起來。

全面品質管理理論在日本得到廣泛推廣後，日本也誕生了許多品質管理學家，紛紛對全面品質管理與實踐進行系統的研究與總結。日本著名品質管理學家石川馨給全面品質管理下的「定義」是：

新的品質管理，是就有關經營的一種新的想法和看法（即品質經營理念）。新的品質管理，是開發、設計、生產、銷售、服務的最經濟、最有用的，而且購買者都能滿意的品質產品。

全面品質管理在飯店業、餐飲業推廣實施以來，許多學者結合本行業的實踐情況，認為所謂飯店全面品質管理應該是：

飯店全體員工和各個部門同心協力，綜合運用現代科學管理手段和方法，在飯店內部建立完整的品質體系，透過全過程的生產運行與優質服務，全面地滿足顧客需求的管理活動。

根據餐飲產品品質的特性，結合全面品質管理的涵義，就可以對全面餐飲品質管理「定義」如下：

全面餐飲品質管理，就是在全體餐飲員工和各個部門的共同協作中，充分運用現代科學分析與管理的手段與方法，從最經濟

的水準上研究、設計和生產餐飲食品，並配合優良全面的服務，把生產運行與全面服務等一系列活動，構成一體的一種有效的管理體系，以實現顧客對產品品質的最高滿意度的綜合活動。

全面餐飲品質管理的定義，其中至少包括兩層意義：

第一，餐飲產品品質是由實物和外圍兩部分構成的，因此品質的形成是從生產到服務的全過程，而且以服務為主要內容的外圍品質尤其起決定性的作用。

第二，解決餐飲產品品質問題是一個系統工程，可採用多種多樣的方法、手段、措施等。

飯店、餐廳的全面品質管理運用科學的品質管理思想方法，改變了傳統的事後檢查。把品質管理的重點放在「預防為主」上，將品質管理由傳統的檢查服務品質的結果轉變為控制服務品質問題產生的因素。透過對品質的檢查和管理，找出改進服務的方法和途徑，從而提高餐飲產品品質或飯店品質。

飯店、餐飲全面品質管理的基本點是：顧客需求就是服務品質，顧客滿意便是餐飲品質標準，以全員參加為保證，以烹調和服務技能與科學方法為手段，以達到取得最佳經營效果的目的。

二、全面的品質管理

狹義的品質，通常主要指產品的技術性能（如菜餚的烹製水準、口味質地的優劣等），而全面品質管理中的品質涵義是廣義的，除了技術性能以外，它還包括服務品質和成本品質。將成本納入品質的管理範疇，徹底改變了傳統的「品質就是品質，成本就是成本」的觀念。如果降低產品成本，還必須能夠保證產品品質不降

低，或者能有所提高才是全面品質管理的基本點。傳統的觀念是降低了產品成本，對能否保證品質問題事前沒有一個可靠的回答，那就可能使產品品質下降，從而造成了顧客的不滿意。

事實上，物美價廉，是人們購買一切商品的基本原則，餐飲產品品質再高，如果價格過於昂貴，超過顧客消費的承受能力，這種品質就不一定會受到歡迎，而很難說該產品就是優質產品。若按市場觀點看，顧客不喜歡的產品就不能算是高品質產品。

現代餐飲企業品質管理中，菜點品質在達到了一定的技術標準以後，服務品質就具有更重要的地位。可以這樣講，實物本身的品質是取得顧客滿意和信賴的前提，而良好的服務（外圍）品質，可以贏得和征服顧客的心。而且優良的服務品質在一定程度上可以彌補菜點本身某些品質的不足。

所以，完整的餐飲產品品質涵義就是全面餐飲品質管理理念。

三、全過程的品質管理

全面餐飲品質管理認為，餐飲產品的品質取決於設計品質、原料品質、加工烹製品質和顧客消費過程中的服務品質等全過程。因此，餐飲品質形成的各個環節都必須認真把關。

飯店餐飲服務的全過程，包括菜餚生產和餐廳服務。菜餚生產從菜餚設計、原料選擇、原料加工、原料配份，到加熱調製烹飪，直至裝盤等完整過程；餐廳服務包括服務前、服務中和服務後等三個階段。也就是說，餐飲品質的全過程是從預備生產到生產，從預備服務到服務結束是一個不可分割、完整的過程，實際上是一個綜合性的品質體系。為此，餐飲的全面品質管理必須體現如下三個基本點：

（一）以預防為主和不斷改進的思想

　　飯店的餐飲服務工作是以人對人、面對面為主要過程的勞務活動，其服務過程中出現的品質問題是事後難以彌補的。所以，全面品質管理要求把管理工作的重點從「事後把關」轉移到「事先預防」上來，以傳統的「結果」管理變為「因素」管理，使餐飲品質自始至終處於可控狀態，防患於未然。同時還要樹立不斷發現問題的意識，不斷改進實物品質和服務品質。當然，強調以預防為主並不是不要服務品質檢查，相反，要求檢查的方式方法更加科學合理。

（二）為顧客全面服務的思想

　　這裡的顧客是廣義顧客，它包括內部顧客和外部顧客。外部顧客就是到飯店就餐的一切客人，內部顧客是指飯店工作環節之間的下一個環節。餐飲服務實施全過程管理，要求飯店所有各個工作環節都必須樹立為「顧客」全面服務的思想。在飯店內部，要有「下一環節就是顧客」的意識，每一工作環節的品質，都要經得起下個環節「顧客」的檢驗，滿足下個環節的需求。只有這樣，才能保證對外部顧客提供優質的菜點食品和優良的服務，滿足外部顧客的需求。

（三）全過程的訊息回饋思想

　　餐飲服務全過程中各個環節的配合至關重要，同時還不可忽視對訊息的回饋作用。例如，廚師在烹製菜餚的過程中可以反映出菜式設計過程中的品質問題，顧客進餐過程中可以反映從設計到加工生產菜餚綜合過程的品質問題，以及顧客在進餐過程中對餐廳裝飾、服務品質等問題的反映。及時把這些訊息回饋到有關的部門，是現代餐飲經營與品質管理中的重要環節，也是不斷提高餐飲產品

品質，促進產品品質良性循環不可缺少的條件。**圖**5-1是表示全過程品質管理的示意圖。**圖**5-2是質量訊息回饋系統。

四、全員參與的品質管理

　　飯店餐飲產品品質是餐飲企業一切工作品質和工藝品質的綜合反映，而工藝品質最終也還是決定於廚房生產員工的工作品質。飯

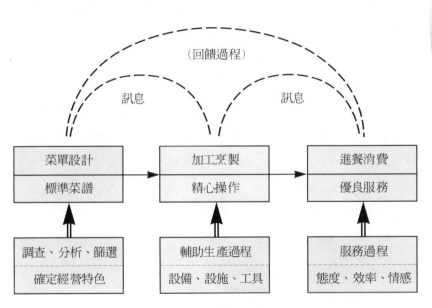

圖5-1　　**全過程品質管理示意圖**

圖5-2　　**品質訊息回饋系統**

店中每一個部門、每一個班組乃至每一個員工的工作品質都必直接或間接地影響到餐飲產品品質。所以,餐飲全面品質管理的一個重要特點就是要求企業的全體人員都參加到品質管理工作中來。就是每一個員工在樹立品質管理意識的前提下把自己的本職工作做好,上至總經理、部門經理,下至廚師、服務員,乃至洗碗工、摘菜工等。飯店也應該創造條件使全體員工把工作做好。

餐飲企業的產品品質由於構成內容眾多,其產生過程也相對複雜,菜餚生產工藝的各個工序之間的銜接,生產環節與服務環節之間的工作是相互影響的,也相互制約著,只靠少數管理人員設關口、卡品質是不能真正解決品質問題的,只有真正調動全店員工的積極性,人人關心品質,樹立品質第一的觀念,才能真正保證餐飲產品品質。

全員參與品質管理,要求餐飲企業的經營者重視並參加到品質管理工作中來,同時動員全體員工參加改善產品品質的活動,組織各種形式的品質管理小組,及時從技術上、組織上、措施上解決現場所出現的各種品質問題。

全員參與的品質管理是全面品質管理的一個方面,它可使企業養成如下的素質:

1.養成善於發現問題的素質。
2.養成重視計畫的素質。
3.養成重視過程的素質。
4.養成善於抓關鍵的素質。
5.養成動員全員參加品質管理的素質。

餐飲的全面品質管理又特別強調「全員參與」的要素,因為廚房產品的生產是靠手工操作的,餐廳服務員本身就是「產品」的一部分。所以,有沒有「全員參與」是衡量餐飲全面品質管理開展好

壞的一個重要標誌，也是現代餐飲企業經營管理是否成功的重要標誌。

五、多樣化的品質管理

採用多種多樣的方法進行品質管理是現代化餐飲企業發展的必然要求。隨著經濟的快速發展，人們對飯店餐飲服務品質的要求越來越高，影響飯店餐飲產品品質的因素也越來越複雜，既有人的因素，也有物的因素；既有飯店內部的因素，又有飯店外部的因素。為了有效地控制各種影響因素，必須廣泛、靈活地運用各種現代化管理方法，促進餐飲品質管理工作更加自覺地利用先進科學技術和科學管理方法。這些方法主要有：目標管理方法、數理統計方法、價值分析法、PDCA循環工作法、QC小組活動法、品質教育工作方法等等。此外，還要運用心理學、行為科學、社會學、運籌學、美學等相關學科，提高餐飲全面品質管理的運行效果。

實施全面的品質管理、全過程的品質管理、全員參與的品質管理，以及多樣化的品質管理，統稱為「三全一多」，都是圍繞著有效地利用人力、物力、財力、訊息等資源，提供符合要求和顧客期望的餐飲服務，這是飯店推行全面品質管理的出發和落腳點，也是餐飲全面品質管理的基本要求。

第二節　全面餐飲產品品質管理的原則

隨著餐飲企業品質管理的深入發展，全面品質管理不僅形成了一套完整的理論和方法，而且形成了一套科學的管理思想和理念。在飯店業、餐飲業推行全面品質管理能否取得成效和預期的目標，

關鍵在於能否正確掌握和運用它的基本思想，並與餐飲企業品質管理實踐相結合。爲此，應遵守以下幾個方面的原則：

一、品質效益的原則

品質經營管理思想，是餐飲企業品質經營管理活動的根本宗旨和指導思想。突出品質的經營管理思想是指餐飲企業在經營活動的全過程、所有環節中，必須確定品質的主導地位，堅持「品質效益第一」，始終不渝地把品質管理作爲餐飲企業經營管理的中心環節。

突出品質是餐飲企業重要經營策略。作爲餐飲業，品質、經營是密不可分的，必須堅決克服「重視營銷量，輕產品品質，重經營管理，輕品質管理」的傾向，始終把品質作爲餐飲企業的生命線。只有樹立了這樣的思想，才能贏得顧客的滿意，能在日趨激烈的餐飲市場競爭中立於不敗之地。

當然，餐飲企業在講究品質的同時還必須講求經濟效益，否則，企業就不能得到維持和發展。但是，講求經濟效益必須以不斷提高品質爲前提，走品質效益型發展的道路。所謂品質效益型發展道路，是指確定品質優先的策略，以品質求效益，以品質求發展，建立以品質爲核心的經營管理體系，不斷提高餐飲企業的整體素質。

走品質效益型的發展道路，重點是處理好品質與效益的辯證統一關係。品質是效益的前提與核心，效益寓於品質之中，求效益要以品質爲中心。因此，效益是由品質決定的。走品質效益型的發展道路，是推行餐飲全面品質管理的寶貴經驗和第一重要原則。

全面餐飲品質管理同時強調，講品質不能脫離成本，要講求品質的經濟性。一方面，不能脫離顧客的實際需求，不計成本，盲目

追求過剩的品質；另一方面，要在保證顧客所需要的品質的前提下，努力降低成本，使顧客與飯店都能從中獲益。

二、「顧客至上」的原則

作為一個餐飲企業，為顧客提供食品及其服務，就要全心全意為顧客著想，堅持「顧客至上」的原則。這就要求飯店所有員工事事處處從顧客的利益出發，想顧客所想、急顧客所急、幫顧客所需，認真了解和聽取顧客意見，提供使顧客滿意的食品和服務。比如，現在到飯店就餐的老年顧客日趨增多，而老年人大多都或輕或重地患有各種老年慢性病，但老年人到飯店就餐沒有專門的老年顧客菜單，和普通顧客一樣，結果往往導致許多老年顧客的不滿。針對這類情況，有的酒店專門設計了低脂、低糖、低膽固醇，適合老年顧客的專用菜式，深受消費者喜歡。

「顧客至上」是全面品質管理的基本出發點，離開顧客的滿意，餐飲業全面品質管理也就失去了意義。正如國際品質標準ISO9000族在論述品質體系的關鍵因素時指出：「顧客是品質體系的焦點。」

三、系統管理的原則

系統，是指由若干相互聯繫、相互影響、相互制約的因素或單元組成的有機整體。全面餐飲品質管理把餐飲企業的品質管理活動看作是一個有機整體，對影響餐飲品質的各種因素，從宏觀、微觀、人員、技藝、管理、設備、方法、環境等方面進行綜合治理，要求全員、全過程都開展品質管理，建立健全品質保證體系，充分體現了系統管理的原則。國際品質標準為企業從組織結構、責任權

力、程序、過程和資源等方面建立品質保證體系提供了具體指導，是系統管理原則的具體運用。

餐飲企業品質保證體系建立之後，還必須堅持不斷地對體系進行控制與回饋，保證體系的正常運行。控制回饋，是指對影響品質的因素施加主動作用，使其符合有關的加工工藝程序、服務規範和標準，以保持餐飲產品品質的穩定性。

完整的餐飲產品品質由於包含了有形和無形兩個部分，因此在餐飲品質管理中建立從選料、加工、烹製，到銷售、服務等品質保證系統，從組織、人員、管理，到責任、制度等建立起品質保證體系，對於保證飯店良好穩定的公衆形象，實現較高的顧客滿意度是必不可少的。

四、預防爲主的原則

國際品質標準明確指出：「品質體系應強調預防性活動，以避免問題的發生，而不要錯過發現和糾正正在發生的問題的機會。」

所以，預防爲主是全面餐飲產品品質管理的基本原則之一。

全面品質管理強調「預防爲主」，就是要預先分析影響品質的各種因素，找出主導性因素，採取措施加以控制，變「事後把關」爲主爲「事前預防」爲主，使品質問題消滅在品質形成過程中，做到防患於未然。最近幾年來，有許多餐飲企業導入國際品質標準 ISO9000 族品質認證管理模式，其中心思想是把所有可能發生的品質問題控制在形成過程中，使餐飲產品沒有不良品和不良服務。透過這樣的品質管理活動，提高了企業自覺的品質管理意識，並且向顧客承諾，這裡不提供不合格的餐飲產品。

五、以人爲本的原則

　　雖然影響餐飲產品品質的因素是多方面的，但在諸因素中，人的因素是首先因素。一句話，提高餐飲產品品質的根本途徑在於不斷提高餐飲企業全體員工的素質，充分調動和發揮人的積極性和創造性。

　　全面餐飲品質管理倡導樹立企業品質精神，創造品質文化，增加企業凝聚力，透過方針目標管理、品質管理小組活動、PDCA循環工作及合理化建議活動等形式，使人人都了解企業的品質方針與品質目標，並且參與品質經營。

　　國際品質標準中明確指出：「任何組織中最重要的資源是組織中的每一個人，因爲每個人的行爲和績效都直接影響產品的品質。」該標準還就人員的選擇、培訓、激勵等方面作出了具體規定。實施人本管理，對於工業企業至關重要，對於餐飲等服務性企業尤其重要。因爲餐飲產品品質中，有很大的成分是由服務員面對顧客直接完成的，可以說，在餐飲產品中，餐廳服務員本身就是產品的一部分。由此可見，加強餐飲員工的管理是何等的重要。

　　現代品質管理的觀念明確指出，提高品質的關鍵是人不是物。因爲「物」是靠人去創造發明的，人是處於所有因素中的主動和積極的地位。試想，就當前情況而言，一個餐飲企業，一個飯店，沒有人行嗎？靠電腦管理，靠機器人烹製菜餚和服務，顯然是不可能的，只有靠企業的全體員工，包括決策管理人員、有烹飪技術的生產人員和餐廳服務員及其他工作人員，也只有發揮人的主觀能動性、積極性和創造性，才能實現全面的品質管理，才能提供令顧客滿意的餐飲產品。

六、實事求是的原則

　　這裡所說的實事求是，是指在全面品質管理中，以客觀事實和數據為依據，來反映、分析、解決餐飲品質問題，掌握品質運動規律的管理理念。全面品質管理主張用數據和事實對品質現象進行分析和反映，依據分析的結果解決品質問題，反對憑主觀印象、感覺，憑自己的經驗和情緒化的認識進行品質管理。

　　國際品質標準十分強調對事實和數據的搜集、記錄、分析和應用，明確指出：「對數據的分析可以用於度量在服務要求、發現品質改進機會和所提供服務的有效性等方面所取得的成績。」並且在「品質文件和記錄」體系要素中，要求對實現品質目標的進展情況、顧客對服務品質的滿意與不滿程度、審查品質體系和改進服務的結果、糾正措施及其效果等方面進行全面詳實的記錄，作為品質管理的依據。

　　傳統的餐飲管理也重視品質管理，但管理的方式方法不是運用科學的分析方法，不是透過對各項運行結果的記錄分析，總結其好壞點，找出品質問題的主要因素，而是運用管理者自身積累的經驗去處理問題。當然，豐富的餐飲經驗有時會在品質管理中發揮巨大的作用，但不是所有的經驗都靠得住，更何況經驗化的品質管理，由於缺少可靠的依據，管理中具有相當程度的隨意性、情緒化的東西，有時管理者往往把經驗與主觀感覺混雜在一起，使品質管理缺少科學性，因而不是實事求是的態度。全面品質管理則不同，它管理的基礎是以事實為基礎，以可靠的數據為依據，使管理更科學合理化。國際品質標準ISO9000族品質認證體系，就是以數據、記錄、文件的依據的管理模式，所以又稱為「文件管理」模式。

七、「結果」與「原因」換位原則

　　餐飲企業的產品品質，是顧客在進餐過程中的一種整體感受，進餐後的感受結果。因為它是受許多因素綜合影響的結果。這些因素可以分為兩大類：

　　一類是工程品質，對於餐飲產品來說，就是工藝品質，它包括廚師、設備、工具、原料、方法、工作環境等幾個方面的綜合品質，主要反應在實物產品的部分中。

　　另一類是工作品質，是指飯店每位員工在完成本職工作中符合要求的程序。工作品質對於餐廳服務人員來說，尤為重要，因為他們的勞務結果是以無形的形式銷售給顧客的，勞務品質的優劣對餐飲產品品質的影響是很大的。

　　當然，有些工作的工作品質直接影響到工藝品質，但工作品質與工藝品質還是不能等同起來，兩者密不可分，但又有區別。由於工藝品質和工作品質是影響產品品質的原因，所以稱之為原因品質。傳統的餐飲管理，往往是就事論事，重視結果，先看顧客投訴的多少，一說到抓品質，就單純地認為要加強檢查，而不是首先找原因、抓工作品質和工藝品質。所以常常是事倍功半，或抓而無效，檢查了無數次，同樣的品質問題總是反覆出現，不能從根本上得到控制和糾正。全面品質管理要求從抓結果轉向首先抓原因，透過實現對品質原因的控制，減少不良品的出現，這是餐飲品質管理思想的一個重要轉變和換位。比如，有的酒店為了避免廚師由於工作品質和工藝品質不高，造成菜餚成品的不合格，而被送到了餐桌，就聘請老廚師專門在出菜口處監督菜品品質，凡是被監督者認為不合格的菜品，均不允許上桌。從品質監督意義上而言，這種做法是行之有效的。但要等到不良品出現後再監督檢查，實際上已造

成了品質問題和很大的成本浪費。要改變這種情況，監督人員要在菜餚出品之前，對廚師的工藝品質和工作品質實施有效的監督，從根本上避免不良品的發生。這就是抓「結果」與抓「原因」的不同之處。

八、不斷改進的原則

　　不斷改進是指為了適應就餐顧客不斷增長的對餐飲產品品質的需求，透過加強品質的全面管理，在保持原有品質水準的基礎上，不斷提高產品品質的思想。全面品質管理認為，品質有個產生、形成和實現的過程。品質的保持、改進、提高過程是一個逐漸上升過程，不能永遠停留在原有的品質水準上。餐飲產品品質尤其如此，如果幾年如一日，菜式沒有改進，品質沒有變化，服務沒有提高，就必然失去品質優勢。所以，餐飲經營者要有強烈的「問題意識」和「改進意識」，不斷採取改進措施，創新菜餚，改進工藝、方法，改革服務內容等，使餐飲產品品質在保持中求新求變，不斷得到提高。

第三節　全面餐飲產品品質管理的方法

　　全面餐飲產品品質管理是一種科學的管理模式，因而必須運用科學有效的管理方法，才能取得預期的效果。

一、系統工程的方法

　　系統，是指「相互關聯的各因素的集合體」。從這個意義出

發，品質管理就是企業中一項複雜的系統工程。品質的形成本身就是一個投入→轉換→輸出的過程。在這個過程中存在著許多相互關聯的因素的綜合影響。

　　圖5-3表示的就是一個產品從設計開始，到銷售、消費調查的完整系統。從這個餐飲產品品質營運系統可以看出，餐飲產品品質的形成從市場調查、菜餚設計，到原料採購、選料加工、烹製工藝，以及成品上桌的餐廳服務等，構成了一個完成的、自我封閉的體系，是一個系統工程，任何一個方面出現了問題，就會使產品品質受到影響。因此，在全面餐飲品質管理中，應廣泛地應用系統工程的概念和系統分析的方法。現代品質管理中所使用的關聯圖法、系統圖法、矩陣圖法等，都是基於系統工程的概念之上的。所以，系統工程的方法是全面品質管理中的重要方法。

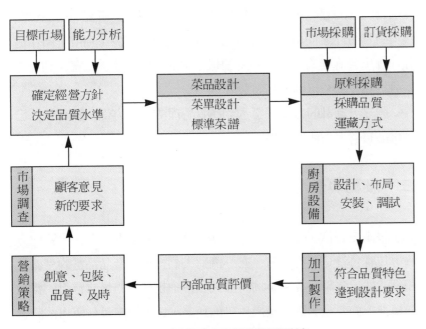

圖5-3　餐飲產品品質營運系統

二、統計分析的方法

統計分析的方法已成為品質管理中應用最廣、效果最好的一種科學方法。日本品質管理專家石川馨總結說：「從戰後開始，日本新的品質管理方法和舊的品質管理方法相比，雖然有許多不同之點，但其中最大的特點之一，是既廣泛又深入地使用了統計的思考方法和統計的分析方法。」

中國餐飲經營的傳統模式，是以經驗為主的一種隨意性較強的管理方法，所缺乏的正是對品質管理問題的統計分析，因而對問題的認識和處理總是模糊的、含混不清的，於是只有靠感覺決策，失誤的機率相對就大一些。如果全面運用統計分析的方法，就可以對許多問題得出清晰的答案。例如運用正態分布、二項分布等分析研究品質特性的變化規律；利用相關分析和相關分析研究不同品質因素與品質特性之間相互影響與相互作用之間的關係；利用推斷和估計進行工藝流程的控制；利用抽樣理論進行統計抽樣檢查；利用方差分析和正交分析進行品質設計等。

總之，統計的方法已深入到品質管理的各個方面，數理統計已成為品質管理方法的基礎。

三、激勵與監督的方法

激勵是餐飲品質管理中一項重要措施，也是一種現代管理方法。其實質就是獎優罰劣，充分調動人們對提高產品品質的積極性和創造性。激勵有各種不同的形式，歸納起來無非是物質上的獎勵和精神上的鼓勵。例如星級酒店的評定，每年一度最佳飯店的評選活動，在各飯店內部，則有各種形式的品質評比活動、評選優秀品

質管理班組或品質信得過班組等，目的都是爲了激勵餐飲企業和員工重視提高產品品質。

從理論上講，激勵是現代管理不可缺少的手段，有效地應用激勵這個手段，對於提高餐飲產品品質和品質管理水準，都是十分重要的。在國外實行的「品質標誌制度」，就是一種很好的激勵方法。目前，中國大陸也正在積極推行這種制度，飯店業、餐飲業也同樣在導入同國際接軌的品質標準，如有的餐飲企業已經透過對國際品質標準ISO9000族的導入，並獲得了品質認證資格，從而促進了餐飲品質水準的提高和品質管理理念的變化，提高了顧客對餐飲需求的滿意度。

除了激勵的方法以外，還必須對餐飲產品品質實行有效的監督，而且這種監督必須是全方位的，也就是從宏觀的到微觀的，都應進行有效的監督。

宏觀的品質監督，是指國家或有關主管單位對產品品質的有效監督。品質監督的方式主要有以下幾種類型：

(一) 抽樣型品質監督

由國家或各地區法定的品質監督部門隨機對各類企業或產品進行抽樣檢查，判定其品質是否合乎品質標準，發現不合格品時，按規定的制度進行處理，並促使企業達到標準規定的要求。

(二) 評價型品質監督

國家對各地區的品質監督機構對生產條件、產品品質合格的產品或企業，頒發某種產品品質證書，確認企業或產品達到某種規定的品質水準。

（三）仲裁型品質監督

由國家或各地區的品質監督部門，站在第三方的立場，客觀公正地處理有爭議的品質問題，或對品質的不法行為進行監督，以促進品質的提高。

微觀的品質監督是指企業內部所制定的對產品品質的監督措施和方法。目前的餐飲企業大多都沒有品質檢查部門，簡稱質檢部，負責對餐飲產品品質的檢查與監督。餐飲企業內部的品質監督形式多種多樣，但主要的方法是把各個崗位的品質與經濟利益掛鉤，建立品質經濟責任制。例如大陸南方一些大酒店，凡在廚房工作的員工，每人一個號碼，廚師炒的每一道菜都必須放上自己的號碼牌，如果菜餚出現品質問題而被顧客投訴，那麼透過查對號碼就知道這道菜是誰烹製的，其品質問題就由該廚師承擔，由此造成的直接經濟損失也由該廚師負擔。透過這樣有效的品質監督措施，使每個員工都必須樹立品質第一的思想，提高工作品質，以保證餐飲產品的品質水準。

四、回饋與控制的方法

回饋，是指品質訊息的回饋。品質訊息回饋是提高餐飲產品品質、進行品質管理的重要依據。為了掌握和了解從生產到服務全過程的全部有用的品質訊息，就要建立一個有效的品質訊息系統。這個品質訊息系統一般應包括食品原料與供貨單位的品質回饋、廚房加工、烹飪工藝的品質回饋、餐廳服務的品質回饋、顧客就餐的品質回饋等幾個環節，見圖5-4。

品質訊息系統是餐飲企業的神經系統，企業的決策者需要有準確的訊息以便對菜餚與服務品質問題作出正確的決策；生產的指揮

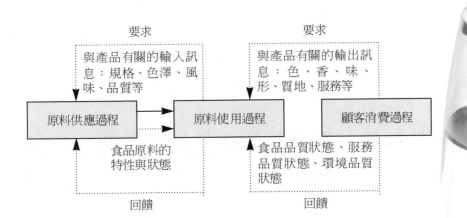

圖5-4　供應、生產、服務過程訊息回饋關係

者需要準確的品質訊息以安排和指揮廚房的生產；廚師則需要準確的品質訊息來執行和控制生產加工操作的活動。

品質訊息可以分為兩類：

一類為指令性品質訊息，它包括企業有關品質的方針、目標、計畫、標準、通知等，這一類訊息一般是自上而下的，由決策機構和領導層的決議，形成指示下達到各部門，是各項品質管理活動的依據。

另一類為回饋性訊息，它包括運行結果報告、各類報表、訊息回饋單、客人的意見和建議與投訴等，這一類一般是由下而上逐級向上層主管反映，決策層可以根據所回饋的訊息進行品質分析，作出新的品質改進意見和決策。

一般來說，決策層需要回饋性訊息，工作面上需要指令性訊息，而管理者則需要兩種訊息。若各類訊息傳遞不暢，或訊息品質不高，則需要採取控制和調整措施。

為了加強品質訊息的管理和控制，必須在飯店內部建立以前廳為主的品質訊息中心，也有的飯店以質檢部為依托，建立品質訊息

中心，負責對酒店內外的訊息進行搜集、整理、分析、儲存、傳遞和回饋等項工作，也可借助電腦進行訊息管理，提高效率，使各種有用的品質訊息在改進餐飲產品品質中發揮更大的作用。

第四節　全面餐飲產品品質管理的運行程序

一、PDCA 循環工作法的涵義

全面餐飲品質管理活動的全部過程，就是品質計畫的制定和組織實現的過程。這個過程的運行是按照PDCA循環的工作方式，因而稱為PDCA循環工作法，它是不停頓地周而復始地運轉的工作方式。PDCA循環工作法是實施全面餐飲品質管理所應遵循的科學程序。

PDCA 代表四個英語單字，其基本涵義是：

P是plan，它的意義是計畫。
D是do，它代表的意義是實施、執行。
C是check，它代表的意義是檢查。
A是action，它代表的意義是總結、處理。

P——計畫、D——實施、C——檢查、A——處理構成了全面品質管理的基本運行程序，並且按照這樣的順序循環不止地進行下去。因為這種運行方法是由著名美國品質管理專家戴明博士首先提出的，所以也叫做「戴明環」。

全面品質管理活動的運轉，離不開管理循環的轉動。這就是說，改進與解決餐飲品質問題，必須運用PDCA管理循環的科學程

序。例如，要提高餐飲產品實物品質，減少不良菜品出現，就要先提出目標，即品質提高到什麼程度，不良菜品降低到什麼程度？就要有個計畫，這個計畫不僅包括目標，而且也包括實現這個目標需要採取的措施。計畫制定之後，就要按照計畫去實施。按計畫實施之後，還要對照計畫進行檢查，哪些做到了，達到了預期效果，哪些做得不對或者做得不好，沒有達到預期的目標。做對了是什麼原因，做得不對或不好又是什麼問題，都要透過執行效果來進行檢查。最後就要進行處理，把成功的經驗定下來，制定標準，形成新制度，今後按這個標準工作或運行，對於沒有取得效果的部分，吸取教訓，找出問題的原因，以便放到下一個PDCA循環工作去解決。

　　如果是解決餐飲品質問題，也是按照這個循環工作法進行。例如要解決菜餚口味不穩定的問題，首先分析影響口味的所有因素，然後從中確定主要因素，並針對這個主要因素制定糾正問題的目標、計畫和措施，然後去按計畫實施、檢查，最後總結處理，看是否取得了成效，把成功的作爲新標準充實到工作制度中去，把沒有解決的問題，再分析原因，放到下次的PDCA循環工作中去解決。

二、PDCA循環工作法的運行步驟

　　PDCA循環工作法作爲全面餐飲品質管理體系運轉的基本方法來說，必須經歷以下四個階段、八個步驟：

(一) 第一階段：P階段

　　就是確定品質目標（或確定解決的品質問題）、制定計畫、管理項目和擬訂措施。這一階段可以分爲以下四個步驟：

　　第一個步驟，分析品質現狀、找出存在的品質問題。這就要有

品質問題意識和改善品質的意識。問題的提出，必須透過可靠的數據，分析品質現狀，用數據來說明存在的品質問題是真正的，不是憑空想出來的。

第二步驟，分析產生品質問題的各種原因或影響因素。如廚師、設備、原料、工藝、環境等因素，要對逐個問題或影響因素，加以具體分析，不能籠統地進行

第三個步驟，從各種原因中找出影響品質的主要原因。因為解決品質問題不能不分主次，應從解決主要矛盾入手。

第四步驟，針對影響品質的主要原因制定對策，擬訂計畫和預計效果，並制定詳細的措施。制定措施和計畫必須具體有效，並落實到具體人、時間、地點、部門及完成的方法等。

制定措施和計畫的過程一般應明確以下幾個問題：

為什麼要制定這一措施和計畫？
預期要達到什麼樣的目標？
在哪裡執行這個措施和計畫？
由哪個部門或誰來執行？
什麼時間開始實施到什麼時間完成？
怎樣執行這一措施和計畫？

（二）第二階段：D階段

第二階段是實施，就是按預定計畫、目標和措施，實實在在地去執行，努力實現。這是PDCA運行的第五步驟。

在第五個步驟中，要注意兩個方面的問題。一是要注意做好各種原始記錄，及時回饋執行中出現的各種情況。二是應注意做好克服一切困難的準備，尤其是有時因為種種原因使計畫無法進行下去的情況下，應如何應對，這是非常關鍵的問題。

（三）第三階段：C階段

這個階段是檢查計畫執行情況，是PDCA整個運行中的第六個步驟。檢查的目的主要是把實施的結果和計畫的要求對比，看是否達到了預期的目標和效果，哪些是成功的，其經驗是什麼，哪些做得不對或做得不好，教訓是什麼，其原因又在哪裡。這既要掌握計畫進度，檢查效果，又要從中找出問題。檢查時要做到及時、認真、客觀、公正，能真正把實際執行情況反映出來。

（四）第四階段：A階段

第四階段就是處理階段，它包括兩個步驟：

第七個步驟，是總結經驗和教訓。經過總結，把成功的經驗納入有關的標準、規範、制度中去，使品質改進的成果得到鞏固和擴大，也避免了類似問題的重複出現。失敗或不成功的教訓也可作為一種收穫，體現到標準化和規範化管理去，以免重複錯誤。

第八個步驟，就是提出這次循環尚沒有解決的問題，作為遺留問題轉入下一次循環去解決，並為下一個PDCA循環制定計畫提供資料和依據。

至此，一個PDCA過程就完成了，並可繼續轉入下一個PDCA過程。

PDCA循環工作法的四個階段八個步驟見**圖**5-5、**圖**5-6。

三、PDCA循環工作法的運行特點

PDCA循環工作法是在不停地運轉，原有的品質問題解決了，又會產生新的問題，問題不斷產生而又不斷解決，如此循環不止，這就是循環管理不斷前進的過程，也是全面品質管理工作必須堅持

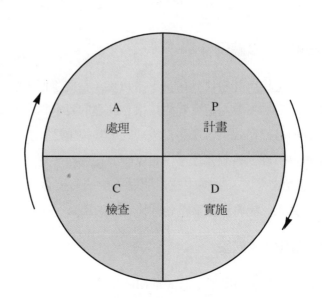

圖5-5　PDCA循環的四個階段

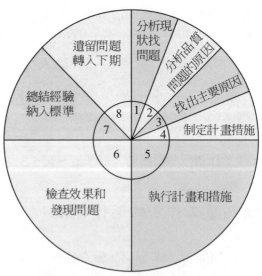

圖5-6　PDCA循環的八個步驟

的科學方法。

因此，PDCA循環工作法運轉時，一般具有以下幾個特點：

（一）PDCA循環是大環套小環，一環扣一環

PDCA循環是大環套小環，一環扣一環，小環保大環，推動大循環。見圖5-7。

PDCA循環工作法作為全面品質管理的科學方法，可用於餐飲業各個環節、各個方面的品質管理工作。透過PDCA管理循環，使飯店各個環節、各個方面的管理有機結合，相互促進，形成一個整體。整個餐飲企業的品質管理體系構成一個大的PDCA管理循環，而各部門、各班組又都有各自的PDCA循環，依次又有更小的PDCA管理循環，從而形成一個大環套小環的綜合品質管理體系。上一級PDCA循環是下一級PDCA循環的根據，下一級PDCA循環是上一級PDCA循環的具體保證。透過大小PDCA管理循環的不停

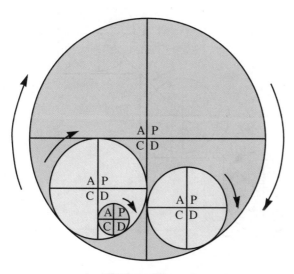

圖5-7　PDCA循環大環套小環

運轉，就把企業各個環節、各項工作有機地組織起統一的品質保證
體系，實現總的品質目標。因此，PDCA循環的運轉，不是單兵作
戰，而是集體的力量，團隊合作的結果。

（二）PDCA管理循環每轉動一次就提高一步

PDCA管理循環每轉動一次就提高一步，達到步步有提高的效
果，見**圖**5-8。

PDCA循環是螺旋式上升的，如同走階梯一樣，逐漸升高。
PDCA四個階段周而復始地循環運轉，是在循環中步步有提高的，
而不是原地打轉，不是永遠在一個水準上轉動，而是每循環一次，
轉動一圈，就前進一步，上升到一個新的高度，就有新的內容和目

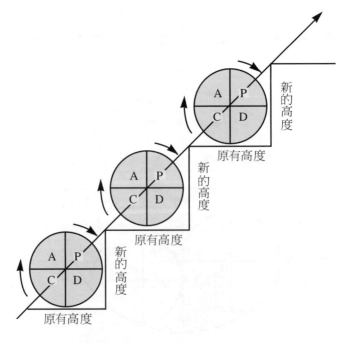

圖5-8　PDCA循環逐級上升

標，像爬樓梯一樣步步上升。這樣循環往復，品質問題不斷解決，工作品質、管理水準和產品品質就不斷提高。

(三) PDCA管理循環是綜合性的循環

PDCA 管理循環工作法的四個階段是相對的，各階段之間不是截然分開的，而是緊密銜接連成一體的，甚至有時是邊計畫邊執行、邊執行邊檢查、邊檢查邊總結、邊總結邊改進等交叉進行的。品質管理就是在這樣的循環往復中，從實踐到認識，再從認識到實踐的兩次飛躍中達到預定目標的，但永遠達不到頂峰，因為產品品質的追求是無止境的。

四、解決品質問題的步驟和方法

按PDCA管理循環組織品質管理體系的活動，就需要搜集大量數據資料，運用各種管理技術和科學方法。要從PDCA 循環工作法四個階段的特點出發，根據分析科學、控制嚴密、判斷正確、處理及時的要求，結合運用各種科學方法和管理工具。按PDCA 循環工作法的科學程序，解決品質問題的步驟與方法如**圖**5-9。

五、PDCA循環工作法案例

某大酒店根據就餐顧客對菜餚品質問題的反映，認為應對菜餚品質問題進行品質管理，然後根據顧客調查、書面投訴等共得到二百個數據。

第一步，根據得到的數據，用排列圖分析找出影響菜餚品質的主要問題，即A類問題。

先製作分項統計表，見**表**5-1。

階段	步驟	應用的品質管理方法	說明
P計畫	1 找出所存在的問題	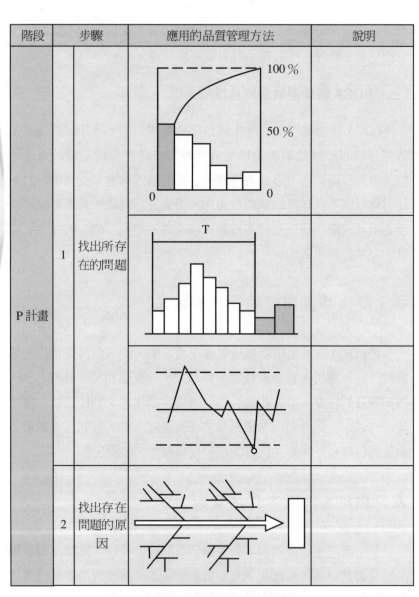	
	2 找出存在問題的原因		

圖5-9　解決品質問題的步驟和方法

階段	步驟	應用的品質管理方法	說明
	3	找出存在問題的主要原因	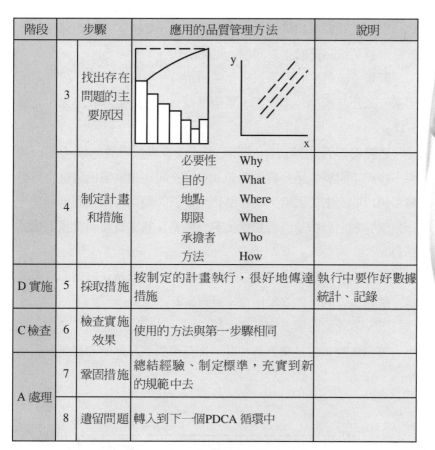	
	4	制定計畫和措施	必要性　Why 目的　　What 地點　　Where 期限　　When 承擔者　Who 方法　　How	
D 實施	5	採取措施	按制定的計畫執行，很好地傳達措施	執行中要作好數據統計、記錄
C 檢查	6	檢查實施效果	使用的方法與第一步驟相同	
A 處理	7	鞏固措施	總結經驗、制定標準，充實到新的規範中去	
	8	遺留問題	轉入到下一個PDCA循環中	

（續）圖5-9　解決品質問題的步驟和方法

表5-1　顧客意見分項統計

項目	頻數	累積頻數	頻率（%）	累積頻率（%）
口味不佳	76	76	38	38
色澤不好	63	139	31.5	69.5
衛生感差	35	174	17	86.5
數量不足	18	192	9.5	96
效率低	8	200	4	100

根據統計表畫出排列圖，劃分 A、B、C 區，A 區的菜餚口味就是影響菜餚品質的主要問題，見圖 5-10。

影響菜餚口味的因素很多，包括廚師、原料、工藝、設備等大因素，以及若干中、小因素，用因果關係圖一一對應找出來，見圖 5-11。

然後把影響菜餚口味小的因素或沒有直接影響的因素逐一排除，將剩下的調味品品質有問題和廚師把關不嚴兩個因素確定為影響菜餚口味的主要因素。調味品出現品質問題則有兩個因素造成，一是沒有制定調味品品質標準，另一個是採購人員沒有重視調味品品質。

針對以下三個造成菜餚口味的直接因素擬訂糾正措施和實施計畫，用對策表的形式表現出來，見表 5-2。

第一階段的四個步驟至此全部完成。

第二階段，也是第五個步驟，即按照對策表制定的措施計畫傳

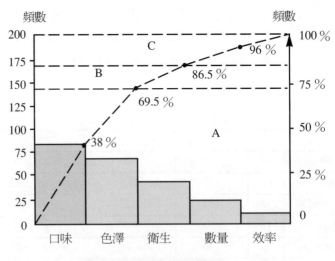

圖 5-10　顧客意見排列

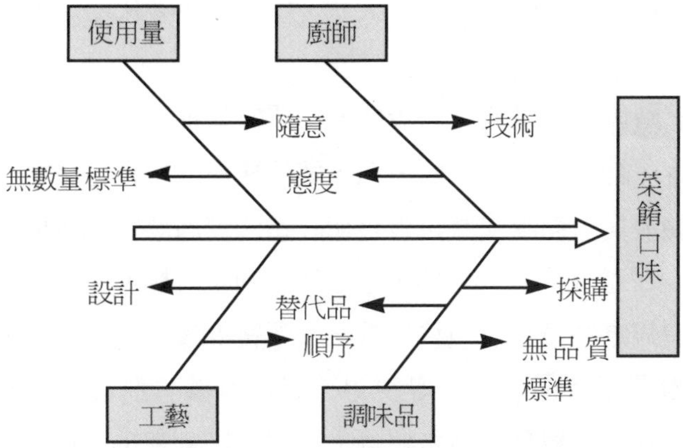

圖5-11 菜餚口味問題因果分析

表5-2 改善菜餚口味對策表

序號	問題	現狀	對策	負責人	進度（週）			
					一	二	三	四
1	調味品無品質標準	口味不穩	1.制定標準菜譜 2.確定調味品品質標準	李×× 趙××				
2	廚師把關不嚴格	輕重不一	嚴格按標準菜譜操作，品質不合格的調味品不領用	廚師長				
3	採購人員隨意採購	同一種調味品購進多種品牌	1.根據標準菜譜、制定採購標準 2.嚴格按標準進貨	採購員				

達到廚房的廚師、採購和驗收人員去實施。

先由廚房烹調師與採購員共同制定各種調味品的規格要求、品質標準，越細越好，如醬油使用哪個廠家生產、什麼品牌、什麼包裝規格、使用量是多少等，一一規定清楚。採購員按照制定的調味品品質標準訂貨購進，驗收員按此標準驗收入庫，廚師按此標準領

料，使用時嚴格把關，保證投入量，堅決不用替代品。實施進入正常運行。

　　第三階段，也是第六個步驟，由質檢部抽調專門人員根據對策表的內容，結合運行的實際情況，進行檢查。檢查方法：一是和採購員、驗收員、廚師交談，對這個計畫的實施感覺和效果如何；二是抽樣，在運行中，不定期、不定時地到庫房檢查購進的所有調味品是否與規定的標準、規格相符合，然後抽樣一定比例的成品菜餚品嚐，看是否有鹹淡不一等現象；三是對顧客進行口頭或書面調查，徵求顧客的意見，然後把以上情況加以彙總、分析，把調查數據再運用排列圖進行分析，發現原有的A類問題，菜餚口味問題已經成為C類問題，說明措施運轉得力，品質問題得到了一定的糾正，基本達到了預期的效果，見圖5-12。

　　然後進入第四階段。

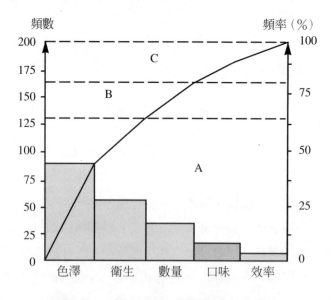

圖5-12　運行措施後顧客意見排列圖

經過為期一個月時間的運行，對菜餚口味的品質已有明確改善和提高，說明運行前制定的措施是正確的，今後應該繼續保持下去。首先將制定的調味品品質標準編入標準菜譜中，成為固定性內容，作為以後廚師烹調中必須執行的標準，凡是不符合標準要求的調味品，廚房一概不領、不用，堅持標準。採購員、驗收員也按標準菜譜中規定的調味品品質進行採購和驗收，不符合規格要求的一律不採購、不驗收入庫，嚴把品質關。

但在總結中，仍然發現，廚師在投放調味品時，數量的控制有時較隨意，尤其是在用餐時間業務忙的時候，積壓了幾十個菜餚加工烹製任務時，調味品使用量的把握就更加不準確，這一個問題轉入下一個PDCA循環中去重點解決。

至此，該飯店關於菜餚品質問題的管理活動第一循環全部結束，最後由生產班組和質檢部分別寫出運行總結報告即可。

六、全面餐飲品質管理與ISO9000標準

ISO9000族標準是在總結世界各國品質管理經驗的基礎上發展起來的，無疑是對各國長時間實踐而集成的智慧結晶。目前，ISO9000族國際品質標準體系的認證已得到廣大企業的正確認識，並廣泛推廣導入這種先進的品質管理標準，且已取得可喜的成果。

從一般意義講，ISO9000族品質標準體系，是在全面品質管理的基礎發展起來的。ISO9000族標準無論在原理，還是基本要求上，與全面品質管理都是一致的。兩者都強調全面的品質、全員的參與和全過程的控制，都強調預防為主，系統管理；都強調管理層特別是決策層在品質管理和品質體系建設中的主導地位。可以這樣認為，ISO9000族標準是從規範化和通用性角度體現了全面品質管理的思想和原則。

ISO9000族品質標準的基本原理有下列幾點：

1. 品質形成於生產全過程：這裡的生產是指社會化大生產，包括研究開發、生產加工、流通、消費等。也就是「產品品質是社會綜合因素的反映」。

2. 必須使影響產品品質的全部因素在生產全過程中始終處於受控狀態。

3. 使企業具有持續提供符合要求產品的能力。但是，能否「持續提供」需要證實，一方面可以向法人證實，稱作內部品質保證；另一方面可以向顧客或第三方證實，稱作外部品質保證。品質保證就是對具有持續提供符合要求產品的能力提供證實。

4. 品質管理必須堅持進行品質改進。

企業建立的品質體系能否控制住產品品質，使其具有持續向顧客提供符合要求產品的能力，需要向法人或顧客提供證實，即透過審核、檢查證明已具有這種能力。向法人提供證實需進行內部品質審核；向顧客或有關機構提供證實，需進行顧客審核（第二方審核）或由認證機構審核（第三方審核）。為了向顧客提供保證並按其要求進行評價，ISO90001、ISO9002、ISO9003概括了三種顧客要求的品質保證模式，實際上是顧客提出的三種要求，並用這三種要求檢查企業的品質體系。

從標準的內容看，ISO9000族品質標準是一個由若干單元構成的體系，僅用其中的一個單元，如ISO9001，或者是ISO9002是建立不起品質體系的。但是作為餐飲業，它與一般的工業產品的生產有著本質的區別。餐飲企業導入ISO9000品質標準的目的就在於透過建立內部自覺的品質保證體系，使所提供的產品達到顧客滿意，並且能夠持續提供顧客滿意的餐飲實物產品與服務。山東淨雅大酒

店等就是基於這樣的目標導入了 ISO9002 品質標準。

　　淨雅大酒店是一家經營海鮮餐飲的企業，經過十幾年的成功發展，創出了「吃海鮮，到淨雅」的品牌。大酒店決策層認為，企業要想長遠發展，並保持在同行業中始終處於領先地位，必須有一套科學、先進、行之有效的管理體系，因此，決定導入 ISO9002 國際品質管理體系，加快企業與國際標準接軌的步伐，更好地為顧客服務。

　　山東淨雅大酒店為此主要抓了以下幾個方面的工作：

　　第一，請專家解說 ISO9002 要素，讓全體員工認識 ISO9002 的內容和導入餐飲管理的意義。

　　第二，總經理掛帥成立專門的小組負責體系的建立。因為 ISO9002 屬於以文件管理為主的形式，為此該酒店調動所有的中層管理者加班，建立健全各種文件約五十萬字，建立了一套既與國際接軌，又結合淨雅實際情況的文件體系，使所有的工作都有了依據和標準，為對餐飲產品品質進行控制的有效性奠定了基礎。

　　第三，引進高層次專業人才，提高管理水準。為了更好地運作 ISO9002 品質管理體系，酒店大力招聘具有高學歷人才，先後到山東大學、黑龍江商學院等十多所高校進行招聘，共引進大專以上學歷的管理人員五十餘人，為更地運作 ISO9002 品質體系提供了充足的人員保證。

　　第四，加強質檢部力量，把品質問題分解成細致的指標體系。為使 ISO9002 品質管理體系得以深入貫徹執行，酒店加強質檢部力量，由原來二人增加到八人，全面負責對體系中存在的問題進行審核，由專門人員對工作中產生的不合格項進行統計分析。並且規定，質檢部每人必須完成四十個問題的統計分析。透過一系列的活動和加強考核，使管理者和員工對 ISO9002 的認識越來越深刻，品質意識明顯增強，不合格逐漸減少。目前，根據對顧客意見的調查

表明，顧客對菜品評價的合格率在99.8％以上，對服務評價的合格率在99％以上。

ISO9002品質認證是產品品質監督的一種形式，作爲一種適應市場經濟的科學產品品質管理、監督制度已被世界上許多國家，尤其是被工業發達國家所採用，並取得了較好的社會經濟效益。以製作「扒豬臉」聞名的北京金三元酒家認爲，透過ISO9002品質體系認證使服務人員對如何做好本職工作更清楚了；管理人員感到有了文件標準作依據，更利於管理了。北京金三元酒家在具體展開認證諮詢工作中，做了如下幾個方面的工作：

首先，從內部領導決策層抓起，統一思想，審核知識，提高對餐飲品質實施國際標準化管理的認識。然後，全員內進行層層傳達，層層培訓，達到全體員工貫徹ISO9002品質標準的目標。

其次，酒店又將透過學習並經國家認可委員會考試合格的七名員工，作爲認證工作的內審員，爲認證進行培訓、監督、檢查。在認證專家的指導下，根據企業自身實際情況，他們建立起品質體系，並把品質體系文件化，編寫了品質手冊、二十八個程序文件、五個管理文件及六個作業指導書、各項條款約三千餘條。這些文件涉及到企業日常管理的各個方面，各個環節都有相關文件進行品質標準管理。

再次，就是根據文件規定進行試運行操作及內部審核。首先是要提高菜品品質，把每道菜品的工序都程序化、規範化、精細化。並成立配送中心，從原料採購、驗收、粗加工、切配、烹製到菜餚上桌，每項均按程序序文件中的規定去做，並由主管人員簽寫品質記錄。例如，在切配中，爲了達到品質標準，廚房特地購置了十台電子秤，以使配份工作更準確，爲菜餚具有標準口味打下基礎。在服務方面，對餐具的清洗應達到何種程度，對服務人員迎賓待客的語言、動作等，文件中都有具體文字規定。實際上，就是把日常管

理中不同崗位的實際程序，都轉化為文字材料，便於規範管理。

　　在品質目標中有「顧客不滿意率不超過1.5％，投訴率不超過0.5％。」的規定，所以結帳時，服務員請每桌就餐的顧客填寫徵詢意見卡，使每天意見卡的回饋率不低於50％，及時了解服務、管理中存在的問題，並將情況分析彙總，以便不斷完善、補充、編寫文件，從而使內部管理水準在根本上得以提高。酒家專門成立的質管部，由專職人員負責每天的品質，記錄總結及每月的內審工作。

　　事實證明，金三元酒家、山東淨雅大酒店、青島海情大酒店等，透過ISO9002品質體系認證，首先對企業本身來說，樹立了企業形象；其次透過對服務及菜餚品質進行規範化的文件管理，使企業的管理從粗放式向科學化發展；第三，科學規範的品質管理，使企業員工的整體素質得以提高。

　　目前，全國已有一萬多個企業透過了ISO9002系列品質體系認證，但餐飲企業在這方面剛剛起步，還有待於探索與實踐。

第6章

餐飲品質管理

品質管理包括產品品質管理和工作品質管理。

餐飲品質管理的範圍包括食品原料採購過程、生產加工過程和食品消費的一切過程。餐飲品質管理的人員包括生產員工、管理人員、服務人員及餐飲企業中的一切人員。品質管理是動態的，不僅要著眼於當前的運轉不出現意外和不良品，更要著眼於事前和未來。品質管理常採用控制圖、因果分析圖、勞動效率指數等分析工具。

餐飲品質管理的困難點，在於全員品質意識的形成。因為，餐飲品質的保證和提高，離開了餐飲企業的全員參與是不可能實現的。

餐飲品質管理的基礎，是經營管理系統與品質管理體系的建立。實際上，所有餐飲企業都建立了良好的管理系統和品質管理體系，但為什麼會出現有的餐飲品質高，而有的低呢？這主要是因為在該系統中缺乏品質意識，品質意識是餐飲品質管理中的靈魂，尤其要提高全體員工的品質意識。

第一節　餐飲品質管理的原則

一、餐飲品質管理的涵義

國際標準化組織（ISO）對品質管理的定義是：「為了滿足品質要求而使用的操作技術和活動。」這個定義過於籠統和抽象。

美國《品質管理手冊》一書中對品質管理的定義是：品質管理是我們測量實際品質的結果，與標準對比，並對差異採取措施的調節管理過程。實際上就是對品質問題的不斷發現與糾正的過程。在

這個調節控制的管理活動中，應包括以下內容：

1.選擇控制對象，確定控制方向。

2.選擇計量單位。

3.確定評價標準。

4.選擇測量手段。

5.進行實際的測量。

6.找出實際與標準的差異。

7.說明實際與標準差異的原因。

8.根據差異制定糾正措施。

9.將措施予以實施。

10.檢查實施結果。

上面對品質管理涵義的宏觀解釋，對我們全面理解餐飲品質管理具有很重要的意義。

就整體而言，飯店（包括餐飲業）是生產無形產品的企業，亦即平時所說的「服務」，其生產方式主要是手工勞動而不是大機器生產，基本不存在機器對人的制約性。因此，餐飲業務活動的進行、員工的勞動或勞務過程，必須依靠自覺的管理與控制職能來進行有效制約。手工勞動與機器生產的最大區別在於：手工勞動容易出現偏差或誤差，機器生產只要操作正確，可以達到很高的精確度。餐飲服務的對象是具有各種不同要求的賓客，他們對餐飲品質的需求，是不允許有偏差。那麼，如何把不良品或勞務偏差降到最低程度呢？這就要靠品質管理。透過控制管理，使品質形成過程中的品質問題不斷被發現，又被及時得到校正。

根據以上的分析，我們可以看出，餐飲品質管理實際是為了滿足顧客對品質要求而在運行過程中使用了有效的技術和活動。

因此，所謂餐飲品質管理，就是企業為了提供符合顧客品質要

求的餐飲產品，而在生產經營與服務過程中，依照核定的品質標
準，進行監督、檢查、調節、分析和校正，使之不發生偏差而正常
運行的綜合管理活動。

　　餐飲經營要達到決策目標，無論是在業務進行中，還是在業務
結束後的結果，都儘量不要出現偏差和錯誤，要做到這一點，管理
上就要對餐飲業實行有效的控制。

　　對於餐飲品質管理，有不少員工認為，那屬於領導、管理人員
和有關職能部門的事，與一般員工沒有關係；有的管理人員也認
為，品質管理應該是質檢部的職責，這都是對品質管理的誤解。其
實，所有餐飲企業中的員工，無論是管理層，還是工作層，都應樹
立品質意識。例如，基層管理人員控制基層員工的工作，員工則要
依照生產工藝標準和服務品質標準控制自己的工作品質等。

二、餐飲品質管理的基本原則

　　餐飲品質管理是按照品質標準衡量品質計畫的完成情況並糾正
食品加工和餐廳服務過程中的偏差，以確保餐飲品質目標的實現。
在某些情況下，餐飲品質管理可能導致確立新的目標、提出新的計
畫、改變組織機構、改變人員配備，或在品質管理方法上作出重大
的改變等。比如，飯店長期實行的品質管理是全面餐飲品質管理，
但為了適應中國加入WTO組織後給餐飲業帶來的機遇和影響，開
始導入ISO9000族標準。那麼新目標的確立，必然帶來計畫上、組
織上、人員配備上等的一系列變化。所以，餐飲品質管理職能在很
大程度上使品質管理工作成為一個循環系統。

　　餐飲品質管理涉及的問題是各個方面的，但歸納起來，主要有
以下幾個方面的原則：

（一）保證實現餐飲品質目標

餐飲品質管理的任務是發現偏離品質標準的偏差，並採取措施糾正這些偏差，以保證餐飲品質目標的實現，滿足顧客對餐飲品質要求的需求。

（二）管理要針對未來

餐飲品質管理應儘可能建立在前饋、而不是在回饋的基礎上，以便在餐飲品質偏差出現之前就及時察覺並予以防止，防患於未然。

（三）管理的職責要明確

實行餐飲品質管理的首要職責應由執行該計畫的人員來承擔，包括生產、勞務人員和管理人員。

（四）品質管理要講求效益

在選用餐飲品質標準時，要注意用最小的代價或投入來達到品質管理的目的。食品成本分析、品質成本控制是實現良好效益的有效方法和途徑。

（五）採取直接管理方法

在管理系統內的品質管理人員的素質越高，對餐飲品質間接管理的需要也就越少。例如，廚房的廚師技術高、敬業精神強、自覺管理力強，而且有較高的品質意識，那麼，生產過程中的品質就能得到生產者的直接管理，不需要間接人員去間接管理。所以，餐飲品質管理的最直接方式就是儘可能保證和不斷提高餐飲從業人員的素質，包括全員的員工素質。

（六）品質管理要反映指標的要求

餐飲品質指標越明確、全面、完整，管理越能反映指標的要求，品質管理也就越有效。含混不清的品質指標，就無法有效地實施品質管理。食品的加工生產應在這方面儘量把品質指標細化、量化。

（七）建立組織保證體系

品質管理是一個完整的系統，必須在系統內建立有效的組織保證體系。

（八）品質管理要因人而異

餐飲品質管理的技術和訊息是品質管理人員賴以進行控制的手段。但是，各種管理技術和訊息對不同的管理人員有不同的意義和作用。因此，必須根據每個人的具體情況來採用。

（九）管理必須客觀、精確和適宜

管理必須有客觀的、精確的和適合的標準，用以衡量餐飲品質指標的完成情況。

（十）品質管理必須抓住關鍵點

如何選擇餐飲品質的關鍵點，是一種管理藝術。因爲餐飲品質內容很多，各個環節都需要控制，但其中必然有它的關鍵點，抓住關鍵點，品質管理有時會起到事半功倍的效果。

（十一）管理必須主要集中於例外情況

就餐飲品質關鍵點管理來講，管理人員必須觀察品質關鍵點上

所發生偏差的大小。

（十二）品質管理必須靈活

　　不能把管理工作死板地同某個無用的標準聯繫在一起，使標準控制成為束縛職工的「囚牢」或「圍牆」，而應按「適用性」要求保持一定的靈活性，以便在整個標準失策或突然改變時，予以糾正。當發現偏離於計畫的誤差以後，必須採取行動，透過適當的計畫、組織、協調和指揮工作來予以糾正，才能保證餐飲品質管理是正確而有效的。

三、實施餐飲品質管理的基本步驟

　　在餐飲管理中，實施品質管理職能，基本步驟有以下幾個方面：

　　第一步：確定品質管理的目標，訂立餐飲品質標準。

　　第二步：測量實際的品質工作狀況，明瞭進步程度。

　　第三步：將工作進度報告與既定的品質標準相比，作差異分析。

　　第四步：針對品質問題的根源，設計更正措施，然後推行及加強控制。

（一）品質標準的訂立

　　品質標準是品質管理的必要條件，控制管理首先表現為對各種業務活動品質確定一個明確的具體標準，作為評價產品品質與工作品質的比較基礎。品質標準分為餐飲產品品質標準和各崗位工作品質標準。

　　所謂餐飲品質標準，是指用各種描述性語言表述的標準，它是

用來衡量完成的工作是否合乎品質的要求及規定。例如,餐廳的服務品質標準,既要看上的菜是否色、香、味、形、器俱佳,也要看服務員對客人的態度是否熱情禮貌,符合服務規程的要求。

理想及有效的品質標準具備很多條件,所以在訂立餐飲品質標準時,應注意以下幾點:

一致性

整個餐飲企業內部各部門所訂的品質標準要經過協調,取得相輔相成的作用。例如,採購人員對食品原料品質標準的確定,就必須依照廚房產品的品質需求而定。反過來,廚房生產中的原料品質標準,也必須與採購人員協調,了解市場貨源等情況,根據產品需要來確定,發揮步調一致、標準一致的效果。

公正性

各部門品質標準的制定,應是客觀及合理的,符合飯店或餐飲企業的經營目標和品質目標。

可行性

訂立的品質標準,尤其是工作品質標準必須是可以達到的,能夠實現的。如果標準訂得太高,會導致屬下員工的不滿與反對,太低則會扼殺員工的積極性。

適用性

訂立的品質標準一定要切合實際情況,適應於本餐飲企業的經營管理,以保證其有效性。

可理解性

訂立的各項品質標準應該具體明瞭,易於管理者與員工掌握,具有可操作性。

穩定性

品質標準,無論是產品品質還是工作品質標準,雖然可以根據顧客的需求不斷地進行改動,但同時還要保持相對的穩定性,品質

標準一旦制定，就應適用一段較長的時間，即使變動，也是在主體不變的情況下進行個別或局部的調整，以保持餐飲產品品質形象的穩定。

（二）進行實際測量

餐飲管理者必須經常檢查品質的實際情況。常用的方法是，在綜合各種品質情況後，將搜集的品質資料用圖表表示出來，使品質的最新發展情況一目瞭然，隨時測量品質實際情況。

在進行實際測量時，餐飲管理者應注意以下幾個方面：

1. 品質報告表的內容和詳細程度應與制定的品質標準相吻合。這就要求資料來源可靠、真實，能準確地反應實際情況。
2. 品質測量切忌在方便時才進行，應該建立品質測量進度和計畫，定期定時或隨機、不定期相結合，才能更準確。如果全部定期定時，品質結果會因為心理狀態與平常不同而改變，會導致品質分析不準確。
3. 品質測量報告表務必要及時送到有關決策人員手上，以便儘早發現問題，及時加以處理分析。
4. 當測量的品質結果與標準有出入，而且屬實的時候，應在需要的情況下，及時作出糾正，並在實際中主動改正錯誤。

（三）差異分析

餐飲企業的品質計畫目標和品質管理是一個整體的兩個方面。沒有品質計畫，無從控制；沒有品質管理，計畫便流於形式。在餐飲管理中，管理者要將品質發展的實際情況與確定的品質標準作概括性的比較，對有關資料作深入研究和分析，找出品質問題的所在和原因。這就是進行差異分析。

在進行差異分析時，要注意以下幾點：

1.對餐飲品質進行差異分析時，管理者必須冷靜，態度客觀，以免影響分析的準確性。
2.遇有特殊情況與標準差距很大時，就必須找出原因及追究責任，直至有圓滿的答案為止。
3.在差異分析中，要考慮外部環境對產品或工作的影響。例如原料供應發生困難、能源緊張、水電漲價等。
4.在差異分析中，管理人員要注意突出重點，照顧一般。

（四）修正活動

餐飲品質差異的出現，一般情況下是因為在執行過程中出了差錯，也可能是品質計畫或組織中有問題，當然由於員工的敬業精神不強及品質意識欠缺，在實際運行中才暴露出來。品質管理人員經過分析後必須針對問題的根源，及時糾正偏差或錯誤。

在實施修正活動時，要注意以下幾點：

1.應有及時補救的效用。若在發現差異、找出原因、設計修正活動後再推行，可能為時已晚，不良餐飲產品已經引起了客人的不滿，活動的實際價值便失去了，所以修正、糾錯活動一定要講效率，隨時發現差異，及時找出原因，立即予以糾正，把不良品控制在生成之前，以保證良好的餐飲品質。
2.修正活動的成功與效率，有賴於得到決策人的贊同、協助及授權，還要得到相關員工的接受和支持，執行時才會沒有阻力或阻力較小。例如，廚房廚師烹製的菜餚出現了品質問題，管理人員一不調查，二不懂專業技術，在沒有弄清原因的情況下，就到廚房胡亂批評，讓廚師糾正，試想這會起到控制的效果嗎？

3.有效的品質修正活動必須具有良好的協調、聯絡和授權的內部工作環境。

4.應有賞罰制度、經濟責任制作爲輔助執行修正活動的有效工具。

5.在修正活動推行以後,管理人員必須不斷做事後報告,測量品質問題糾正的效能,尤其在一些複雜的生產工藝和工作中,否則得不到理想效果,甚至事倍功半。

第二節　餐飲實物品質的管理

餐飲實物品質,主要指的是食品加工的品質,包括菜餚、麵點、湯羹、粥品、飲品等。它們是構成餐飲產品品質的主體,也是餐飲品質產生的基礎。然而,由於食品的加工過程本身比較複雜,而且技術性較強,其影響實物品質的原因也是多方面的。因此,餐飲實物品質的控制,只能從影響較大的因素入手,抓住幾個關鍵環節,發揮事半功倍的效果。

一、食品原料品質的確定與檢驗

食品原料是指能供食品加工人員(廚師)在加工製作菜餚、麵點、湯羹、小吃等一系列風味食品過程中所使用的一切原材物料。

食品原料是餐飲實物產品加工的基礎。事實上,所有食品加工活動的對象都是圍繞食品原料展開的。無論從原料的採購、貯存、運輸,到原料的選擇、粗細加工、烹調等每一個環節,都是以原料爲基礎進行的。

由此可知,餐飲實物品質的優劣,首先取決於食品原料品質的

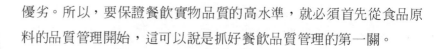

優劣。所以，要保證餐飲實物品質的高水準，就必須首先從食品原料的品質管理開始，這可以說是抓好餐飲品質管理的第一關。

（一）食品原料品質的確定

要想烹製出美味可口的食品，首先必須選擇品質好的食品原料。所以，食品原料的使用選擇，也不是可以隨意的，必須根據菜餚食品風味特色與品質的需求，確定所使用原料的品質標準。

原料品質標準的確定，是在食品品質的設計過程中完成的。比如菜單中有「蔥燒海參」的菜餚，廚房根據該菜餚的風味規定，設計出加工使用的「標準菜譜」，在標準菜譜中對海參、蔥及其他用料，尤其是調味品的品質標準都一一作出了規定。這是廚師食品加工的基本保證。

食品原料品質標準確定的內容，一般包括下面幾個方面：

品種

同一種食品原料，品種不同，品質便不同。如中國大陸沿海可以食用的海參有幾十種，最好的是渤海、黃海出產的灰刺參。選擇食品原料時必須規定其品種。

產地

不同產地的同一種食品原料，風味與品質也大有區別。如渤海灣的對蝦品質最佳，湖南出產的湘蓮品質最好等。

產時

無論動、植物食品原料，雖然其生長期有長有短，但其最佳品質階段卻是一定的，也就是說，某種食品原料，在不同的時間內、在不同的季節，其品質是不同的，如老嫩之別、粗細之別、含水量多少的差異等。

規格

規格指大小、粒重（千粒重）、長短、粗細、單位重量的個數

（頭數）等。因為，不同規格的食品原料，其品質也有很大差別。

部位

　　有些食品原料根據其結構特徵和性質，可分為若干部位，而且每個部位的原料品質特點是不完全相同的。如豬、牛、羊等肉類，不同部位的品質、風味差別很大，有肥有瘦、有老有嫩、有韌有軟，各不相同，運用時也就有別，可根據其特點適用於不同的菜餚製作。

品牌、廠家

　　同一種食品原料不同廠家生產的，其風味品質也不相同。如醋，山西出產的味濃香，酸勁衝，而鎮江出產的味清香，酸味醇厚等。因此，選擇時應確定哪一種更適合自己餐飲實物品的使用，確定品牌、廠家。

包裝

　　包裝是指成品食品原料的包裝要求，包括每單位包裹的大小、衛生要求、重量、個數、加工日期、保存日期等。

分割要求

　　食品原料分割取料的要求，對食品原料品質也有影響。如分割雞的翅膀有帶雞脯肉，有不帶的，哪一種適合廚房加工用，應規定準確。

營養指標

　　指各種食品原料含有各種營養素的數量指標。

衛生指標

　　指食品原料生產、貯存、運輸及加工、包裝後的衛生程度，如含雜物比例、是否被污染過等。

　　以上是確定食品原料品質標準時常用的品質表示項目，還有一些適用面較小的項目沒有列出，確定時應根據具體菜餚的需要、食品原料的品質特性及食品加工人員的技術水準進行詳細規定。

（二）食品原料品質的檢驗

規定了食品原料使用的品質標準，只是原料品質管理的基礎，更爲重要的環節還在於能夠對食品原料的品質優劣進行檢驗和鑑別，如什麼樣的肉是注水肉，什麼樣的魚、蝦是新鮮的等等。如果購買食品原料時不懂品質檢驗，分辨不出原料品質的好壞，那麼，即使制定了原料品質標準，有些原料也仍然無法確保所購進的一定是符合標準要求的。因此，無論食品原料的採購人員、驗收人員、保管人員和廚師，都必須掌握對食品原料品質鑑別的技術，並要不斷積累經驗，使鑑別水準不斷提高。

食品原料品質檢驗的方法很多，但主要可分爲兩種方式，即理化檢驗和感官檢驗。

理化檢驗

理化檢驗包括物理檢驗和化學檢驗兩個方面：

物理檢驗法：物理檢驗法是運用一些現代化的物理器械，對食品原料的一些物理性質進行檢驗鑑定。例如用比重計測定食品原料的密度；用比色計測定液體食品原料的濃度；用旋光計測定食品原料的含糖量；用顯微鏡來測定食品原料的細微結構及纖維粗細、微粒直徑、雜質含量等。

物理檢驗法因爲靠物理器械操作，易於掌握，檢驗結果準確。

化學檢驗法：化學檢驗法是運用各種化學儀器和化學試劑對食品原料進行一系列的檢驗鑑別。例如用不同的化學試劑來測定食品原料的含水量、含氮量、含灰量、含糖量、含有澱粉、脂肪、維生素量及其酸鹼度等，是否含有對人體有害的毒素、菌類等，從而確定食品原料品質的優劣。

理化檢驗是採用各種化學試劑、儀器和器械來檢驗鑑定食品原料品質的方法。理化鑑定的方法是比較科學的手段，所得到的結果

比其他方法所得到的結果更為準確可信，而且可用一些具體的數值把品質的好壞程度表示出來。同時，理化檢驗能夠藉助儀器檢驗食品原料內部的變化，更深入地闡明原料的成分、性質、結構以及品質變化的原因，作出食品原料品質和新鮮度的科學結論。

感官檢驗法

感官檢驗法是業務人員在實際工作中最實用、最簡便而又有效的檢驗方法，是一種經驗檢驗的方法，它主要是藉助於人的眼、耳、鼻、舌、手等感官透過看、聽、嗅、嚐、觸摸等對食品原料進行檢驗鑑定。這種方法主要用於鑑定原料的外形結構、型態、色澤、氣味、滋味、硬度、彈性、重量、聲音以及包裝等方法的品質情況。

感官鑑別的檢驗方法主要有以下幾種：

視覺檢驗：就是用肉眼對食品原料的外部特徵進行檢驗，以確定其品質的好壞。品質良好的原料都有一定的型態，如果食品原料型態發生改變，在一定程度上能反應出品質的變化。透過了解型態、結構的變化程度，就能判斷它的新鮮程度。同時，食品原料品質的變化還可透過色澤的不同反映出來。如新鮮質佳的對蝦，外殼光亮、半透明、肉質呈淡青色，而陳舊質劣的對蝦，外殼混濁無光、色澤暗紅甚至變黑。

視覺檢驗的應用範圍較廣，凡是能直接用肉眼根據經驗分辨品質的，都可採用這種方法對原料進行檢驗鑑別。但由於原料的型態、顏色、結構變化較為複雜，因而其檢驗難度也較大，需要具有豐富的經驗才能準確地鑑定出食品原料的優劣。

嗅覺檢驗法：嗅覺檢驗法就是用鼻子鑑別原料的氣味，以確定食品原料品質的好壞。許多原料都有其特有的氣味，如各種新鮮的肉類，雖都是肉脂香味，但卻又各不相同；優質花椒、丁香等調料香味濃郁而純正。凡是不能保持其特有氣味或正常氣味淡薄，甚至

出現一些異味、怪味、不正常的酸味等，都說明食品原料的品質已發生某種程度的變化。

味覺檢驗法：味覺檢驗法就是用嘴、舌辨別食品原料的鹹、甜、苦、辣、酸、鮮等味道及食品原料的口感，以確定食品原料品質的好壞。例如，新鮮的柑橘柔嫩多汁，滋味酸甜適口；受凍柑橘則軟綿浮水，口味苦澀。所以透過對味道的檢驗就可以確定食品原料品質的優劣。但這種方法只適用於那些能直接入口的熟料或半成品、水果及部分蔬菜類，有一定的局限性。

聽覺檢驗法：聽覺檢驗法就是用耳朵聽聲音來鑑別食品原料品質的優劣。如西瓜可以用手拍擊，根據發出的聲音來判斷是否成熟；聽蘿蔔的聲音也可以判斷是否糠心；用手搖晃雞蛋，根據其微弱的震動感和聲音，就可以判斷其是否新鮮，從而確定食品原料品質的好壞。

觸覺檢驗法：觸覺檢驗法就是用手指接觸按摸食品原料，檢驗其重量、彈性、硬度、光滑性、黏度、柔韌性等來鑑別食品原料的好壞。例如新鮮的肉類富有彈性，用手指壓凹會很快復平，不黏；新鮮的蔬菜大多因含水量多而重量較重，而不新鮮的蔬菜因失水而變輕；乾貨原料大部分品質好的重量輕且適中，如果受潮發霉，重量就會增加等。

感官檢驗鑑別食品原料品質的方法，常用的有以上五種。這五種方法幾乎對所有的食品原料都適用，使用時往往不是單獨運用，有的食品原料為了能較準確地確定其品質的好壞，則需要幾種方法同時並用。如檢驗肉類，就是先用鼻子嗅其是否有邪臭味，然後看其形狀、顏色有無變化，還可以摸摸其質地如何，這樣結合多方面的經驗，就基本可以準確無誤地對肉的品質作出正確的結論。

二、食品原料採購的品質管理

如果飯店要提供品質始終如一的餐飲產品，就必須使用品質始終如一的食品原料。食品原料的品質是指食品原料是否適用，越適合於使用，品質就越高。

（一）制定食品原料採購規格標準

是否能夠給生產部門提供優質適用的各種原料，就有賴於採購人員的採購工作。實際上食品原料品質的好壞完全取決於採購過程對食品原料的把握程度。因此，採購員在食品原料採購中就必須有既定的採購規格標準，結合自己對食品原料品質檢驗的經驗，就能採購到優質適用的食品原料。

制定食品原料採購的品質規格標準，是保證餐飲實物成品品質最為有效的措施之一。食品原料採購規格標準是根據廚房的特殊需要，對所要採購的各種原料作出的詳細具體的規定要求，如原料產地、等級、性質、大小、個數、色澤、包裝要求、肥瘦比例、切割情況、冷凍狀態等。

當然，飯店不可能也沒有必要對所有的食品原料都制定採購規格標準，有些成品原料、加工性原料，如調味品、熟肉製品等，只規定其品牌、出產廠家、包裝規格就可以了，然後嚴格檢查保存期限。但對於占食品成本主要部分的肉類、魚類（包括所有的水產品）、禽類以及某些重要的蔬菜、水果、乳品類原料等都應制定採購規格標準，一方面是由於上述原料的品質對餐飲實物成品的品質影響有著決定性的作用，另一方面是因為這些原料的成本很客觀，因此在採購時必須嚴加控制。

制定食品原料採購規格標準，應審慎小心，要仔細分析菜單、

菜譜，要根據各種菜式製作的實際需要，也要考慮市場實際供應情況。一般要求廚師長、食品控制員和採購員一起研究決定，力求把規格標準訂得實用可行。規格標準的文字表達要科學、簡練、準確，避免使用模稜兩可的詞語如「一般」、「較好」等等，以免引起誤解。

現舉兩例採購規格標準內容：

1.牛腰肉品質標準：

　(1)帶骨切塊25cm寬。

　(2)符合商業部牛肉一級標準。

　(3)每塊重量五至六千克。

　(4)油層1cm至1.5cm。

　(5)中度脂肪條紋，肉色微深紅。

　(6)冷凍運輸交貨。

　(7)無不良氣味，無變質或溶凍跡象。

2.葡萄柚：

　(1)海南島產。

　(2)每個直徑9cm至10cm。

　(3)色澤淡黃。

　(4)圓形或橢圓形。

　(5)肉含十二至十四瓣果肉。

　(6)皮薄、質細、肉嫩。

　(7)酸甜適中，無明顯苦味。

　(8)表面無可見斑點或擠壓傷痕。

　(9)每箱三十六只裝。

制定食品原料採購規格標準是飯店食品原料採購工作中至關重要的一步，它有助於飯店確保採購的原料都符合品質標準，適合各

式菜餚製作的特殊需要。採購規格標準一經制定，應該一式多份，除分給送貨源單位使其按照飯店所需求的規格標準供應食品原料外，飯店內部一般應分送給餐飲部經理、採購部辦公室以及食品原料驗收人員，以作驗收食品原料時的對照憑據。

食品原料採購標準可以根據經營情況，隨時隨地進行重新制定或修正，因爲它不可固定不變。相反，飯店或餐飲企業應根據內部需要的變化和市場情況的改變，隨時檢查和修訂食品原料的採購標準。

總的來說，使用和確定食品原料採購規格標準可以有以下幾方面的優點：

1. 迫使餐飲管理者透過仔細思考和研究，預先確定廚房生產所需各種食品原料的具體要求，以防止採購人員盲目地或不恰當地採購。
2. 把食品原料採購規格標準分發給有關貨源單位，能使供貨單位掌握詳細的品質要求，避免可能產生的誤解和不必要的損失。
3. 使用食品原料採購規格標準，就不必要在每次訂貨時向供貨單位重複解釋食品原料的品質要求，從而可以節省時間，減少工作量。
4. 如果將一種食品原料的規格標準分發給幾個供貨單位，有利於引起供貨單位之間競爭，使企業有機會選擇最優價格。
5. 食品原料採購規格標準是食品原料驗收的重要依據之一，它對控制食品原料的品質有著極其重要的作用。

（二）使用食品原料採購規格書

採購人員在餐飲管理人員及廚房生產人員的共同努力下，將餐

飲經營所需的各種原料的品質規格標準一一制定完善之後，應該用
一定的形式表示出來。一般情況下，食品原料採購規格標準的部分
內容被廚師生產採用，編入標準菜譜，成為生產人員加工製作時選
料的依據。但採購部門則一般是把食品原料採購規格標準設計成採
購規格書的形式，把對各種食品原料的品質要求用文字、數字、圖
片等表示出來。

食品原料採購規格書的概念

　　食品原料採購規格書是以書面形式對餐飲要採購的食品原料等
規定詳盡的品質、規格等要求的企業採購書面標準。

食品原料採購規格書的格式

　　食品原料採購規格書的樣本格式如**表6-1**所示，所有採購規格
書都應包括以下內容：

1. 產品通用名稱或常用商業名稱。
2. 法律、法規確定的等級、公認的商業等級或當地通用的等級。
3. 商品報價單位或容器。
4. 基本容器的名稱和大小。
5. 容器中的單位數或單位大小。
6. 重量範圍。
7. 最小或最大切除量。
8. 加工類型和包裝。
9. 成熟程度。
10. 防止誤解所需的其他訊息。

食品原料採購規格書的作用

　　經過認真編寫的食品原料採購規格書在品質管理中具有以下作
用：

表6-1 食品原料採購規格書格式

制定規格書時間：　　　　　　　　　　　　　　年　　月　　日

1.原料名稱
2.原料用途 　　（說明原料的詳細用途，如橄欖供調製雞尾酒，烤煎漢堡、小餡餅、 三明治等用。）
3.原料的一般概述 　　（提供有關所需食品原料的一般品質資料。如「比目魚」：整條橢圓 形，長約為寬的二倍，魚肉硬而有彈性，魚肉呈白色，色澤明亮而清晰， 魚鰓應無黏液，色澤粉紅色，魚鱗緊貼魚身。）
4.詳細說明 　　（採購方應列明其他有助於識別合格食品原料的因素） 　　各種原料應列明的因素包括： 　　產地　　　規格　　　　比重 　　品種　　　份額大小　　容器 　　類型　　　商品名稱　　淨料度 　　式樣　　　稠密度　　　…… 　　等級　　　包裝物
5.原料檢驗程序 　　（驗收時與生產時需要進行品質檢驗。例如收貨時對應該冷藏保管的 原料可用溫度計測出。容量是二十四棵生菜的箱子可透過點數檢驗，已加 工成塊的肉可透過過秤稱重量檢驗等。）
6.特別要求 　　（列出明確標明品質要求所需的其他訊息。例如，標記和包裝要求、 交貨和服務要求等。）
7.原料彩色圖片 　　（有條件的話，儘可能配上彩色圖片，使對食品原料品質的整體要一 目了然，直觀可作比較。）
8.備註

1.促使餐飲管理人員事先確定每一種食品原料的品質要求。

2.有助於為食品生產提供適用的原料。

3.可防止採購人員與供貨單位之間由於理解不同產生的誤解。

4.向各供應單位發送食品原料採購規格書，可便於供貨單位投標。

5.每次訂貨時，採購員就不必口頭說明對食品原料的品質要求。

6.有助於做好食品原料驗收工作。

7.有助於做好領料工作。

8.可防止採購人員與食品原料使用部門之間產生矛盾。

9.有助於成本控制人員的工作。

10.有助於保證購入的各種食品原料品質都符合生產的要求。

編寫和使用採購規格書的原則

第一，在實際工作中，必須使用採購規格。食品原料採購規格是餐飲管理部門對採購工作的指導，任何人都不可隨意改變採購規格。經營管理人員、生產加工人員不僅應積極參加編寫工作，而且應加強控制，保證在實際工作和生產中使用那些經過審批的採購規格。

第二，採購規格必須遵照現行標準。飯店、餐飲業所編寫的一整套食品原料採購規格必須遵照政府部門頒布的標準，而不能任意要求供貨單位改變現行標準。

第三，採購規格必須根據測試結果編寫。餐飲單位應成立專門的編寫小組，對所需的食品原料品質標準進行測試，並在可能的條件下把試製的食品成品讓客人品嚐鑑定，食品原料採購規格應根據測試結果編寫。

精確是測試工作應遵循的一條基本原則。要正確作出自製或購買決策，專業小組應進行屠宰測試或烹調損失測試，並研究：

1.預先加工、切配的食品原料的品質是否符合產品生產的要求，顧客是否會購買食用這些原料製作的菜餚食品？

2.購買預先加工、切配的食品原料，人工成本是否會降低？

3.購買預先加工、切配的食品原料，食品和成本是否能得到有效控制？

4.是否為預先加工、切配的食品原料製作的菜餚食品制定了營銷計畫？

第四，採購規格必須簡明。食品原料採購規格必須包括必要的訊息，但詳細說明的文字應儘可能少。

第五，供貨單位沒有修改權。飯店應為供貨單位提供一套採購規格書，以這種書面形式通知供貨單位按照採購規格供應食品原料，供貨單位沒有權力對採購規格更改或變通，只有企業根據經營或生產的需要才能進行修改。

採購規格書的編寫

1.編寫時應考慮的因素。如餐飲企業的類型、規模、等級、經營特色；設備設施情況；食品原料的市場環境情況；菜單設計；採購原料的種類與用量等。

2.成立專門的測試品質小組。

3.根據測試結果與具體菜餚品質的需求，編寫食品原料採購規格。

三、食品原料加工的品質管理

食品原料加工是餐飲實物產品品質管理的關鍵環節。對食品菜餚的色、香、味、形起著決定性的作用。因此，飯店、餐飲企業在做好食品原料採購品質管理的同時，必須對原料的加工品質進行控制。

絕大多數食品原料必須經過粗加工和細加工以後，才能用於食

品的烹製過程。食品原料的加工包括粗加工和細加工兩個階段。

　　所謂粗加工，就是對食品原料進行的初步加工整理，如生鮮原料的宰殺、沖洗、切割、整理；乾貨原料的漲發、漂洗；蔬菜的分揀、去皮、洗滌；冷凍原料的解凍等。而細加工則是在粗加工的基礎上，根據烹調的具體要求，將食品原料加工成適合於烹製的材料形狀，如片、條、塊、絲、丁、末、茸、泥等。食品原料的粗加工和細加工的品質優劣直接對餐飲實物成品產生重要影響。

（一）食品原料加工品質的原則

　　從食品原料品質管理的角度出發，食品原料加工過程中應掌握以下幾個原則：

保證原料的清潔衛生

　　大多數原料不僅帶有不能食用的部分，而且往往沾有污物雜質，因此，粗加工過程中必須認真仔細地對原料進行挑揀、刮削等處理，並沖洗乾淨，使其符合衛生要求。否則，不僅會影響菜餚成品品質，而且還可能損害食者身體健康。

保持原料的營養成分

　　粗加工方法是否得當對能否保持原料的營養成分至關重要。為了保持原料的新鮮度，減少營養成分的損失，食品原料加工過程中應盡量縮短生鮮原料的存放時間，以免因存放過久致使營養損失甚至變質。蔬菜在加工時應先洗後切，如果先切後洗，就會造成維生素等水溶性營養成分的流失。

按照菜式要求加工

　　在對食品原料作粗加工處理時，應根據各類菜式烹製要求合理使用原料。什麼原料用於哪些菜式，什麼部位適合烹製何種菜餚等，必須妥善安排，科學合理地使用原料。同時，要按照各個菜餚的烹調要求運用不同的刀法，注意保持原料形狀的完整，不能影響

菜餚成品的外觀。如剔取雞肉、魚肉等時，應刀工熟練、運用得當，不僅要達到骨肉分離，而且要保持各部位的完整。原料細加工時也應根據各種菜式的不同要求進行切割加工，該薄的必須薄，該厚的必須厚，粗細、厚薄、大小、長短等加工必須整齊均勻，不論是片、丁、條、絲、塊、粒、米及各式花形，其形狀必須保持一致。

（二）冷凍原料的加工品質要求

現在餐飲企業運用的冷凍食品原料已成為大宗，但由於有的酒店對冷凍食品原料的解凍環節不夠重視，其食品解凍過程的品質管理不得力，而造成了食品原料品質的大大下降，從而影響了餐飲成品的品質。

冷凍原料加工前必須經過解凍處理，而要使解凍後的原料恢復新鮮、軟嫩的狀態，儘量減少汁液流失，保持風味和營養，解凍時有以下具體品質要求：

解凍的溫度環境要儘量低

用於解凍的空氣、水等媒質，其溫度要儘量接近冷凍原料的溫度，使其緩慢解凍。這樣就要求加工人員工作時作好計畫，根據烹製加工的需要，將解凍原料適時提前從冷凍庫領至冷藏庫進行部分升溫解凍，為進一步快速解凍提供了方便，也節省了能源。如果將解凍原料置於空氣或水中，也要力求將空氣、水的溫度降低到10℃以下（最好用碎冰或冰水），切不可操之過急，將冷凍食品原料放入熱水中化解冰凍，造成原料外部未經燒煮已經半熟，而內部仍凍結如冰，食品原料的內外部其營養成分、質地、感官指標都受到某種程度的破壞。

解凍原料以不使用媒質為佳

冷凍保存食品原料，主要是抑制其內部微生物活動，以保證其

品質。解凍時，微生物隨著原料溫度的回升而漸漸開始活動，加之解凍需要一定的時間，解凍原料無論是暴露在空氣中，還是在水中浸泡，都易造成食品原料氧化，或被微生物侵襲和營養流失。因此，若用水解凍時，最好用無毒塑料保鮮膜包裹解凍原料，然後再進行水浸泡或水沖解凍。

儘量減小內、外部解凍的時間差

食品原料的解凍時間越長，受污染的機會和原料汁液流失的數量就越多。因此，在解凍時，可採用勤換解凍媒質的方法（如經常更換碎冰或涼水等），以縮短解凍食品原料內部與外部溶化的時間差。

儘量在半解凍狀態下進行烹製

有些需用切片機進行切割的食品原料，如切涮羊肉片、切燉獅子頭的肉粒，原料解凍到半途，即可用以切割，這樣可縮短與空氣的接觸時間，減少營養流失的機會。

（三）生鮮原料加工的品質要求

各種生鮮原料在食品加工中占有主要地位，不僅用量大，而且品種多。這些食品原料烹製前，必須進行加工處理。加工處理的品質管理就成為重要的餐飲品質管理環節。常見生鮮原料加工的品質要求如下：

1. 蔬菜類加工的品質要求：
   (1)加工過的蔬菜無老葉、老根、老皮及筋絡等不能食用的部分。
   (2)按規格要求修削整齊，保持完好型態。
   (3)洗滌乾淨，濾乾水分，無泥沙、蟲卵等污物雜質。
   (4)合理放置，防止污染。

2.水產品加工的品質要求：

  (1)魚類：

      ‧除盡污穢雜物，去鱗則去盡，留鱗則要完整無損。

      ‧放盡血液，除去鰓部及內臟雜物，淡水魚的魚膽不要弄破。

      ‧根據品種和加工用途加工，洗淨瀝乾水分。

      ‧一定要現加工現用，不宜久放。

  (2)蝦類：

      ‧去盡鬚殼，留殼則要保持完整，除淨泥腸、腦中沙污等。

      ‧洗淨瀝乾水分。

  (3)河蟹：

      ‧整隻用蟹洗刷乾淨，並捆紮整齊。

      ‧剔取蟹肉，肉、殼分清，殼中不帶肉，肉中無碎殼，蟹肉與蟹黃分別放置。

  (4)海蟹：

      ‧去淨爪尖及不能食用部分。

      ‧洗淨瀝乾水分。

3.肉類加工的品質要求：

  (1)區別烹調不同要求，選擇用肉部位。

  (2)除盡污穢、雜毛和筋腱。

  (3)加工後的半成品冷藏時間不得超過二十四小時。

4.禽類加工的品質要求：

  (1)殺口適當，放盡血液。

  (2)煺盡禽毛，剔淨毛根。

  (3)取出內臟，去除雜物，物盡其用。

  (4)洗滌乾淨，刀工成型整齊，合乎烹調的規格要求。

5.水產活養原料的品質要求：

(1)原料鮮活無病死。

(2)水質清澈無雜質。

(3)溫度適宜，通風供氧及時，光線適當。

6.乾貨原料漲發的品質要求：

(1)根據不同乾貨原料的性質和烹製要求，採用不同的漲發加工方法，以能最大限度地恢復鮮嫩程度為準。

(2)儘量運用物理漲發方法，不使用有害的化學膨鬆劑、軟化劑及酸、鹼等。

(3)漲發後洗淨，去淨雜質。

(4)對發好的原料按規格分類。

（四）加工出淨料的品質要求

加工的食品原料中，能出多少可以使用的淨料，平時用淨料率表示。當然，淨料本身的品質也必須保證，如型態完整、保持衛生等。

自然，食品原料的出淨率越高，原料的利用率就越高，反之，就越低，菜餚單位成本就會加大。出淨率的標準可按有關政府部門制定的標準執行，也可由飯店自己根據具體情況測試，然後確定標準。

除了出淨率，對淨料的品質也要嚴加控制。如果淨料出的比率很高，但淨料形不完整，破碎不能使用，也降低了利用率。比如，烹製菜餚需要整扇的魚肉，結果剔出的魚肉扇肉薄形不整，就不符合烹調的要求。

影響淨料率及淨料品質的原因主要有兩個方面（這裡不包括原料本身、設備等因素），一是廚師的加工技術，加工技術不高、不精、不熟練，就會影響淨料率及其品質；另一個是廚師的勞動態

度，敬業精神不夠，工作敷衍了事，馬馬虎虎，就會造成加工中的失誤。因此，爲了保證加工原料的出淨率高和淨料品質，就必須強化指標，嚴格檢查，加強教育，對食品原料的加工品質嚴加控制。

四、食品原料配份的品質管理

食品原料配份，也叫餐飲產品配份，也叫配菜，是指按照標準菜譜的規定要求，將製作某菜餚需要的原料種類、數量、規格選配成標準的分量，使之成爲一完整菜餚的過程，爲烹飪製作做好準備。

配份階段是決定每份菜餚的用料及其相應成本的關鍵，因此，配份階段的控制，是保證菜餚出品品質的關鍵一環。

菜餚配份，首先要保證同樣的菜名，原料的配份必須相同。例如，在一家當地很有些聲譽的酒店就發生過這樣的事：一位客人兩天前在該店就餐，點用的「三鮮湯」，其配料爲雞片、火腿片、冬筍片，用料講究，口味鮮美，而兩天後再次點「三鮮湯」時，其配料則換成了青菜、豆腐、雞蛋皮，色彩悅目，口味也不錯。但前後兩個同樣名字的菜餚的價格是有很大差別的。從烹調技術而言，都是不錯的菜餚。但客人對此卻不理解，究竟該酒店的「三鮮湯」有幾種配法，有幾種價格，令客人不高興。從廚房生產而言，同名同法製作，而用料殊異，品質難以保證始終如一的高水準。可見，配份不定，不僅影響菜餚的品質穩定，而且還影響到餐飲的社會效益和經濟效益。因此，配菜必須嚴格按「標準菜譜」進行，統一用料規格標準，並且管理人員應加強崗位監督和檢查，使菜餚的配份品質得到有效的控制。

配菜的品質，還包括其工作中的程序，要嚴格防止和杜絕配錯菜（配錯餐台）、重複配菜和配漏菜。控制和防止上述現象發生，

就必須制定品質標準和配菜工作程序。

（一）配份料頭的品質要求

料頭，也叫小料，即配菜所用的蔥、薑、蒜等小料。這些小料雖然用量不大，但在配菜的烹調之間，在約定俗成的前提下，起著無聲的訊息傳遞作用，可以避免差錯的發生，在用餐高峰期尤其重要。如紅燒魚、乾燒魚、炒魚片，分別用蔥段、蔥花、馬蹄蔥片和薑片、薑米和小薑花片，即可加以區別，它不需口頭交待，一目瞭然，很是方便。配菜料頭的品質要求：

1.大小一致，形狀整齊美觀，符合規格要求。
2.乾淨衛生，無雜物。
3.各料分別存放，注意保鮮。
4.數量適當，品種齊備，滿足開餐需要。

（二）配份工作品質要求

1.乾貨原料漲發方法正確，漲發成品疏鬆軟綿，清潔無異味，達到規定漲發標準。
2.配份品種數量符合規格要求，主、配料分別放置，不能混雜一起。
3.接受零點訂單五分鐘內配出菜餚，宴會訂單菜餚提前二十分鐘配齊。
4.配菜時應注意清潔衛生，乾淨俐落。

（三）配菜出菜工作品質要求

1.案板切配人員，隨時負責接受和核對各類出菜訂單。接受餐廳的點菜訂單須蓋有收銀員的印記，並夾有該桌桌號與菜餚

數量相符的木夾（或其他標記方式）。宴會和團體餐單必須是宴會預訂或廚師開出的正式菜單。

2. 配菜崗位人員憑單按規格及時配製，並按接單的先後順序依次配製，緊急情況、特殊菜餚可給予先配菜處理，保證及時送達灶台。

3. 負責排菜的人員，排菜必須準確及時，前後有序，菜餚與餐具相符，成菜及時送至備餐間，提醒跑菜員取走。

4. 點菜從接受訂單到第一道熱菜出品不得超過十分鐘，冷菜不得超過五分鐘，以免因出菜太慢延誤客人就餐。

5. 所有出品訂單、菜單必須妥善保存，餐畢及時交廚師長備查。

6. 爐灶烹調人員若對所配菜餚規格品質有疑問時，要及時向案板配菜人員提出，妥善處理。烹調菜餚先後次序及速度應服從安排。

7. 廚師有權對出菜的手續、菜餚品質進行檢查，如有品質不符，或手續不全的菜品，有權退回並追究責任。

8. 配菜人員要保持案板整潔衛生。

五、食品烹調過程的品質管理

烹調是餐飲實物產品生產的最後一個階段，是確定菜餚色澤、口味、型態、質地的關鍵環節。它直接關係著餐飲產品實物品質的最後形成、生產節奏的快慢程度、出菜過程的井然有序等。因此，是餐飲品質管理不可忽視的階段。

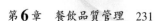

（一）食品烹調品質管理的原則

制定和使用標準菜譜

　　這裡只從品質管理的角度來談標準菜譜。首先，標準菜譜規定了烹製菜餚所需的主料、配料、調味品及其用量，因而能限制廚師烹製菜餚時在投料量方面的隨意性；同時，標準菜譜還規定了菜餚的烹調方法、操作步驟及裝盤式樣，對廚師的整個操作過程也能起到制約作用。因此，標準菜譜實際上是一種品質標準，是餐飲實物成品品質管理的有效工具。廚師只要按標準菜譜規定操作，就能保證菜餚成品在色、香、味、形等方面品質的一致性。

嚴格烹調品質檢查

　　與任何操作規程、品質標準一樣，要使標準菜譜充分發揮作用，還必須建立菜餚品質檢查制度，做好工序檢查、成品檢查和全員檢查三個環節。

　　工序檢查指食品加工過程中每一道工序的廚師必須對上一道工序的食品加工品質進行檢查，如果發現不合格，應予退回，以免影響成品品質。

　　成品檢查指菜餚送出廚房前必須經過廚師長或專門菜品品質檢查員的檢查。成品檢查是對廚房加工、烹調品質的把關驗收，因而必須嚴格認真，不可馬虎遷就。

　　全員檢查指除上述兩方面檢查外，餐廳服務員也應參與食品成品品質的檢查。要做好全員檢查，就必須向員工灌輸廚房為餐廳服務、廚房生產服從餐廳服務的觀念，改變餐飲服務以廚房為中心、廚師說了算的傳統做法。因為餐廳服務員直接跟就餐顧客打交道，更了解顧客對食品菜餚品質的意見反應，因而他們對菜餚品質的檢查往往更有針對性。如國外有的飯店，在廚房的出菜處貼有警示性的告示：如果你對手中食品菜餚的品質不滿意，請不要端出廚房，

以提醒服務員把好品質檢查關。

加強培訓和基本功訓練

　　菜餚製作烹調是一種技術性、藝術性極強的專業工作，而且由於烹調是以手工操作為主，機械化程度較低，菜餚品質的高低幾乎完全決定於廚師、員工的責任感、經驗及其烹調知識和技術水準。因此，除了在日常工作中教育、督促員工必須遵守操作規程，按照標準菜譜進行加工烹調，並嚴格品質檢查以外，還應當開展經常性的技術培訓和基本功訓練。事實上，不論從長遠或是近期效果出發，培訓和教育是所有餐飲企業維持並不斷提高餐飲產品品質的唯一有效方法。

（二）食品烹調品質管理的內容

　　食品烹調階段品質管理的主要內容包括廚師的操作規範、烹製數量、成品效果、出品速度、成菜溫度，以及對失手菜餚的處理等幾個方面。

　　首先應要求廚師服從打荷排菜安排，按正常出菜次序和客人要求的出菜速度烹製出品。

　　在烹調過程中，要督導廚師按標準菜譜規定的操作程序進行烹製，按規定的調料比例投放調味料，不可隨心所欲，任意發揮。

　　其次，儘管在烹製某個菜餚時，不同的廚師有不同的做法，或各有「絕招」，但要保證整個廚房出品的菜餚品質的一致性，只能統一按標準菜譜執行。例如，有的菜餚進行初步熟處理時，有的廚師喜歡划油，有的則慣用焯水，儘管菜餚成品都能達到嫩滑的效果，可入口質感是不一樣的，必須統一操作規程。

　　另外，控制爐灶一次菜餚的烹製量也是保證出品品質的有效措施。堅持菜餚少量勤烹，既能做到每席菜餚出品及時，又可減少因炒熟分配不均而產生誤會和麻煩，因為有的顧客是特別細心的。有

一個酒店的廚師有一次將兩份蔥薑炒蟹一起烹製，上桌後其中一桌的顧客就為蟹子少一螯而投訴。因此，用餐期間，加強對爐灶的現場控制管理，是全方位的。

（三）食品烹調工序的品質要求

食品烹調階段主要包括打荷、爐灶烹製以及與之相關的打荷盤飾用品的製作、大型活動的餐具準備和菜餚退回廚房的處理等工序。

1.打荷工作品質要求：

(1)台面保持清潔，調味料品種齊全量足，擺放有序，各有標籤。

(2)湯料洗淨，吊湯用火恰當。

(3)餐具種類齊全，盤飾花卉數量充裕。

(4)分派菜餚予爐灶烹調適當，一只菜餚在四至五分鐘內烹調出齊。

(5)符合出菜順序，出菜速度適當。

(6)餐具與菜餚相配，菜餚點綴美觀大方。

(7)盤飾速度快捷，形象完整。

(8)剩餘用品收藏及時，保持台面乾爽。

2.盤飾用品品質要求：

(1)盤飾用品必須清潔衛生。

(2)盤飾用品必須加工精細，富有美感。

(3)盤飾花卉至少有五個以上品種，數量充足。

(4)每餐開餐前三十分鐘備齊。

3.爐灶烹製工序品質要求：

(1)調料罐放置位置正確，固體調料顆粒分明，無受潮結塊

現象，液體調料清潔無油污，添加數量適當。

(2)烹調用湯，清湯清澈見底，奶湯濃稠乳白色。

(3)焯水蔬菜色澤鮮艷，質地脆嫩，無苦澀味，焯水葷料去盡腥味、異味和血污。

(4)製糊投料比例準確，稀稠適當，糊中無顆粒及異物。

(5)調味用料準確，投放順序合乎規定標準，口味、色澤符合規格要求。

(6)菜餚烹調及時迅速，裝盤美觀。

(7)準確掌握加熱的溫度和時間，保證火候要求。

4.口味失當菜餚退回廚房處理要求：

(1)餐廳退回廚房口味失當菜餚，及時向廚師長會報，由廚師長複查鑑定。

(2)確認係烹調失當，口味欠佳餚品，交打荷即刻安排爐灶調整口味，重新烹製。

(3)無法重新烹製、調整口味或破壞出品形象太大的菜餚，由廚師長交配菜人員重新安排原料切配，並交給打荷人員。

(4)打荷接到已配好或已安排重新烹製的菜餚，及時迅速安排灶上廚師烹製。

(5)烹調成熟後，按規格裝飾點綴，經廚師長檢查認可，迅速遞與備餐劃單人員上菜。

(6)餐後分析原因，採取相應措施，避免類似情況再次發生，處理情況及結果記入廚房菜點處理記錄表，見**表**6-2。

5.冷菜、點心加工品質要求：

(1)冷菜、點心造型美觀，盛器正確，分量、個數準確。

(2)色彩悅目、裝盤整齊，口味符合特點要求。

表6-2　廚房菜點退回處理記錄表

日期	餐別	菜點名稱	直接責任人	顧客意見	責任員工	廚師長	備註

(3)零點冷菜接單後五分鐘內出品，宴會冷菜在開餐前二十分鐘備齊。

(4)零點點心接單後十五分鐘內可以出品，宴用點心在開餐前備齊，開餐即聽候出品。

第三節　餐飲環境品質管理

　　餐飲服務環境是指就餐者在餐廳等消費場所用餐，所處周邊的境況。從專業角度看，這些境況大致包括：餐廳的面積、空間、檔次、風格、光線與色調、溫度、濕度、聲音等諸多方面。就餐者到餐廳就餐，在消費餐廳提供的美味佳餚和優良服務的同時，還從周圍的環境獲得相應的感受。因此，向就餐顧客提供一個舒適、美好的就餐環境就是必不可少的。

一、顧客對餐飲環境的要求

　　餐廳裝飾布置的目的是為了向顧客提供品嚐美味佳餚的理想環境，而要使裝飾布置取得滿意結果，餐飲經營者首先應該了解顧客

進餐活動中的生理和心理要求。

(一) 舒適美觀，大方別致

　　提供顧客品嚐美味佳餚的理想環境，是多方面的，但就一般情況而言，顧客進餐活動中的生理和心理需求的綜合標準，就是就餐環境要設計布置得舒適美觀，大方別致，具有較高的審美藝術格調。

　　顧客在餐廳進餐，一方面是為了補充食物營養以供生命活動與勞動活動的需要，另一方面也是為鬆弛神經，消除疲勞，調節情緒。這就要求餐廳環境的裝飾布置能給客人舒適愜意的心理感受，以有助於振人精神，恢復體力，增進食欲。因此，餐桌和餐具、坐具的造型、結構、高度等必須符合人體功學，不能使客人因桌、椅不適或餐具使用不方便而增加疲勞感，而應該讓客人感到自然、舒適。餐廳的色彩、溫度、照明和裝飾力求創造安靜輕鬆、舒暢愉快的環境效果。餐具、桌、椅等設施布局要美觀、大方，給人優雅別致之感。

(二) 品味高雅，富有情調

　　與此同時，顧客在進餐廳進餐時，往往還有滿足嗜好、追求文化品味和情趣的需求，而設計雅致、風格各異、情調明朗的環境有助於顧客這方面的需求得到充分滿足。但其總的要求是品味高雅、富有情調。例如，有的餐廳提供仿膳菜、宮廷御宴，其餐廳裝飾就金碧輝煌、莊嚴高雅，頗有皇宮富麗堂皇、高貴尊嚴、至高無上的感覺；有的餐廳則藉大自然的湖光山色融為一體，給人一種自然和諧、置身於寧靜的大自然懷抱之感；有的茅屋農舍、餐廳內掛滿了某一地區特色的農具與飾品，營造一種鄉土氣息濃郁的農家田園風格，令人耳目一新等等。最近幾年來，隨著飲食消費個性化時代的

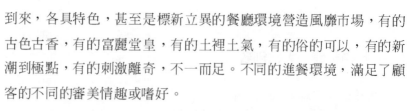

到來，各具特色，甚至是標新立異的餐廳環境營造風靡市場，有的古色古香，有的富麗堂皇，有的土裡土氣，有的俗的可以，有的新潮到極點，有的刺激離奇，不一而足。不同的進餐環境，滿足了顧客的不同的審美情趣或嗜好。

追求舒適美觀、大方別致、品味高雅、富有情趣，只是顧客進餐時對環境的基本需求和普遍的心理表現。實際上，在不同性質、不同內容、不同場合的餐飲活動中，進餐顧客往往還能產生許多特定的心理需求。例如，歡慶喜宴要迎合顧客喜氣洋洋的心理狀態，因而必須營造一個熱烈興奮、流光溢彩、輝煌華貴的環境氛圍；親朋好友聚餐要求溫馨安逸、恬靜舒暢；隨意小酌則要求輕鬆暢快、無拘無束等。

進餐顧客的心理要求決定了對於不同內容、不同時間、不同性質、不同場合的餐飲活動，其環境的裝飾布置應採用不同的形式和方法以創造不同的效果。現代餐飲業中不同類型的餐廳採取不同風格的裝飾美化，正是遵循了這一原則。而在同一大型餐廳中，也可以用不同的裝飾、燈光、色彩、背景等手段來豐富餐飲環境，以滿足不同顧客的心理需求。

二、影響餐飲環境布局與裝飾的因素

要想使餐飲環境布局與裝飾的品質達到一定的水準，而贏得顧客進餐時的滿意，除了要了解顧客對餐飲環境的要求，還應充分了解影響餐飲環境布局與裝飾的因素有哪些，以便針對這些因素，作出相應的計畫措施。

（一）餐飲經營的市場定位

每一個餐廳，就其經營方向而言，都有自己設計的顧客群。不

同的客人對就餐環境的要求是不一樣的。餐廳首先應該了解並確定自己的顧客，根據他們的要求，確定餐飲環境的基調和主題。

（二）營業場所的建築結構

不同的飯店、不同的餐廳在建築結構方面有各種形狀，風格不一，布局與裝飾必須因地制宜，服務設施的安排、布局，服務線路的設計等都要考慮到與現有的建築結構風格相協調，給人自然和諧之感。

（三）餐飲經營所提供的服務類型

不同的餐飲服務方式，對環境布局、安排、裝飾的要求是不一樣的。例如：不同的餐式，中餐與西餐，它們無論對裝飾、氣氛，還是對家具、餐具都有不同的要求。再如，不同的服務方式，美式服務、法式服務，還是俄式服務等，其餐廳的環境布局和餐具的選擇都是有很大區別的。

（四）餐飲經營的檔次和規格

雖然餐廳的檔次和規格是由很多因素決定的，但經營者在心目中必定有自己在市場上的位置，應謹慎地選擇目標市場，如從消費水準看，是吸引一般消費者，還是中等收入水準的消費者，或是高消費者。有了這樣的明確目標，將有利於投資決策，也就從某種程度上決定了餐飲環境裝飾的檔次與規格。

（五）餐飲經營所處的地點與位置

不同類型的餐飲經營對地理位置的選擇是不一樣的，因而其環境的布局與裝飾也就不盡相同。例如西式餐廳，一般用自然採光，在布局上要求簡潔、明快、色彩活潑、餐具簡單實用和輕巧的家

具。

（六）餐飲企業的資金能力

餐飲企業的資金能力，是決定餐飲經營環境布局、設備選擇、裝飾水準的主要因素之一。資金寬裕，則可儘可能使各方面的水準，如家具、餐具的檔次高一些，若資金能力不強，則會束縛餐廳環境的裝飾、布局，使餐廳應有的能力受到制約，而無法全部發揮出來。

以上的幾方面因素，都對餐飲環境的布局、裝飾產生不同程度的影響，但其中資金能力的大小、經營場所的建築結構與餐飲經營的市場定位等三項因素最為重要，當然，它的基礎是建立在顧客需求之上的。餐飲經營者、餐飲管理人員應根據具體情況，分清主次，把好餐飲環境的品質關。

三、餐飲環境的布局和裝飾

餐廳環境的設計、布局與裝飾，應有利於餐飲產品品質的提高，因為餐廳環境品質本身就是餐飲產品品質的一部分。餐飲行業的激烈競爭，要求經營者在環境布局上能產生在同行業的競爭下保持不敗的作用。餐飲環境的設計、布局，要對營業方式、經營格調、空間規劃、設備配置、照明及色調變化以適應顧客心理為基準，既要面面俱到，又要樹立與其他餐廳不同的獨特風格。

餐飲環境的布局與裝飾，要能使就餐者回味無窮，留下深刻的印象。所以，理想的餐飲環境，應具有下面的作用：

1.吸引力強：能吸引並招徠顧客到餐廳就餐。
2.風格獨特：能給就餐顧客留下深刻難忘的印象。

3.特色鮮明：能體現餐廳經營產品的特色。

4.富有誘惑力：能吸引顧客在餐廳多消費。

無論採用哪一種經營形式，環境布局都應具有這些效果和作用，必須提高對顧客的吸引力，使其產生好感與信任感。在設備配置上，講究實用性；在格調上，力求美觀脫俗，表現個性與特色。最佳的環境創意效果，應該做到「只此一家，別無分號」。

在具體的環境設計、布局、裝飾中，應著重考慮好以下幾個方面：

(一) 餐廳空間處理

餐飲環境空間處理是根據各類餐廳的規格、功能特點及其具體位置條件，運用各種對立統一的處理手段，對餐飲環境進行空間布局。

出色的空間布局是科學性與藝術性的有機結合，一方面利用現代科學技術，使室內溫度、濕度、光線、色彩、空間比例適合實際需要，使人感到優雅舒適。另一方面充分利用室外景觀及各種家具設備，進行恰到好處的組合處理。

所謂組合處理，是指根據具體餐廳空間的大小和特點，恰當地按內在比例關係進行空間布局處理。這種比例關係具體表現在：

一度空間的「點」；

二度空間的「線」；

三度空間的「面」；

四度空間的「立體效應」。

由點、線、面、立體感綜合而給人以美感，產生安靜舒適、美觀雅致、柔和協調的藝術效果與藝術享受。

就藝術手段而言，圍與透結合、虛與實結合是環境布局常用的

方法。圍指封閉緊湊，透指空曠開闊。餐飲空間如果有圍無透，會令人感到壓抑沉悶，但若有透無圍，又會使人覺得空虛散漫。牆壁、天花板、隔間、屏風等能產生圍的效果；開窗借景、風景壁畫、布景箱、山水盆景等能產生透的感覺。宴會廳及多功能廳，如果同時舉行多場宴會，則勢必需要使用隔間或屏風，以免互相干擾。小宴會廳、小型餐廳則大多需要用窗外景色，或懸掛壁畫、放置盆景等以造成擴大空間的效果。

餐飲環境的空間處理還必須注意分清主次，突出主題。

首先，在處理人與物的關係時，應揚人抑物。在餐廳中，顧客是最主要的，一切裝飾布置都是為顧客餐飲活動服務的，應有助於使顧客心情舒暢和對餐飲食品的品嚐效果。因而，裝飾布局、燈光色彩的運用應圍繞顧客進餐這一主題。如果裝飾過於繁雜花俏，色彩、燈光眼花撩亂，客人的注意力就會分散，這會使食品的吸引力大大降低。

其次，在處理人與人及物與物的關係時，要注意揚主而抑次。例如，大型宴會的布置要突出主桌，主桌要突出主席位。正面牆壁裝飾為主，對面牆次之，側面牆再次之。餐廳照明應強於過道走廊照明，而餐廳其他的照明則不能強於餐桌照明等。

（二）家具餐具

餐廳的家具陳設品質直接影響餐廳室內空間環境的藝術效果，對於餐飲服務的品質水準也有舉足輕重的影響。

餐廳的家具一般包括餐桌、餐椅、服務台、餐具櫃、屏風、花架等。餐廳家具必須根據餐廳類型、規格、餐飲內容特點設計配套，以使其與餐廳其他裝飾布置相映成趣，形成統一和諧的風格。

家具的設計或選擇應考慮其類型與尺寸。家具的類型應根據餐廳的性質而定。以餐桌而言，中餐廳常以圓桌或方桌為主，咖啡廳

以小方桌為主，速食餐廳方桌、圍座桌搭配。家具的款式則應以每一餐廳的裝飾主題為依據，即不論是古典式，還是現代派，無論是民族式，還是西洋式，都必須與餐廳的整體格調相統一。

餐廳餐桌的形狀和尺寸必須能滿足各種不同的使用要求，要便於拼接成其他形狀為特殊的餐飲環境服務。

餐廳家具的選擇還應考慮其耐久性和適用性。不僅要求家具堅固耐用，而且必須有良好的防污、耐髒、抗磨、阻燃性能，同時要考慮家具是否能自由移動和任意拼接，以及是否適合堆放、貯藏等。

餐廳家具的外觀與舒適感也同樣十分重要。外觀與類型一樣，必須與餐廳的裝飾風格相統一。不同的餐廳家具應有不同的風格與外貌，或端莊穩重，或輕盈明決，應避免雷同或單調。家具的舒適感取決於家具的造型是否科學，尺寸比例是否符合人體構造特點。

餐廳的環境氣氛還受到餐桌擺台布置和餐具品質的影響。因此，餐具的選擇應符合以下要求：

第一，餐廳使用的餐具如台布、瓷器、銀器、刀叉、酒杯等，本身的品質規格必須符合餐廳的檔次和規格特色。

第二，所有餐具必須完好無損，潔淨光亮。中國古代有「美食不如美器」之說，當指餐具食具需精美雅麗，不破不損，清潔衛生。

第三，餐具使用應因菜制宜，使餐具與菜餚相輔相成，並相映成趣，既不可隨意湊合，也應避免千篇一律。

第四，餐具應發揮突出餐廳特色的作用，因而每個餐廳的餐具也應分別設計，避免所有餐廳都使用相同的餐具。

(三) 色彩與照明

餐廳環境裝飾離不開色彩和照明。良好的色彩應用和照明效果

能產生完美的室內空間氣氛，從而增進顧客的舒適感和愉悅感。

餐廳環境色彩處理

　　色彩對於人的情感有著極大的影響作用。不同的色彩給人不同的感受，它可以使人感到愉快、恬靜、興奮，也可以使人感到沮喪、恐懼、悲哀、冷漠。大致地說，常用色彩能產生如下的效果：

綠色：象徵著生命、青春和大自然，使人感到朝氣蓬勃、舒暢
　　　愉快。

黃色：使人感到莊重、高貴、尊嚴。

藍色：象徵藍天、大海，給人清新、寬廣的感覺。

紅色：使人聯想到血、火、喜慶、光榮，使人興奮、激動。

紫色：表示浪漫、華麗。

白色：表示純潔、善良、樸素、冷漠。

黑色：表示肅穆、悲哀。

　　餐飲環境色彩設計必須考慮色彩與顧客食欲的關係。心理學實驗證明，黃色燈光下的食物菜餚顯得十分鮮嫩可愛，使顧客食欲大振，但同樣的食物在藍色燈光下卻呈現出腐敗變質的樣子，令人生厭。由此可見，色彩處理是否得當對顧客的食欲有極大影響。一般說來，暖色調容易引起食欲，冷色調則會使食欲減退。

豪華餐廳：宜使用較暖或明亮的顏色，夜晚當燈光在五十燭光
　　　　　時，可使用暗紅或橙色，地毯使用紅色，可增加富
　　　　　麗堂皇的感覺。

正餐廳：可使用有「增進食欲」的色彩，如橙黃、水紅、青蓮
　　　　　等。

中餐廳：一般適宜使用暖色，以紅、黃爲主調，輔以其他色
　　　　　彩，豐富其變化，以創造溫暖熱情、歡樂喜慶的環境

　　氣氛，迎合進餐者熱烈興奮的心理要求。

西餐廳：可採用咖啡色、褐色、赭紅色之類，色暖而較深沉，
　　　　以創造古樸穩重、寧靜安逸的氣氛。也可採用乳白、
　　　　淺褐之類，使環境響亮明快，富有現代氣息。

速食餐廳：以明快為基調，因此以乳白、黃色等暖色調為宜，
　　　　給人一種清新、暢快舒適的感覺。

餐飲環境照明設計

　　由於不同類型的餐廳有不同的裝飾風格，因此餐廳照明與餐廳
室內環境的裝飾風格相協調，以創造優美和諧的進餐環境。

　　餐廳照明設計首先考慮光源形式，大致有三種光源，即自然陽
光、人工光源、自然光源與人工光源混合形式。餐廳採用何種形式
的光源，受餐廳檔次、風格、經營形式與建築結構的制約。

　　在中餐廳，為滿足中餐進餐的傳統心理要求，多採用人工光
源，以金黃和紅黃光為主，而且大多使用暴露光源，使之產生輕度
眩光，以進一步增加熱鬧的氣氛。燈具也以富有民族特色的造型見
長，一般以吊燈、宮燈配合使用，要與餐廳整體風格相吻合。

　　西餐廳的傳統氣氛特點是靜謐安逸、幽靜雅致。為了適合西方
人進餐時要求相對獨立及較隱蔽的環境的心理要求，西餐廳的照明
應適當偏暗、柔和，同時應使餐桌照度稍強於餐廳本身的照度，以
使餐廳空間在視覺上變小而產生親密感。

　　總之，餐廳在燈光設計時，應根據餐廳的風格、檔次、空間大
小、光源形式等，合理巧妙地配合，以產生優美溫馨的就餐環境
感，使顧客在進餐中真正感受到是一種藝術的享受和陶冶。

第四節 餐飲服務品質管理

一、餐飲服務品質管理的基礎

要進行有效的餐飲服務品質管理，必須首先具備以下幾個基本條件，或者說是先應做好這幾項基本工作。

（一）必須確立餐飲服務品質標準

餐飲服務品質的標準，就是服務過程的標準。服務規程即是餐飲服務所應達到的規格、程序和標準。為了提高和保證服務品質，餐飲管理者應把服務規程視作工作人員應該遵守的準則，視作內部服務工作品質的法規。

餐飲服務品質標準，必須根據就餐客人的實際需求來確定。一般而言，凡是到飯店進餐的顧客，不管他日常生活水準的高低，但在餐廳就餐，就一定是高水準，就是為了享受。因此，對餐飲服務品質要求就高。當然，不同的顧客也是有區別的。西餐廳的服務品質標準更應適應歐美顧客的生活習慣。另外，還要考慮到餐飲市場的需求、餐廳的等級風格、國內外先進水準等因素的影響，再結合具體服務項目的目的、內容和服務過程，來制定出適合本餐廳的服務品質標準、規格和程序。

餐廳的工作種類很多，各崗位的服務內容和操作要求各不相同。為了便於檢查和控制服務品質，餐廳必須對零點、團體餐、宴會以及咖啡廳、酒吧等整個服務過程制定出迎賓、帶位、點菜、上菜、酒水服務等全套的服務品質標準和服務程序。

制定服務品質標準時，首先確定服務的環節程序，再確定每個環節服務人員的動作、語言、姿態、時間要求、用具、手續、意外處理、臨時要求等。每套規程在首、尾處有和上套服務過程以及下套服務過程相聯繫、銜接的規定。

在制定服務品質標準時，不要照搬其他飯店或餐廳的服務內容，而應在廣泛吸收國內外先進品質管理經驗、接待方式的基礎上，緊密結合本餐廳大多數顧客的飲食習慣和本地的風味特點，推出全新的服務品質標準和規範。

管理人員的任務，主要是執行和控制服務品質標準，看是否按制定的規範運行，特別要注意抓好各個服務過程之間的薄弱環節。一定要用服務規程來統一各項服務工作，從而使之達到服務品質的標準化和高水準，贏得顧客的滿意。

（二）必須搜集和利用服務品質訊息

餐飲服務是一個動態的工作過程，每時每刻都在發生著變化。餐廳管理人員必須隨時掌握服務的品質結果，即顧客是否滿意，從而及時採取改進服務、提高服務品質的措施。

要想做到這一點，就應該根據餐飲服務品質的目標和服務規範，透過巡視、定量抽查、統計報表、聽取顧客意見等方式來搜集服務品質訊息，並對這些訊息經過認眞分析，總結其優點和不足，以便作爲服務品質改進和提高服務品質的依據，制定相應的措施。

（三）必須重視餐廳服務員工的培訓

餐飲企業之間服務品質的競爭主要是人才的競爭、員工素質的競爭。很難想像，沒有經過良好訓練的員工能有高品質的服務。因此，服務員工必須進行嚴格的基本功訓練和全面的業務知識與技能培訓，絕不允許未經職業技術培訓、沒有取得一定資格的服務人員

上線操作。在職員工雖經過了一定水準的培訓，但也必須利用淡季和空閒時間進行繼續培訓，以使業務水準和素質得到不斷提高，保證餐飲服務品質水準也在不斷提高。

二、確定餐飲服務品質水準與標準

（一）確立餐飲服務品質水準

顧客滿意度的高低，取決於餐飲服務水準的程度，也就是說，一定的餐飲服務品質水準是使顧客滿意的起碼要求。

然而，確立餐飲服務品質水準就必須以了解顧客對餐飲服務產品的需求和期望為基礎，並從質與量兩個方面分析、研究滿足顧客需求中「滿足」兩字的根本涵義。不同的顧客對餐飲服務產品的品質水準有不同的需求，例如有的顧客視便利為首要因素，有的則以安全為最大需要，也有的認為舒適最重要，而便利、安全是基礎。因此，餐飲產品中包括的諸多直接和間接產品內容必須達到品質與數量的最佳組合，而這就要求餐飲經營者與管理者掌握顧客的消費模式，即了解顧客如何評價餐飲產品的適宜程度，認真分析和選擇餐飲經營的市場目標，根據目標市場的特點和需求設立相應的服務內容，制定相應的標準規格，配備相應的人員和設備設施，從而組成相應的服務提供系統。

一般來說，餐廳確立服務水準包括以下內容：

1.按照餐飲管理者對顧客需求的認識提出服務品質水準目標。
2.制定各項服務品質標準和操作規程，使服務提供系統在實際運轉中達到預期的水準目標。
3.根據自己的服務內容的特色，透過廣告宣傳和各種媒介途徑

使顧客適應現有水準。

4.透過顧客消費訊息的回饋，不斷修正服務水準目標和改善服務提供系統，使服務水準達到完全適合顧客需求與滿意的程度。見**圖**6-1。

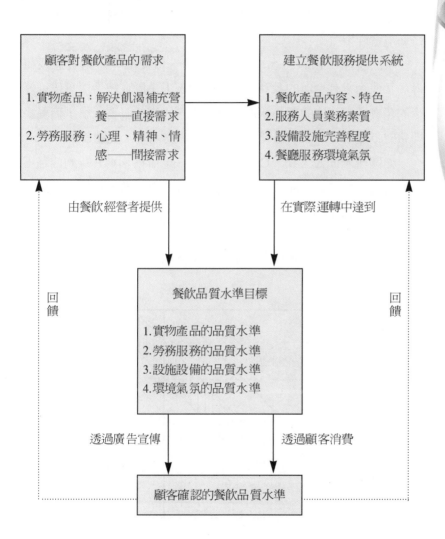

圖6-1　**確立服務品質水準過程**

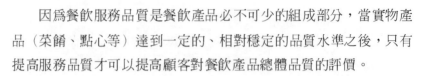

因為餐飲服務品質是餐飲產品必不可少的組成部分，當實物產品（菜餚、點心等）達到一定的、相對穩定的品質水準之後，只有提高服務品質才可以提高顧客對餐飲產品總體品質的評價。

由於餐飲產品價值的實現，有賴於顧客的消費購買，而顧客必須以價格來衡量餐飲產品品質的總體水準，因此服務品質水準與價格必須合理結合。

所謂合理，指服務水準與價格相符，既使顧客感到實惠或值得，又使企業有合理的盈利。在一般情況下，顧客總希望以儘可能少的花費或在一定的價格水準上享受儘可能高的服務水準，而餐廳則希望以儘可能高的價格提供高品質的服務水準。見圖6-2。

如圖所示，A、B、C、D代表在一定價格水準P時的四種不同的服務水準，A為顧客所能接受的最低服務水準，D為企業願意提供的最高服務水準，上限以外的任何結合點，如X，表示高價格、低水準的餐飲服務，難以為顧客接受。下限以外的任何結合點，如Y，則表示低價格、高水準的餐飲服務，使飯店有出現虧損

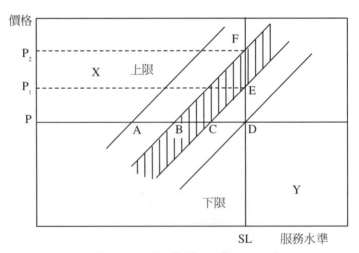

圖6-2　服務水準與價格的關係

的可能。圖中BCEF區域表示服務水準與價格的合理結合區,其間任何一結合點都能為雙方所接受。然而,對顧客來說,在特定的價格水準P上,則更希望能享受到D點的服務水準。如果餐廳只提供A點的服務水準,就會引起顧客不滿和投訴。同樣,在特定的服務水準SL上,餐廳總想把價格從D點升到E點甚至F點的水準以獲得最大盈利。由此可知,雖然服務水準與價格之間有多種結合,但並非所有結合都能為顧客和餐廳雙方所接受。

解決這一問題的方法之一是提高餐飲產品的服務(指無形部分,也就是外圍價值)品質水準。實踐證明,在某種意義上講,餐飲產品的品質水準差異一般都是產品外圍品質的差異。如圖6-2中,A與B,或B與C,或C與D兩點之間服務水準的差異往往不是實物產品的品質差異所致,而是由那些對顧客精神、心理產生作用的服務細節的品質,即餐飲產品外圍品質的差異所造成。

由於改進服務細節、提高外圍品質不需要較多的成本投入,因而許多餐飲企業對此忽視並產生錯覺,一味地把提高外圍品質的著眼點放在設施改造和設備更新,結果得不償失。由於投入成本較高,價格直線上升,顧客對菜餚品質和服務品質卻並沒有發現有多少提高,因而造成了質價不相適應的狀況。所以,只要有意識地改進那些貌似細微、花費不大的服務細節,以提高餐飲產品的外圍品質,便能成功地將服務水準與價格結合點從A提高到B或C,甚至E或F,從而滿足顧客追求高水準餐飲品質的需求,餐飲產品的價格也可隨之上升到一定的適宜程度。

(二) 制定餐飲服務品質標準

餐飲服務品質標準是服務員工必須遵守的準則。餐飲服務品質標準應涵蓋餐廳服務品質內容的各個方面,諸如著裝儀容標準、服務態度標準、禮節禮貌標準、語言行為標準、時間品質標準、衛生

安全標準、各單位操作標準及標準操作規範等。餐間服務標準和標準操作規範應包括迎賓入座、接受點菜、上菜、值台服務、酒水服務、結帳服務以及送客等的全過程。服務員工用標準規範自己對顧客的服務品質，管理者用標準督導服務員工的服務品質，從而確保餐飲服務品質水準的提高。

案例一

下面是某酒店餐飲部制定的服務品質標準（部分）：

西餐服務品質標準

1. 餐前準備：每餐正式開餐前，餐廳衛生整潔乾淨，台型設計美觀，台面擺放整齊，橫豎成行，餐具布置完好，整潔大方，環境舒適，有利於客人就餐。

2. 客人訂座：客人訂餐、訂座，服務熱情，彬彬有禮，迎接、問候、操作語言運用準確、熟練、規範。詢問客人訂餐、訂座內容、要求用餐時間及複述客人訂餐內容具體明確，記錄清楚，事先做好安排，要求無差錯發生。

3. 迎接客人：領位員熟知餐廳座位安排、經營風味、食品種類、服務程序與操作方法。客人來到餐廳門口，微笑相迎，主動問好，稱呼先生、太太或小姐，常客、貴客要稱呼姓名或姓氏後綴尊稱。

   引導客人入座，先尊長後中青，先女士後男士，西餐座席以女主人（或主人）近側為尊次，遵守禮儀順序。訂餐、訂座客人按事先安排引導，座位安排適當。老人、兒童、傷殘客人照顧周到，使客人有舒適感。客人入座，主動拉椅，交桌面服務員照顧。

4. 餐前服務：客人入座，桌面服務員主動問好。遞送餐巾、香巾及時。詢問客人用何餐前雞尾酒、飲料或冰水，服務操作

主動熱情，倒酒、送飲料服務規範，沒有滴灑現象。雙手遞送菜單及時，侍候客人準備點菜。

5.開單點菜：桌面服務員熟悉菜單，熟知產品種類、品味、價格、作法及營養價值，掌握服務技巧。能熟練運用英語提供桌面服務。客人審視菜單並示意點菜時，服務員立即上前，詢問客人需求，核實或記錄點菜內容，客人所需飲料上桌準確及時，注意客人所點菜餚與酒水匹配，善於主動推銷，主動介紹產品風味、營養與做法。

6.上菜服務：客人點菜後，按麵包、奶油、冷菜、湯類、主菜、旁碟、甜點水果、咖啡、紅茶順序上菜。先上雞尾酒或餐前飲料，二十分鐘內送上第一道菜，九十分鐘內菜點出齊。菜點需要增加製作時間，告知客人大致等候時間。各餐桌按客人點菜先後次序上菜。上菜一律用托盤，熱菜食品加保溫蓋。托盤走菜輕穩，姿態端正。菜點上桌介紹產品名稱，擺放整齊，爲客人斟第一杯飲料，示意客人就餐。

上菜過程，把好品質關，控制好上菜節奏、時間與順序，無錯上、漏上、過快、過慢現象發生。

7.看台服務：客人用餐過程中，照顧好每一張台面的客人。客人每用完一道菜，撤下餐盤刀叉，清理好台面，擺好與下一道菜相匹配的盤碟刀叉。服務操作快速、細致，符合西餐服務要求。每上一道菜，爲客人分菜、派菜主動及時，分派操作熟練準確，斟酒及時，上客人需要用手食用的菜點，同時上茶水洗手盅。客人用餐過程中，隨時注意台面整齊、潔淨。及時撤換煙灰缸，煙灰缸內的煙頭不超過三個。上水果甜點前，撤下台面餐具，服務及時周到。

8.結帳清台：客人用餐結束示意結帳，帳單準備妥當，帳目記錄清楚，帳單夾呈放客人面前，收款、掛帳準確無誤。客人

結帳後,表示感謝。客人離座,主動拉椅,微笑送客,徵求意見,歡迎再次光臨。客人離座後,清理台面快速輕穩,台布、口布、餐具按規定收好,重新鋪台、擺放餐具,三分鐘內完成清台、擺台,準備迎接下一批客人。

咖啡廳服務品質標準

1.廳堂布局與環境:咖啡廳整體布局協調,環境美觀、舒適、典雅。接待台、收銀台、食品展示台、工作台櫃分區布置合理,與餐廳桌椅擺放協調配合。各種台面裝飾美觀,辦公用品、餐茶用品、展示食品擺放整齊。餐桌、椅疏密排列得當,台面整潔。環境明快,氣氛和諧。

2.迎賓服務:迎賓領位員熟悉咖啡廳經營種類、業務範圍、座位安排和工作程序。客人來到餐廳門口,迎接主動熱情,語言規範、準確,對常客或回頭客知其姓名者稱呼姓名或姓氏後綴尊稱。引導客人進入餐廳,安排座位適當。

3.桌面服務:桌面服務員熟悉咖啡廳工作內容、工作程序,掌握點菜與飲料知識。客人來到餐桌,主動拉椅讓座,詢問客人需求。客人點菜內容記錄準確、複述清楚。客人開單後,上咖啡或冰水,十五分鐘內上第一道菜,二十五分鐘內菜點出齊。上菜把好品質關,不合要求的菜點不上桌。菜點上桌擺放整齊,掌握上菜節奏與時間良好。照顧好每一個台面,適時為客人斟飲料,補充咖啡,及時撤去空盤或煙灰缸,保持台面整潔。整個桌面服務做到接待熱情、開單快速、照顧周到。

4.結帳送客:客人用餐結束示意結帳,帳單準備妥當,複核無誤、打印清楚,用帳單夾呈放客人面前。客人過目核對後,結帳迅速,掛帳簽單手續完善,向客人表示感謝。客人離

座，主動拉椅，遞送衣物，歡迎再次光臨。客人離開餐桌，撤換餐具快速、無聲響。三分鐘內重新整理好台面，餐茶用具擺放整齊、規範，準備迎接下一批客人。

酒吧服務品質標準

1. 酒吧環境與氣氛：酒吧間環境優雅、美觀、舒適，氣氛輕鬆、自由、高雅。門前整潔衛生，標誌標牌齊全，擺放端正，布局合理。室內吧、接待台、收銀台和餐桌椅分區設置，整體布局協調美觀。吧台提供靠台服務，內設雞尾酒配製工作台、酒水陳列架。各種酒具、配酒用品用具齊全，擺放整齊，陳列櫃架各種酒水數量充足，展示陳列美觀舒適。餐桌、椅擺放整齊，形式活潑多樣，台面清潔衛生。室內燈光柔和，氣氛宜人，選播輕鬆、自由舒緩的曲目，給客人提供一個良好的休息、消遣、調節心情的環境。使客人有舒適輕鬆、心情舒暢的感覺。

2. 酒水供應：酒水儲備充分，烈性酒、軟飲料、雞尾酒、小吃供應齊全。烈性酒不少於十至十五種，其中有部分儲藏時間較長的中外名酒。軟飲料不少於八至十種，國產、進口品種均有供應。雞尾酒不少於十五至二十種，配製供應及時。小吃不少於五至八種，整個酒吧酒水供應能夠適應客人多層次、多方面的消費需求。各種酒水、飲料供應無假冒偽劣商品。

3. 迎接客人：客人來到酒吧門口，主動問好，態度和藹，語言親切，笑臉相迎。一分鐘內引導客人入座，引領動作規範。座位安排合理，符合客人心願。

4. 靠台服務：客人來到吧台，迎接、問候、請客人入座主動及時。酒單雙手呈遞客人面前，詢問需求，請客人點酒。客人

點酒後二分鐘內遞送酒水，營業高峰期客人較多時不超過五分鐘。客人點雞尾酒，按所點品種配方調製。酒水請客人過目，調配操作規範、快速、準確。服務熱情周到，耐心細致，無錯配、混配、偷工減料、品味不純、顏色不正等現象發生，客人滿意程度較高。

5. 餐桌服務：客人來到酒吧餐桌，酒水服務員主動問好，拉椅讓座，接掛衣帽遞送酒單及時。服務員熟練掌握酒吧服務工作內容、工作程序，具有較豐富的酒水知識、推銷經營和服務技巧。客人示意點酒，主動推介，清楚、準確、詳細介紹酒水名稱、產地、品質、商標、儲存時間等。開單、走單操作規範，手續完善。客人點酒後三分鐘內上酒水、小吃。上酒用托盤，倒酒時商標朝向客人，斟酒適量。客人飲酒服務過程中，照顧好每一餐桌的客人。適時為客人續酒，添加小吃，撤換煙灰缸。

6. 開瓶服務：客人在吧台或餐桌點酒後，瓶酒請客人過目。開瓶時，用工作巾包住酒瓶，商標顯示給客人看，先倒少許請客人品嚐，待客人試酒後再按禮儀規格給客人斟酒。開香檳酒，酒瓶朝向客人相反方向成45°角，以防止酒水噴灑到客人身上。整個開瓶服務做到動作準確，操作規範。

7. 結帳送客：客人離開酒吧，提前準備好帳單，帳目打印清楚，帳款準確無誤。客人示意結帳，帳單放帳單夾內，雙手呈放客人面前，主動說明所飲酒水數量及價格。客人付款當面點清，客人掛帳的，簽單手續完善。客人付款後，表示感謝，主動告別客人，歡迎再次光臨。客人離開餐桌時，二分鐘內清理好台面，重新擺放好酒具、餐具，準備迎接下一批客人。

案例二

　　下面是某星級酒店中餐廳服務品質標準；

散餐服務品質標準

1. 開餐前了解當天供應的飲食品種。
2. 台面餐具擺設統一整齊，乾淨無缺口，席巾無洞無污漬。
3. 椅子乾淨無塵，坐墊無污漬，台椅橫豎對齊或成圖案形。
4. 餐櫃擺設、托盤要求安放整齊歸一，餐櫃布置整齊無歪斜。
5. 地毯要做到無雜物碎紙。
6. 當客人進入餐廳時，迎送員主動上前，熱情地詢問客人：「先生／小姐，您好！請問幾位？」當客人回答後便問：「請問先生／小姐，您貴姓？」
　　把客人帶到座位後，拉椅請坐，雙手把菜單遞給客人，說道：「某先生／小姐，這是我們的菜單。」語氣親切，使客人有得到特別尊重的感覺。
　　迅速把客人的尊姓告訴上前拉椅問茶的服務員，以及該區的領班。
7. 餐廳服務員在開餐五分鐘前，在分管的區域上等候開餐，迎接客人。
8. 服務員等候開餐服務時要兩手自然下垂向後，肩平，挺胸而立，不插腰，不倚牆或工作台。
9. 服務員應協助迎送員安排客人座位，先將女性就座的椅子拉出，在她坐下時，徐徐將椅子靠近餐桌。
　　然後向迎送員了解客人尊姓，並把客人姓氏記在菜單夾上。
　　服務員在整個服務過程中，有關稱呼客人的，應以其尊姓為前提，如「某先生／小姐，這水果拼盤是我們餐廳經理送的，請品嚐。」

10.服務員遞巾從客人右邊遞，並說：「某先生，請用香巾。」
然後詢問客人：「您好，請問喜歡什麼茶，我們有菊花、
綠茶……」，要求語氣親切輕緩，保持微笑。
斟茶從客人的右邊進行，按順時針逐位上。
上醬油、芥醬時，要用白色工作巾墊好醬油壺，輕輕地在
客人的右邊斟，然後上芥醬，芥醬要求碟邊整齊。
收取香巾時用巾夾逐條夾上盤中拿走。

11.在客人看了菜單一會兒或客人示意後，即上前微笑地詢
問：「某先生／小姐，請問現在可以點菜嗎？」、「某先生
／小姐，請問您們需要點些什麼菜？」、「我們有……特色
菜，挺受客人歡迎的，今天有特別的品種……，試嚐好
嗎？」如果客人點的菜沒有供應時，應抱歉說：「對不
起」，並建議另點一個菜。點菜完畢，應複述給客人，並詢
問客人是否有錯漏等。

12.把填寫好的一式四聯點菜單先打好時間，第一聯交收款
員，第二、三聯交備餐間，由備餐間入夾轉交生產廚房。
酒水單的第一聯交酒水員，第二聯即交給收款員，第三聯
由服務員負責。

13.菜上台後，才揭開菜蓋，報出菜名。
上湯時，應為客人分派。要求每碗均勻，然後主動把每碗
湯端到客人餐碟的左邊，先女賓後男賓的順序。
上頭道菜時，主動徵求客人是否需要預訂飯等。如客人需
要，則按落菜單程序填入雜項單給備餐間。
若餐台上有幾個菜已占滿位置，而下一個菜又不夠位置
時，應看情況，徵求客人的意見，將台上剩下最少的一
碟，分派給客人或分到另一碟上，或撤走，然後再上另一
個菜。

上最後一道菜時，要主動告訴客人：「某先生／小姐，您的菜已上齊」，並詢問客人是否要增加些什麼。

14.服務員在服務中，要隨時巡台，如發現煙灰缸中有兩個煙頭以上，就要馬上撤換。並及時將空菜碟以及湯碗撤走。撤出的餐具端到下欄檔，把骨頭及垃圾物倒進垃圾桶，按指定的下欄盤放好。及時撤換骨碟。

菜上齊後，把所有的酒水單及菜單拿到收款處預先打單。

巡台中發現客人的茶壺揭開蓋子的時候，要馬上加開水，然後再為客人斟上一次茶。斟茶時，應把客人原先飲用的茶杯中的涼茶倒掉、再斟入熱茶。

15.菜上齊後，應向客人介紹每類水果、甜品。

上甜品前，應先分派一套乾淨的小碗、匙羹，還有公共勺、勺座，主動均勻地把甜品分給客人。

上水果前，視何種水果，派上骨碟、刀、叉、小羹匙等。然後把水果端到客人桌上介紹說：「某先生／小姐，這是我們餐飲經理送的，請各位品嚐！」

16.給客人結帳需用錢夾，在客人的右邊，把錢夾打開道：「多謝，某先生／小姐，這是多少錢。」找回零錢時，客人接過同樣要向客人表示感謝，拉椅送客，歡迎下次再來。

17.客人走後，應及時檢查是否有尚燃煙頭，是否有遺留物品。然後先整理好餐椅，以保持餐廳的格調，再依次收餐巾、席巾、水杯、酒杯、餐具，重新布置環境，恢復原樣。

宴會服務品質標準

1.宴會布局：根據餐廳形式和大小安排，桌與桌之間距離適當，以方便穿行上菜、斟酒水為宜。主桌應放在面向餐廳主

門，能夠綜觀全廳的位置。主桌的大小，根據就餐人數來確定。

2. 擺台要求：台的正中放上轉盤，花盤擺在轉盤中間。重要宴會應在台中擺設花草或紅絨布、抽紗，台中適當位置放上蠟燭台等其他飾物，台邊圍上台裙。骨碟邊離桌邊1.5公分。筷子尾與骨碟平衡，筷子架與味碟平。每桌放四個煙灰缸，成十字形，其中兩個分別擺在正副主位右邊。每桌放四個芥醬碟座，成十字形，分別間隔於四個煙灰缸。甜酒杯對骨碟中線，飲料杯在甜酒杯左邊，白酒杯在甜酒杯右邊，三杯成直線。小碗與味碟之間直對骨碟中線，湯匙向左方，與味碟中線成直線。各位位置距離相等。菜單統一放在正副主位前。

3. 儀容儀表：工作前應洗手，清理指甲；頭髮整齊，不得零亂，女服務員髮型不能披肩，男服務員不得過耳，髮尾不能過衣領；制服乾淨，要求清潔筆挺，不能有油漬污物；女服務員要化淡妝；上班時間不能佩帶飾物。

4. 宴前準備：接到訂單時，需了解清楚接待對象、名稱、國籍、身分、生活習慣、人數、宴會時間及有何特殊要求；按宴會要求擺設餐位；根據宴會對象設置酒吧；客到前準備好茶水；客人到前十五分鐘上醬油、芥醬；大型宴會提前十分鐘斟上甜酒；將各類用具整齊歸一放好。

5. 宴前檢查：餐具整潔無缺損；席巾、台巾整潔無洞、無污漬；多台宴會應注意台椅是否整齊劃一；地毯衛生應整潔無雜物，如發現廳內有異味，應及時噴灑適量香水；窗簾垂掛要統一；檢查廳內是否有蒼蠅；噴灑適量清水在台上鮮花，以保持鮮艷。

6. 迎接客人：站立廳房門口恭迎客人，多台宴會應按指定位置

站立，不得交頭接耳及倚靠而立；客到時，應笑臉迎賓，用
好敬語，送上香巾；幫助客人寬衣，並主動掛好及妥善安排
攜來物品；如廳內設有休息台，則請客人到休息台；主動拉
椅請座；向客人介紹酒水飲品及香茶；了解客人在宴會過程
將選用什麼酒水。

7.宴間服務：賓客入座後，馬上幫助客人落巾、脫筷子套；了
解客人是否有講話儀式；徵得客人同意後即通知備餐間上
菜，菜單上應註明廳名、台號、人數、宴會名稱、價格、時
間等；斟酒水，從上賓開始，然後再斟正主位左邊的賓主，
順時針方向逐位斟，最後斟主位；先斟軟飲料，後斟酒類；
斟洋酒時要徵詢客人是否需要加冰塊等要求；在廳內適當位
置擺設分菜台，多台宴會應按程序及位置擺設；向客人詳細
介紹菜單；菜介紹完畢後，即把每位客人面前的骨碟收起，
整齊擺放在分菜台上；席間如賓主致詞時，應立即關掉音
響，並通知廚房暫停出菜；大型宴會賓主致詞時，應用托盤
準備好一至二杯酒，在致詞完畢時送上；在客人敬酒前要注
意杯中是否有酒，當客人起立乾杯或敬酒時，應迅速拿起酒
瓶，準備添酒；如席間分菜則在上菜前撤去鮮花；席間若有
弄翻醬油碟、飲料杯等，應迅速用餐巾或香巾為客人清潔，
然後在台上髒處鋪上席巾；客人抽煙時應主動上前點煙；煙
灰缸內有兩個煙頭以上時要及時撤換，撤換時要將乾淨的蓋
住髒的煙灰缸後撤走，然後才放上乾淨的煙缸；客人吃完飯
後，把熱茶送到每位客人的右邊，並送上香巾，隨即收起桌
面餐具，而後準備上甜品、水果；如席上分菜，則在所有菜
式上完後送上鮮花；所有菜式上齊後，應向客人作結束語；
清點撤下的刀叉等餐具。

8.結帳及送客：清點所有的酒水、香煙、茶芥，未開蓋的酒水

應退回酒水台，讓酒水員簽名後方可開單；在宴會結束前，把所有的酒水及菜單拿到收款處提前結算；給客人結帳要用錢夾，並用好敬語「多謝」之類；宴會結束，主動拉椅送客；提醒客人帶齊攜帶物品，幫助客人穿衣服，然後站在廳門，用敬語熱情歡送。

9.收尾工作：檢查台上、地毯是否有尚燃煙頭；檢查客人是否有遺留物品；收台時，先收香巾、席巾、水杯、酒杯，後收瓷器餐具，玻璃器皿和瓷器要嚴格分開，輕拿輕放，對金銀玉器餐具需要進行清點；清理現場，布置環境，恢復原狀，以備下次再用。

案例三

下面是某豪華賓館餐飲部服務品質標準：

1.向顧客打招呼：

(1)以立正的姿勢。

(2)兩眼看著顧客。

(3)向顧客微笑。

(4)打招呼時儀態愉快自然。

2.引客就座出示菜單：

(1)引客就座後出示菜單。

(2)出示的菜單要清潔、無油漬、價目無塗改。

3.介紹飲料及雞尾酒類：

(1)介紹咖啡。

(2)介紹冷飲及果汁。

(3)記住哪一種酒是某某顧客要的，不要張冠李戴。

4.進行飲料服務：

(1)一律用托盤送台。

(2)首先為女賓服務。

(3)如果玻璃杯裡有餐巾的話,將餐巾取出來。如果是小餐
　　巾,為客人放在最順手的位置上;如果是大餐巾,展放
　　在顧客的雙膝上。

(4)托盤裡墊放餐巾,飲料放在餐巾上,給客人斟酒時要恰
　　到好處(酒一般斟到杯的三分之一左右)。

(5)對某些雞尾酒要配上檸檬切片。

(6)送酒時用右手從右邊開始。

(7)送酒不要送錯對象,不要問這是誰點的酒。

(8)客人用完酒時,詢問客人是否要再添。

5.介紹快餐、冷盤及特色風味菜:

(1)敘述早餐及快餐的種類。

(2)向顧客展示快餐的樣品。

(3)午餐要記住介紹湯類。

(4)向客人推薦「當天特種菜」、「當天特種酒」。

(5)向客人展示特色菜的樣品。

(6)向客人介紹「時鮮菜」。

(7)向客人說明時鮮菜的烹飪特色。

6.請客人點菜:

(1)審視並揣測誰是東道主。

(2)走近東道主跟前。

(3)詢問是否開始點菜。

(4)先請女賓點菜。

(5)站在客人的左邊聽客人點菜。

(6)說明某些菜的相互搭配吃法,並記住客人對某種菜的特
　　別要求(如要求少鹽等)。

(7)開票要用正確的縮寫或簡寫詞,書寫清楚容易辨認。

(8)對先點好菜的客人先服務。

(9)詢問客人的問題要適可而止。

7.送菜單到廚房：

(1)及時送菜單到廚房。

(2)向廚房交待情況簡單明瞭。

(3)在菜單上註明客人的口味（鹹、淡、辣等）。

(4)註明該菜配何種菜吃。

(5)菜單要插在插簽上。

8.進餐時的服務：

(1)上菜前檢查一下餐桌上的餐具是否準備好了。

(2)撤去客人用餐前使用的杯碟和餐具（如咖啡杯及雞尾酒杯）。

(3)補充好本餐要使用的杯碟和餐具。

(4)按客人需要準備幾杯清水（以便客人甜鹹菜之間供客人漱口之用）。

(5)詢問客人是否需要開胃酒。

9.向廚房領菜：

(1)敦促廚房及時做好客人點的菜。

(2)檢查一下廚房做好菜是否符合點菜單上的要求。

(3)上菜服務過程中加上適當的餐盤美食造型蔬葉配色裝飾。

(4)將分量重的菜盤放在托盤當中。

(5)熱菜與熱菜放在一起。

(6)冷菜與冷菜放在一起。

(7)菜盤疊放時不要擺得太擠，要防止一個菜盤接觸到另一個菜盤。

10.上菜服務：

(1)在客人進餐間提供開胃飲品。

(2)在客人進餐席間送上沙拉。

(3)將主菜和湯放在主客的最跟前。

(4)奶油盤、麵包、沙拉從左邊上，一般菜都從右邊用右手上。

(5)熱菜要熱，用熱盤。

(6)冷盤要冷。

(7)送上適量麵包，如客人點用三明治要主動附上調味品。

11.餐席間的服務：

(1)站在餐席旁邊等候服務。

(2)詢問客人有無吩咐。

(3)檢查煙灰缸是否清潔，如已有二個以上的煙頭，應立即更換。

12.撤台工作：

(1)撤台工作要做得輕快俐落無嘈雜聲。

(2)每道菜用完之後就要將空盤或不必要的餐具撤回。

(3)撤去空盤，用右手從右邊上的盤仍然從右邊撤去。

(4)先收拾空盤空碟。

(5)盤碟與銀器具分開放。

(6)撤去未飲盡的酒杯、酒瓶。

(7)用清潔的煙灰缸代替用髒的煙灰缸。

13.介紹甜點心：

(1)餐桌撤清後即介紹甜點心。

(2)多介紹幾種點心讓客人挑選。

14.介紹咖啡：

(1)向顧客介紹餐後咖啡。

(2)用餐盤托送咖啡。

(3)詢問客人咖啡是否要加糖或冰淇淋。

(4)將咖啡調羹放在客人最順手的地方。

15.進行甜點和咖啡服務：

(1)對女賓或年長者首先服務。

(2)使用杯碟餐具要適當。

(3)用右手從右邊送上咖啡。

16.準備結帳：

(1)開票要字跡清晰可認。

(2)每個項目的價格必須正確無誤。

(3)稅率要算得準確。

(4)附加的項目要說清楚。

(5)總數要講清楚。

17.將發票交給顧客：

(1)當客人用餐完畢不再需要其他服務時，馬上將發票交給客人。

(2)詢問客人是否要預訂下一餐。

(3)發票要放在東道主座位旁邊。

(4)適當向客人提供醒酒糖。

(5)適當向客人表示感謝。

(6)請客人下次再來光臨。

(7)如果客人願意直接向收款員付帳，應告之收款員的帳台在什麼地方。

18.收帳過程：

(1)用信用卡支付者：

　‧要知道本店接受哪幾種信用卡。

　‧檢查信用卡截止日期。

　‧按不同類型的信用卡使用適當的收據。

．檢查信用卡的號碼是否是作廢的。

．在客人信用卡複印件上寫明應付款的總數額。

．請客人簽字。

．檢查客人簽字與信用卡姓名是否一致。

．將信用卡還給客人。

(2)用支票支付者：

．將支票和發票一起交給收款員。

．檢查支票上所寫的姓名、日期和地址。

．檢查支票上所寫的應付款數字及簽名，與發票上的姓名是否一致。

．記住客人的身分證及電話號碼。

．請值班經理在發票上簽字。

．在發票上註明「由個人支票支付」。

(3)用現金支付者：

．將發票和現金交給收款員（由收款員檢查鈔票的眞假）。

．將現金找的零及收據交給客人。

19.送別客人：感謝客人，並祝客人平安、愉快。

以上三個餐飲服務品質標準案例，分別從不同角度反應了不同的餐廳在制定餐飲服務品質標準時的狀況。制定餐飲服務品質標準千萬不能轉抄其他餐廳，否則將失去自己的風格，而遠離了客人的需求。

第五節　餐飲品質管理的方法與形式

　　由於種種因素的影響，餐飲產品品質具有隨時發生波動和變化的可能，而餐飲管理的任務正是要保證餐飲產品品質的可靠性和穩定性。要實現這一目的，就應採取切實可行的措施和綜合採用各種有效的控制方法與控制形式。

一、餐飲品質管理方法

(一) 階段控制法

　　餐飲生產運轉，是從原料的購進到產品售出的完整過程，這個過程可分為食品原料、食品生產和食品消費三大階段。加強對每一階段的品質檢查控制，是保證餐飲生產全過程的品質可靠的根本。
食品原料階段的控制

　　食品原料階段主要包括原料的採購、驗收和貯存。在這一階段應重點控制原料的採購規格標準、驗收品質把關和貯存管理方法。

　　原料採購：要嚴格按採購規格書中規定的品質規格採購各類食品原料，確保購進的原料是優質適用的，能最大限度地發揮食品原料的作用，並使加工生產變得方便快捷。沒有制定採購規格標準的一般原料，也應以優質適用、方便生產為前提，選購規格分量相當、品質上乘的食品原料。

　　原料驗收：全面細緻地做好驗收工作，保證進貨品質合格，把不合格的食品原料杜絕在飯店、餐廳之外。驗收各類原料，首先要嚴格依據採購規格書規定的標準。若沒有制定規格書的食品原料採

購，或新上市的品種，對品質把握不清的，要隨時約請有關專業人員進行認真檢查，保證驗收品質。

原料貯存：加強食品原料的貯存管理，防止因原料保管不當而使食品原料品質標準降低，是餐飲品質管理和控制中不可小視的環節。要嚴格區分原料性質，進行分類保藏。各類保藏庫要及時檢查清理，防止將不合格或變質的原料發放給廚房。廚房已申領暫存的庫外原料，同樣要加強檢查整理，保證品質可靠和衛生安全。

食品生產階段的控制

食品生產階段主要應控制申領食品原料的數量與品質、菜餚加工、配份和生產烹調的品質。

原料申領與加工：食品原料加工是菜餚生產的第一個環節，同時又是原料申領和接受使用的重要環節。進入廚房的原料品質要在這裡得到認可。因此，要嚴格計畫領料，並檢查各類將要用作加工原料的品質，確認可靠才可進行生產加工。對各類原料進行加工和切割，要根據烹調的需要，事先明確規定加工切料的規格標準，可編製原料切割規格表，做為加工人員操作的依據和管理人員檢查監督的依據，見**表**6-3。

原料經過加工切割，大部分動物、水產類原料還需要進行漿製

表6-3　原料切製規格表

名稱	用料	切割規格
筍片	罐裝冬筍	長5.5cm 、寬2cm 、厚0.2cm
魚條	青魚肉	0.8cm 見方，長5cm
……		

（上漿掛糊），這道工序對成品的色澤、嫩度和口味產生較大影響，如果因人而異，烹調部門則無所適從，成品難免千差萬別。因此，對各類菜餚的上漿、掛糊用料應作出規定，以指導操作，有的廚房在「標準菜譜」中已有規定。若無標準菜譜，可單獨編製漿、糊用料規格表，見**表6-4**。

原料配份：配份是決定菜餚原料組成及分量的工作。配份不僅要在開餐前將所需的乾貨原料漲發好，還要準備一定數量的配菜小料即料頭。對大量使用的菜餚主、配料的控制，則要求配份人員嚴格按菜餚配份規格表或標準菜譜，秤量取用各類原料，以保證菜餚風味。隨著菜式的更新和菜餚成本的變化，餐飲管理人員還應及時測試用料比例，調整用量與成本，修訂標準菜譜，並監督執行。

食品烹調：烹調是菜餚從原料到成品的成熟環節，它決定菜餚的色澤、風味和質地等。因為「鼎中之變，微妙微纖」，令人難以把握，其品質管理尤其顯得重要和困難。有效的作法是，可以在開餐前，將經常使用的主要味型的調味汁，多量集中調製，以便開餐烹調時各爐頭隨時取用，以減少因人而異的偏差，保持出品口味品

表6-4　糊、漿用料規格表

品種 用量 用料	雞片	……				
精鹽	60克					
水	700克					
生粉	200克					
蛋清	4只					
鬆肉粉	5克					

質的一致性。調味汁的調製應有專人負責，調製的用料規格比例可在標準菜譜中規定好，如無標準菜譜也可獨立制定用料規格表，見**表**6-5。

食品消費階段的控制

　　菜餚由廚房烹製加工完成，即交給餐廳出菜服務，這裡有兩個主要環節容易出現差錯，需加以控制，其一是備餐服務，其二是餐廳上菜服務。

　　備餐服務：備餐要為菜餚配齊相應的佐料、食用和衛生器具及用品。加熱後調味的菜餚（如炸、蒸及白灼等菜式），大多需要配帶佐料，如果疏忽，菜餚則淡而無味。有些菜餚不藉助一定的器具用品，食用起來很不雅觀或不方便（如吃整隻螃蟹等）。因此，備餐間有必要對有關菜餚的佐料和用品的配帶情況，作出相應的規定，以督促提醒服務員上菜時注意帶齊，可用表格形式，見**表**6-6。

　　上菜服務：服務員上菜服務要及時規範，主動報告菜名。對食用方法獨待的菜餚，應對客人作適當介紹或提示。要按上菜次序，

表6-5　調味汁用料規格表

調味汁名稱 用量 用料	京都汁	……					
浙醋	500克						
白糖	300克						
芝麻醬	100克						
梅子	100克						
茄汁	150克						
鹵汁	75克						

表6-6　菜餚佐料、用品配帶表

菜名	作料	用品	備註
白灼基圍蝦	蝦汁	洗手盅	每客一份
拔絲蘋果	—	涼開水	一中碗
……			

把握上菜節奏，循序漸進地從事菜點銷售服務。分菜要注意菜餚的整體美和分散後的組合效果，始終注意保持餐飲產品在客人食用前的形象美觀。對客人需要打包和外賣的食品，同樣要注意儘可能保持其各方面品質的完好。

以上所述各階段，強調了餐飲產品實物部分在各階段的運作中應制定一定的規格標準、工藝程序，以控制其生產行為和操作過程。而生產結果、目標的控制，還有賴於各個階段和環節的全方位檢查。因此，建立實行嚴格的品質檢查制度，是餐飲實物產品階段控制的有效保證。

餐飲實物產品的品質檢查，重點也應根據食品品質形成的不同階段，抓好生產製作檢查、成菜出品檢查和服務銷售檢查三個方面。

生產製作檢查指菜餚加工生產過程中每下一道工序的員工，必須針對上一道工序的食品加工製作品質進行檢查，如果發現不合標準，應予退回，以免影響成品品質。

成菜出品檢查指菜餚送出廚房前必須經過廚師長或菜餚品質檢查員的檢查認定。成菜出品檢查是對餐飲生產烹製品質的把關驗收，因此必須嚴格認真，不可馬虎遷就。

服務銷售檢查指除上述兩項檢查外，餐廳服務員也應參與食品

品質檢查。服務員直接和客人打交道，從銷售的角度檢查菜點品質，往往要求更高，尤其是對菜餚的色澤、裝盤及外觀等方面。因此，要注意調動和發揮服務人員的積極性，加強和利用檢查功能，切實改進和完善出品品質。

（二）崗位職責控制法

利用崗位分工，強化崗位職能，並施以檢查督導，對餐飲產品的品質亦有較好的控制效果。

所有工作均應有所落實

餐飲生產要達到一定的標準要求，各項工作必須全面分工落實，這是崗位職責控制法的前提。餐飲生產既包括主要、明顯的炒菜、切配等，也少不了零散、容易被忽視的打荷、領料、食品雕刻等。廚房所有工作明確劃分、合理安排，毫無遺漏地分配至加工生產崗位，這樣才能保證餐飲生產運轉過程順利進行，生產各環節的品質才有人負責，檢查和改進工作也才有可能。

廚房各崗位應強調分工協作，每個崗位所承擔的工作任務應該是本崗位比較便利完成的，而不應是阻力、障礙較大，或操作很困難的幾項工作的累積。廚房崗位職責明確後，要強化各司其職、各盡其能的意識，員工在各自的崗位上保質保量及時完成各項任務，其品質管理便有了保障。

崗位責任應有主次

廚房所有工作不僅要有相應的崗位分擔，而且，廚房各崗位承擔的工作責任也不應是均衡一致的。將一些價格昂貴、原料高檔，或高規格、重要身分客人的菜餚的製作，以及技術難度較大的工作列入頭爐、頭案等重要崗位職責內容，這樣在充分發揮廚師技術潛能的同時，進一步明確責任，可有效地減少和防止品質事故的發生。

對菜餚口味，以及生產面上工作構成較大影響的活計，也應規定給各工種主要崗位完成，如配對調味汁、調製點心餡料、漲發高檔乾貨原料等。為了便於對菜餚的品質進行考核，客人對菜餚成熟與否、口味是否恰當等褒貶，有責任廚師調查查明。打荷在根據訂單（或宴會菜單）、安排烹製出菜時，將每道出菜的烹製廚師或工號留註訂單，待以備查。

從事一般餐飲生產、對出品品質不直接構成或影響不是太大的崗位，並非沒有責任，只不過比主要崗位承擔的責任輕一些而已。其實，餐飲生產是個有機相連的系統工程，任何一個崗位、環節不協調，都有可能妨礙開餐出品和菜點品質。因此，這些崗位的員工同樣要認真對待每一項工作，主動接受餐飲生產管理人員和主要崗位廚師的督導、配合，協助完成餐飲生產的各項工作任務。

（三）重點控制法

重點控制法，是針對餐飲生產與出品某個時期、某些階段或環節品質或秩序相對較差，或對重點客情、重要任務，以及重大餐飲活動而進行的更加詳細、全面、專注的督導管理，以及時提高和保證某一些方面、活動的生產與出口品質的一種方法。

重點崗位、環節控制

透過對餐飲生產及產品品質的檢查和考核，找出影響或妨礙生產秩序和產品品質的環節或崗位，並以此為重點，加強控制，提高工作效率和出品品質。

例如，爐灶烹調出菜速度慢，菜餚口味時好時差，透過追蹤檢查發現，炒菜廚師手腳不俐落，重複浪費操作多，每菜必嚐，口味把握不準。經過分析，原來多為新招聘廚師，對經營菜餚的調味、用料及烹製缺乏經驗。因此，餐飲生產管理者就必須加強對爐灶烹調崗位的指導、培訓和出品品質的把關檢查，以提高烹調速度，防

止和杜絕不合格菜餚送出廚房。

又比如，一段時期以來，有好幾批客人反應宴席吃過以後仍覺腹中飢餓，檢查分析發現，宴席各客（分食），菜餚增多，配菜仍按整席、整盤用量配製，導致分菜以後數量不足，這時則需要加強對配菜的控制，保證按調整後的規格配菜，以使吃套餐的和吃宴席的客人有足夠、適量的菜品。

顯然，作爲控制的重點崗位和環節是不固定的。某段時期中幾個薄弱環節透過加強控制管理，問題解決了，而其他環節新的問題又可能出現，應及時調整工作重點，進行新的控制督導。這種控制並不是盲目簡單的頭痛醫頭、腳痛醫腳的方法，而應根據餐飲生產管理的總的目標，隨著控制重點的轉移，不斷提高生產及產品品質，完善管理，向新的水準邁進。

這種控制法的關鍵是尋找和確定餐飲生產控制的重點，對餐飲生產運轉進行全面細致的檢查和考核則是其前提。對餐飲生產和產品品質的檢查，可採取管理者自查的方式，也可憑藉賓客意見的徵求表或向就餐客人徵詢意見等資料。另外還可聘請品質檢查員，以及有關行家、專家檢查。進而透過分析，找出影響品質問題的主要癥結所在，加以重點控制，以改進工作，提高出品品質。

重點客情、重要任務控制

根據廚房業務活動性質，區別對待一般正常生產任務和重點客情、重要任務，加強對後者的控制，對廚房社會效益和經濟效益的影響亦可發揮較大作用。

重點客情或重要任務，或者客人身分特殊，或者消費標準不一般，因此，從菜單制定開始就要強調以針對性爲主，在原料的選用到菜點的出品，要注意全過程的安全、衛生和品質可靠。餐飲生產管理人員，要加強每個崗位環節的生產督導和品質檢查控制，儘可能安排技術、心理狀況較好的廚師爲其製作。每一道菜點，在儘可

能做到設計構思新穎獨特之處，還要安排專人追蹤負責，切不可與其他菜品交叉混放，以確保製作和出品萬無一失。在客人用餐之後，還應主動徵詢意見，積累資料，以方便以後的工作。

重大活動控制

餐飲重大活動，不僅影響範圍廣，而且為企業創造的營業收入也多，同樣消耗的食品原料成本也高。加強對重大活動菜點生產製作的組織和控制，不僅可以有效地節約成本開支，為飯店創造應有的經濟效益，而且透過成功地組辦大規模的餐飲活動，向社會宣傳飯店廚房實力，進而透過就餐客人的口碑，擴大飯店及廚房影響，餐飲生產管理人員對此應有足夠的認識。

廚房對重大活動的控制，應從菜單制定入手，要充分考慮客人的結構，結合飯店原料庫存和供應情況，以及季節特點，開列一份（或若干）具有一定風味特色，而又能為其活動團體廣為接受和生產能力所能及的菜單。接著要精心組織各類原料，合理使用各種原料，適當調整安排廚房入手，計畫使用時間和廚房設備，妥善及時提供各類出品。

餐飲生產管理人員、主要技術骨幹均應親臨第一線，從事主要崗位的烹飪製作，嚴格把好各階段產品品質關。

重大活動的前後台配合十分重要，上菜與停菜（因賓主講話、致詞、祝酒、演出等活動影響）要隨時溝通，及時通知爐灶等崗位，廚房應設總指揮負責統一調度，確保出品次序。重大活動期間，尤其應採取切實有效措施，控制食品及生產製作的衛生，嚴防食物中毒事故的發生。

大型活動廚房冷菜生產量較大，其衛生特別重要。對冷菜的裝盤、存放及出品要嚴加控制，避免熟菜被污染和腐敗。大型活動結束以後，要及時處理各類剩餘原料和成品，注意搜集客人反應，為其他活動的承辦積累經驗。

二、餐飲品質管理的形式

餐飲品質管理工作，按照不同的角度可分為多種管理形式，但根據餐飲品質形成的特性，應該從全過程的糾錯措施的作用環節入手。因此，這裡重點介紹現場控制、回饋控制和前饋控制三種形式。

餐飲品質管理工作的實質是訊息回饋。在目前大多數管理活動中，管理者得到的訊息，從時間上看，往往都是滯後訊息。因此，經常在訊息回饋和採取糾正措施之間出現時間上的延遲，以致糾正措施往往作用在執行計畫過程的不同環節上，見圖6-3。

(一) 現場控制

現場品質管理，是將控制工作的糾正措施運用於正在進行的計畫執行過程、生產過程、服務過程中。它適合於基礎管理人員的控制工作。現場控制包括的內容有：

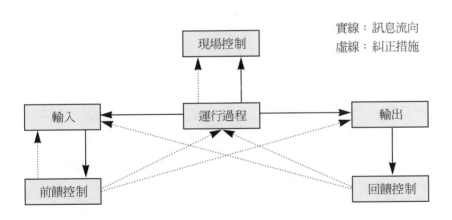

圖6-3　現場、前饋、回饋過程

1.向下級指示恰當的工作方法和工作過程。

2.監督下級的工作以保證計畫品質目標的實現。

3.發現不合標準的偏差時,立即採取糾正措施。

在餐飲生產和服務過程中,大量的管理控制工作,尤其是領班、主管的控制工作都屬於這種形式。具體運用時,常表現在兩個方面:

第一,層級控制。即透過各級管理人員一層管一層地進行,它主要是控制餐飲產品品質形成的重點環節,如原料驗收、原料加工、食餚的烹製及餐廳服務過程等。

第二,巡視控制。餐飲品質,無論是生產過程還是服務過程,其偏差往往是一瞬間發生的,有些偏差必須及時糾正,因此要加強現場巡視,及時發現問題,當場迅速予以糾正,使影響品質的不良因素控制在產品品質形成之前。這就要求各級管理人員要盡可能在餐飲開餐期間,深入第一線,透過巡視、監督去發現品質問題,及時處理。如客人當場投訴要盡可能出現在第一時間,及時解決,爭取在客人離店之前消除不良影響。

(二)回饋控制

回饋控制是品質管理工作的主要方式。雖然餐飲業不希望更多地運用回饋控制。回饋控制是及時搜集各種訊息,並對各種訊息進行科學、客觀地分析,發現問題找出原因,從而有針對性地制定糾正措施,在下一運行中執行,保證餐飲品質目標的實現。

回饋控制,也叫事後餐飲品質管理,主要是找出經驗教訓,這與傳統的事後品質檢查是相類似的。但它又有更進一步的做法,因為這種回饋控制是面對未來的,它和PDCA循環融為一體。對事後控制中發現的問題,必須循環到下一個PDCA循環中去解決,並提

出更高的目標，由此不斷提高餐飲產品品質，保持和提高顧客滿意度。

（三）前饋控制

前饋控制就是在餐飲運行之前，分析影響當前經營的各種因素和擾動量，在不利因素發生之前，透過及時採取糾正措施，消除它們的不利影響。前饋控制克服了回饋控制中因時滯所帶來的缺陷，並且前饋控制的糾正措施往往是預防性的，作用在運行過程的輸入環節上。也就是說，它是控制原因，而不是控制結果。

前饋控制是餐飲品質管理最為有效的手段之一，其根本目的是貫徹預防為主的方針，為提供優質餐飲品質創造物質技術條件，做好心理準備。前饋控制在餐飲品質管理中的內容很多，主要包括：

1.制定生產、服務品質標準。
2.控制設施設備品質，包括安全程度、適應程度以及配合的合理程度。
3.制定標準菜譜，試製菜餚並測試其品質。
4.食品原料的品質管理。
5.員工的思想準備，包括職前培訓、在職培訓、重要接待任務前的思想動員等。
6.餐飲經營開餐前的準備工作。
……。

前饋控制因為是以預防為主，準備階段的檢查是控制餐飲品質的重要環節。透過檢查，看是否按預定的要求做好了運行前的一切準備工作，並確保萬無一失。

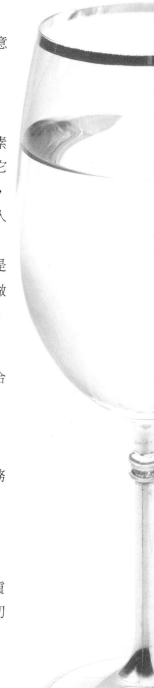

第 7 章

餐飲品質保證體系與顧客調查

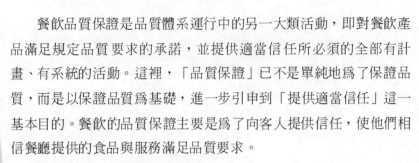

　　餐飲品質保證是品質體系運行中的另一大類活動，即對餐飲產品滿足規定品質要求的承諾，並提供適當信任所必須的全部有計畫、有系統的活動。這裡，「品質保證」已不是單純地為了保證品質，而是以保證品質為基礎，進一步引申到「提供適當信任」這一基本目的。餐飲的品質保證主要是為了向客人提供信任，使他們相信餐廳提供的食品與服務滿足品質要求。

　　餐飲企業提供品質保證的目的，主要有三個方面：

　　一是使客人放心滿意，願意購買餐飲產品，到餐廳來就餐；二是透過放心和滿意的客人再向其他客人進行口頭廣告宣傳，以樹立飯店良好市場形象；三是透過品質保證承諾對餐飲企業進行監督，以幫助企業進行有效的品質管理。

第一節　餐飲品質保證體系的涵義

　　品質保證體系是實現餐飲企業對客人品質要求承諾的基礎，是全面餐飲品質管理精髓。

一、餐飲品質保證體系的基本意義

　　餐飲企業要保持永遠的高品質，就要建立品質保證體系。

　　首先，隨著餐飲市場的日益繁榮，可供客人選擇的就餐場所越來越多，市場競爭也越來越激烈。人們對餐飲產品品質的要求也越來越高，品質的內涵也在不斷擴大。要想使客人對餐飲企業提供的食品與服務產生信任感和較高滿意度，不是只憑產品品質可以做到，更不是光憑營銷人員的推銷，而是必須靠建立健全全面品質保證體系，來保證多方面的高品質。

其次，餐飲企業自己的不斷發展，其規模也越來越大，而影響餐飲品質的因素又是多方面的。例如，全體員工的品質意識高低、市場訊息的接受速度、組織管理的鬆嚴情況、服務生產設施的水準高低、制度規範的健全與否，都會影響餐飲品質。要消除這些因素中的消極影響，就必須建立健全保證體系，來保證全方位的餐飲高品質。

要了解什麼是品質保證體系，首先要弄清楚「品質保證」和「體系」的概念。

品質保證是餐飲企業對客人在品質方面所提供的擔保。其涵義包括兩個方面：一是企業在生產經營的餐飲產品品質方面對客人所做的擔保；二是餐飲企業為擔保品質所進行的一系列活動。這兩個方面，不是各自獨立的，而是相互滲透結合在一起的。例如，飯店保證客人到餐廳就餐會享受到優質的食品和良好的服務，並且安全、經濟、一致。若客人在進餐時發現有違擔保的內容，向餐廳提出投訴，餐廳就按預先的承諾予以賠償等，使顧客達到滿意，這就是品質保證。

「體系」是若干相互聯繫、相互制約的事物構成的有機整體，由體制、系統凝聚而成，它既包括組織機構體制，又包括系列化的運行活動。

所謂品質保證體系，就是指餐飲企業以保證和提高餐飲為目標，設置統一協調的組織機構，把各部門、各環節的品質管理職能嚴密組織起來，形成一個有明確任務、職責、權限、目標，相互協作、相互促進的品質管理有機整體。它是全面餐飲品質管理運作順利、有效進行的根本保證。

餐飲企業的餐飲品質保證一般包括以下幾個方面：

（一）餐飲實物品質的保證

餐飲實物，即對菜餚、麵點等食品的品質保證，這是餐飲品質的基礎內容，它包括安全營養、色澤鮮艷、型態美觀、口味佳好、質感適宜、香氣濃郁、數量適當等，其中乾淨衛生尤其重要。餐飲品質保證首先是菜餚食品品質的保證。

（二）無形產品品質的保證

餐飲的無形產品，即服務內容，對就餐客人而言是十分重要的，它是餐飲品質的關鍵部分。它包括良好的服務態度，周到全面的服務項目，高效率、方便快捷的接待，以友好和禮貌接待客人，使客人得到至高無上的尊重，在服務中滿足客人一切合理需求等。這是每一家飯店的餐廳應該做到而又較難做到的品質保證。

（三）餐飲環境品質的保證

從某種意義上講，就餐環境本身就是餐飲品質的一部分，餐飲環境品質保證於是就成為餐飲品質保證的重要內容。餐飲環境包括建築風格、裝飾布局、設施設備、色調光亮度、乾淨衛生、安全等。優雅舒適的就餐環境，能給客人的就餐過程帶來愉快、愜意的心情，振人食欲。

（四）對不滿意品質的糾正與賠款保證

餐飲品質保證中對客人最有信服力和對餐飲經營最具約束力的內容，就是當餐飲品質不符合保證標準時，必須立即糾正或進行賠償。當餐飲產品不符合品質保證的標準時，是採取糾正措施還是退款賠償，一般由客人選擇。但餐廳應立即按品質保證的規定予以糾正或退還客人不滿意部分的款項，從而贏得客人的滿意或信任。

二、餐飲質檢部門的設置與職能

餐飲品質是餐飲企業的生命，這個道理人人都明白。但傳統的餐飲經營卻沒有人專門負責餐飲品質檢查或監督，甚至沒有眞正意義上的產品品質標準。品質的好壞是憑廚師和服務人員的自我感覺和管理人員的表面認可，這就難免給餐飲品質的管理留下了很多漏洞，使不合格產品或服務的機會大大增加，因而對客人也就談不上品質保證。

因此，現代飯店、餐飲企業在認識到了這一問題之後，在企業內設置了專門負責餐飲品質管理、監督、檢查的職能部門——品質檢查部。

餐飲企業的質檢部不僅是品質保證體系中的重要一環，而且對於品質保證體系活動的運行具有良好的促進作用。

首先，質檢部是一個獨立的職能部門，它的主要責任就是保證餐飲品質合乎標準，避免不合格產品或服務發生。雖然，在餐飲生產或服務中，管理人員也有對品質實施管理和控制的工作任務，但由於在經營管理中還要處理一些與生產運行關係更爲重要的事務，對品質管理不能全心關注，這樣就給不合格品質的產生留下了機會，管理者更多的品質管理精力運用到了回饋控制上。但餐飲品質保證的關鍵在於控制原因，以預防爲主，把不合格產品消滅在形成過程中。在這種情況，專門的質檢人員就能發揮重要作用，可以對運行過程實施即時監督，隨時檢查，以控制品質問題的原因。

其次，各部門的管理，往往是封閉的，尤其在經濟責任制的情況下，有許多品質問題不便於公開處理的，能內部解決就內部解決，能大事化小就絕不擴大影響，以免影響整個部門或班組的利益。在這種情況，許多品質問題雖然表面上看得到了解決，實際上

仍留有後患，再次發生、重複出現的可能性很大，也給餐飲品質的不穩定埋下了隱患。質檢部因為專門負責品質檢查，沒有部門觀念，沒有本位利益，可以大膽地對所有品質問題予以反應、監督，使影響品質問題潛在的因素降到最低程度。

由此看來，質檢部不僅責任重大，而且很不討人喜歡。所謂品質檢查，實際上就是在餐飲運行中到現場到處「挑毛病」、找問題，對於員工來說，這是最令人討厭的事情。因此，餐飲質檢人員的素質要求相當高，主要有以下幾個方面：

1.對品質管理有足夠的認識。

2.具有強烈的敬業精神和高度的責任感。

3.不怕得罪人，敢於負責任。

4.處理問題公平、公正、合理。

5.認真負責，一絲不苟。

6.對問題有較強的分析能力。

7.善於用科學的方法，用事實說話。

8.嚴格按品質標準操作。

傳統的品質檢查是事後找問題、挑毛病，而現代質檢部的工作是不僅在運行中發現問題，更重要的在於及時對問題的原因進行分析，制定糾正措施，及時糾正問題，使之按正確軌道運行。

質檢部雖然以檢查的方式進行品質管理工作，但檢查不是目的，而是透過檢查，發現問題，使問題在全面分析的基礎上找出原因，使問題得到及時解決。因此，品質檢查部的職能在於以餐飲品質標準為依據，督導、配合各部門把餐飲不合格品控制在品質形成之前。質檢部的工作內容如下：

1.協助、配合各業務部門制定品質標準。

2.定期組織廚房和餐廳及其他部門的管理人員對各業務點進行品質檢查。

3.質檢人員以定期、不定期、隨時隨刻等各種方式對各業務點進行檢查，尤其是在開餐過程中。

4.聘請專家對餐飲品質進行暗訪檢查，提出指導意見。

5.檢查內容不僅檢查成品品質，更主要的是檢查生產過程、服務過程等的運行品質、工作品質。

6.用電話詢問、口頭提問、以客人身分用餐、發放顧客品質意見卡等形式，對客人進行品質滿意度調查。

7.對檢查結果進行認真記錄，並對主要品質問題寫出分析報告及糾正措施，迅速報告高層管理者，以便使問題得到及時糾正。

8.對檢查出的品質問題，要協助具體部門制定切實可行的改進措施，並限期改正。

9.建立品質檢查檔案，建立品質文件體系。

10.檢查者必須認真負責、實事求是、處事公正。

例如，某酒店在客人投訴不斷增多的情況下，質檢部在總經理的批准下，特別聘請了某飯店管理學院的兩位管理專家，對該酒店進行了檢查「診斷」，結果令人大吃一驚。

檢查廚房時，表面上看衛生非常不錯，牆面、地面、櫥具、設備都很整潔，可一拉開櫃門、冰箱門卻是另一番景象：油污的櫥櫃裡物品亂七八糟，一個存放已久的麵粉袋裡趴著幾隻蟑螂，冷藏櫃裡熟食無蓋、無保鮮膜，食品包裝箱進了冰箱……用餐時與常住客人交談，客人反應餐廳上菜慢、送餐服務品質差、結帳經常出現誤差等。

經過幾天的明訪暗查，兩位專家認為該酒店的餐飲問題嚴重，

反應了酒店管理中的以下幾個問題：

1.管理人員及員工缺乏品質管理的高標準意識。
2.酒店的管理制度、工作規範、品質標準不健全，而且流於形式。
3.一些員工職業道德、技能素質有缺憾。
4.管理者對員工的培訓、督導不足。
5.對於客人的投訴，只治標，未治本。

兩位專家把餐飲品質管理看做是酒店文化建設的一部分，他們根據企業文化形成的思路，針對以上問題，制定了下述系列糾正措施：

第一，樹立理念。餐飲品質管理始於高標準的品質意識和理念，沒有理念就沒有行動。為此，建議酒店提出「讓客人在我店得到最滿意的服務」的品質標準理念。

這種高標準的意識必須透過以下三個方面的工作去獲取：

1.用心研究客人需求，把品質標準與客人需求結合起來。
2.深入研究客人投訴，把客人投訴作為改進品質的契機，並做到舉一反三，不重複出現同一問題。
3.努力學習，提高素質，開闊眼界，以別人之長補己之短。

第二，建立健全各項規章制度、工作程序和品質標準。高標準的意識不轉變為一系列規則，就是空話，這些規則應該包括酒店各個方面的工作，包括以國家政策、法律、社會效益、經濟效益、環保效益、客人需求、員工利益、企業生存和發展等為依據的消防、安全、衛生、節能、環保、日常經營等的一系列崗位職責、規章制度、服務規範、工作標準、品質標準等。

第三，輿論宣傳、培訓員工。規則與標準制定後，首先要發布

安民告示，讓廣大員工了解，透過宣傳規則，用規則培訓員工，使理念變成具體內容，深入人心，員工明確目標，掌握技巧，實現預先控制之目的。

第四，推行規則。合理的規則一經制定，就必須執行。在執行的過程中，多數員工透過上述三個步驟會自覺行動，少數員工則可能消極對待。對此，酒店各級管理者需及時用肯定、表揚、獎勵和否定、批評、懲罰手段強制推行既定規則。

第五，檢查規則執行情況，督導標準嚴格落實。規則推行後，能否確切落實，關鍵在於管理人員，特別是質檢人員的檢查、督導。許多品質問題的發生和重複出現，不僅在於無章可循，而且在於檢查、監督不足。

第六，重視訊息傳輸，管好回饋管道。管理者要確保規則的落實，必須透過耳聞目睹，明查暗訪，廣收訊息，多管道徵求客人意見，多管道獲得規則執行的真實情況。

第七，總結、修正、完善品質標準與規則。任何標準、規則的制定都有一個不斷完善的過程，任何標準的執行都必須不斷地總結經驗，找出執行情況與標準之間的誤差，看標準或規則本身是否科學、合理和具有可行性，並透過總結、分析，找出原因進行修正，完善品質標準、規則。

上述從高標準的意識、理念的提出，到總結、完善標準與規則一系列品質管理活動，是在不斷的回饋修正的循環發展中深入進行的，見圖7-1。

經過幾次這樣的循環，高標準的意識、高品質的服務就會在酒店中蔚然成風，從而形成酒店穩定的、高標準的品質特性，成為酒店企業文化的重要組成部分。

該酒店由於品質問題嚴重，而制定了一套完整的全員性的品質改進活動模式，而具體的品質問題可以在質檢部門與業務部門的配

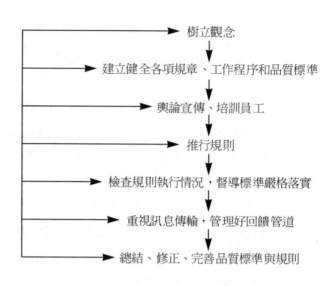

樹立觀念

建立健全各項規章、工作程序和品質標準

輿論宣傳、培訓員工

推行規則

檢查規則執行情況，督導標準嚴格落實

重視訊息傳輸，管理好回饋管道

總結、修正、完善品質標準與規則

圖7-1　餐飲品質管理活動循環圖

合下，運用PDCA循環工作法，達到提高餐飲品質的效果。

三、餐飲品質保證體系的構成

　　餐飲品質保證僅靠質檢部的工作是遠遠不夠的，它僅僅是品質保證的一個主要職能環節，可以起到帶動或督促品質保證體系運轉的作用。因此，實現品質保證還必須建立一個功能健全的品質保證體系。

　　品質保證體系是由若干個品質保證子系統組成的有機整體。既包括為品質提供擔保的組織機構，又包括為品質提供擔保的行為與活動。其組成包括：品質目標責任系統、品質管理組織系統、品質目標實施系統、品質管理法規系統、品質監督系統、品質管理訊息系統、品質管理教育系統等。各個系統本身，又包含有自己的組成要素。品質保證體系的構成見**圖7-2**。

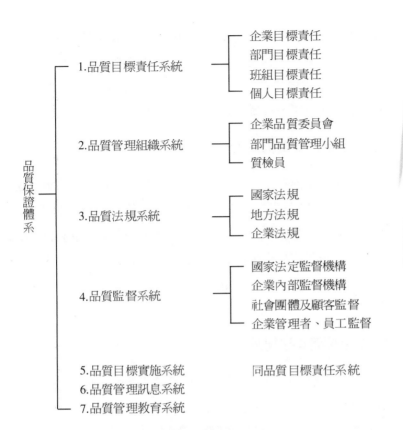

品
質
保
證
體
系

1.品質目標責任系統 ── 企業目標責任
　　　　　　　　　　　 部門目標責任
　　　　　　　　　　　 班組目標責任
　　　　　　　　　　　 個人目標責任

2.品質管理組織系統 ── 企業品質委員會
　　　　　　　　　　　 部門品質管理小組
　　　　　　　　　　　 質檢員

3.品質法規系統 ── 國家法規
　　　　　　　　　 地方法規
　　　　　　　　　 企業法規

4.品質監督系統 ── 國家法定監督機構
　　　　　　　　　 企業內部監督機構
　　　　　　　　　 社會團體及顧客監督
　　　　　　　　　 企業管理者、員工監督

5.品質目標實施系統　　同品質目標責任系統
6.品質管理訊息系統
7.品質管理教育系統

圖7-2　品質保證體系構成表

（一）品質目標責任系統

　　品質目標責任系統是由餐飲企業、部門、班組、個人品質目標責任組成的有機整體，是餐飲企業品質保證體系的軸心，整個品質保證體系是圍繞品質目標責任的實現而運轉。

（二）品質管理組織系統

　　飯店設置全面品質管理委員會或辦公室，各生產經營部門（業務服務部門）設置品質管理小組，各班組設置品質管理員或質檢

員。此外，還有員工性的品質管理小組。這幾個層次的品質管理機構形成了一個上下貫通、左右聯繫的有機整體。它是整個餐飲品質保證體系的管理中心，負責對整個品質保證體系運行的計畫、組織、指揮、控制、監督、協調的各項工作。

（三）品質目標實施系統

飯店或整個餐飲企業的品質目標責任，透過分解落實到飯店的各個層面、各個部門、各個班組和各個崗位。全體員工都是企業目標責任的具體實施者，這樣就自上而下形成了餐飲品質目標的實施系統，它是餐飲品質保證體系的主體。飯店的每個層次、員工，都有確定的目標責任，都要為實現目標、完成自己承擔的責任而努力。

（四）品質管理法規系統

品質要得到保證，飯店的各項具體活動中，必須遵守一定的法規。例如食品的加工、製作、銷售必須遵守相關法規。類似的有關品質問題的法令、條例、制度，有國家制定的，有主管部門制定的，也有地方有關部門制定的，由此構成了品質管理的法規系統。品質法規系統是品質保證體系運行的方向，引導和規範品質管理系統沿著正確的軌道運行，它是餐飲品質管理工作的約束機制。

（五）品質監督系統

餐飲品質監督系統由多種因素構成。一是法定的國家各級監督部門和機構的監督，如標準化、行政主管部門、工商行政管理部門、食品衛生防疫部門等；二是飯店自己設置的質檢部、品質監督小組的監督；三是飯店聘請的社會有關人士組成的消費者監督組織的監督；四是顧客及維護消費者利益的社會組織，如消費者基金會

的日常監督。除此之外，還應有行業性的監督機制。以上的各種組織形式，形成了內外結合、縱橫交錯的監督體系。

(六) 品質管理訊息系統

品質管理訊息系統是餐飲品質保證體系的神經系統，在食品生產、顧客食用、餐廳服務等過程中，隨時都會產生與品質有關的大量訊息，如顧客投訴、建議等。如何使這些訊息暢通無阻、快捷靈敏地得到傳遞和分析運用，就應建立品質管理訊息系統，並密切與品質管理組織系統相配合，建立有效的訊息傳遞管道，以便根據訊息的分析結果來控制、調節品質保證體系的高品質運行。

(七) 品質管理教育系統

品質管理教育系統負責對飯店管理人員、員工進行品質教育培訓工作，強化全體員工的品質意識，講解保證和提高餐飲品質的理論與方法，訓練員工實現品質目標責任的能力，它是餐飲品質保證體系的基礎。餐飲品質意識和理念的灌輸，對一般員工來說，是非常重要的。由於歷史的原因，形成了餐飲從業人員的文化水準相對較低的局面，提高員工的素質，提高員工對品質的認識，是一項艱巨的教育工作，餐飲企業應該加以特別的重視。

第二節　ISO9000品質保證模式的運行

一、ISO9000系列標準簡介

國際標準化組織（ISO）一九七九年成立品質保證技術委員

會，專門從事品質保證領域國際標準化工作，於一九八七年改名為品質管理和品質保證技術委員會，並於一九八六年正式頒布第一個國際品質標準：508402《品質——術語》，又於一九八七年正式頒布ISO9000系列標準，一九九四年對系列標準進行了修訂，已經形成了ISO9000族標準，該系列標準包括：

ISO8402 ：品質管理和品質保證——術語。

ISO9000-1 ：一九九四品質管理和品質保證標準——選擇和使用指南。

ISO9001 ：一九九四品質體系——設計、開發、生產、安裝和服務的品質保證模式。

ISO9002 ：一九九四品質體系——生產、安裝和服務的品質保證模式。

ISO9003 ：一九九四品質體系——最終檢驗和試驗的品質保證模式。

ISO9004-1 ：一九九四品質管理和品質體系要素——第一部分：指南。

（一）ISO8402標準

該標準為詞彙類標準。最早給出二十二個術語，在一九九四年修訂的ISO8402標準中增加到六十七個術語。

這些名詞術語，都是品質管理中必須採用和反覆出現的詞彙，因此該標準對這些詞彙進行了規範化和標準化的規定和描述。同時也使該標準成為其他ISO9000系列標準的用詞依據和指南。

該標準所含術語分為四部分：基本術語、與品質有關的術語、與品質體系有關的術語、與工具和技術有關的術語。它們的共同特點是通用性強、準確、完整和全面，在推行ISO9000系列標準和建

立品質體系中不斷發揮作用。

（二）ISO9000-1標準

該標準是對品質管理和品質保證標準的選擇和使用的指導性標準。該標準透過引言及其他八章的說明，闡述了以下觀點和要求：

1.品質標準體系是技術標準的補充。

2.不斷改進品質是供需雙方的需要。

3.ISO9000系列標準不是使各單位的品質體系標準化，而受目標和實踐影響使品質體系各不相同。

4.闡述品質方針、品質管理、品質體系、品質控制和品質保證五個基本概念及它們之間的關係。品質體系有合同環境和非合同環境之分，一個供方可能同時處於兩種品質體系環境之中，即管理者滿足和受益者推動。

5.品質要素的可剪裁性。

6.建立品質體系必須能滿足顧客的需求。

7.選擇合適的品質保證模式。

8.選擇品質保證模式應考慮的因素。

9.品質保證需用文件證實。

10.簽訂合同以前可由需方或第三者評價品質體系。

11.經供需雙方同意，品質保證標準可以剪裁。

12.品質標準和技術標準可以同時寫入合同，實行雙重標準。

（三）ISO9004-1標準

該標準為品質管理標準，是企業建立品質體系和進行品質管理的通用標準。

第一部分為引言，闡述了建立品質體系的依據和目標及應考慮

的因素。

第二部分為範圍和適用領域、引用標準和定義。

第三部分闡述了建立品質體系所需要選擇的十七個要素，對建立品質體系進行指導。

該標準還透過對品質體系原則的闡述，說明了建立品質體系和使之有效運行應注意的幾個方面：品質環境即建立品質體系的原理和依據；品質體系結構即品質體系運行的載體；品質體系文件即品質體系的表述；品質體系審核即品質體系有效運行的保證；品質體系審核與評價即品質體系改進的基礎。

（四）ISO9001、ISO9002和ISO9003標準

這三個標準是品質保證的三個模式。從三個標準的題目可以看出，它們分別適用於不同的生產範圍和過程。

ISO9001標準適用於設計、開發、生產、安裝和服務的全過程品質保證。

ISO9002標準適用於沒有設計、開發階段，而只有生產、安裝和服務過程的品質保證。

ISO9003標準適用於最終檢驗和試驗的品質保證。

品質保證模式是從評定品質體系的有效性目的出發而提出的品質保證要求，也就是從顧客或第三方評價品質體系的有效性的角度出發，選取的品質保證要素和要求。品質保證模式在合同環境下使用，所以除規定要素外，可能由於法規或合同特殊要求，還應包括這些特殊要素的條款。

三個品質保證模式的結構和描述方法完全一樣，只是所涉及的範圍和產品形成的過程不盡相同。ISO9001模式及範圍最廣，要素也最多，共二十個要素；ISO9002模式有十九個要素；ISO9003模式有十六個要素。因此可以說，後兩個模式只是ISO9001模式的一

部分。這三個模式不僅要素數量不同，而且要求程度和內涵也不盡相同，這在選取模式或結合實際情況建立品質體系時應給予注意。

目前，餐飲企業已經開始導入 ISO9000 族標準，但適用於餐飲企業品質管理模式的是 ISO9002 標準，中國大陸已經獲得 ISO9002 體系認證的餐飲企業如金三元酒家、淨雅大酒店等，均選擇生產、安裝和服務的品質保證模式。據了解，目前中國大陸已有許多家餐飲企業導入了 ISO9002 標準，並正在建立和運行中。

(五) 二○○○版 ISO9000 標準

另外，經過修訂的二○○○版 ISO9000 標準已經發布，簡介如下：

二○○○版 ISO9000 標準結構

目前，一九九四版 ISO9000 族標準已達二十二項，二○○○版 ISO9000 標準將由四項基本標準及若干支持性技術報告構成，已頒布的二十二項標準的主要內容將納入這四項基本標準：

ISO9000 ：品質管理體系——概念和術語。
ISO9001 ：品質管理體系——要求。
ISO9004 ：品質管理體系——業績改進指南。
ISO10011 ：品質管理體系審核指南。

除上述四項基本標準外，其他均為支持性技術報告或技術文件，如正在制定的 ISO10017 統計技術在 ISO9001 中的應用就是技術報告而不是標準。

二○○○版 ISO9000 標準特點

由於二○○○版 ISO9000 標準在結構上的調整，使其具有如下特點：

1.二○○○版ISO9001標準是一九九四版ISO9001、ISO9002和ISO9003標準的合併,但在一定條件下允許對ISO9001進行剪裁,以滿足對ISO9002和ISO9003註冊組織的需要。

2.二○○○版ISO9001和ISO9004將作為一對標準來考慮,因此都採用了簡單的基本過程結構,見**圖7-3**,以四個基本過程結構代替二十個要素的結構,比現行的ISO9001標準中二十項要素的結構更通用。

3.二○○○版ISO9000標準所採用的基本過程結構與ISO14000環境管理標準所採用的PDCA循環相一致,同時在內容和語言描述上也儘量保持一致,這樣可保證兩個標準的通用性要素能由組織全部或部分地以共同的方式加以實施,而沒有必要去重複實施。

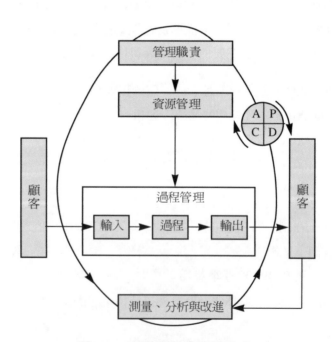

圖7-3　品質管理的過程模式

4.強調了顧客的重要性，組織應首先確定顧客的需要和要求，並對其滿足要求能力進行評審，同時對品質體系業績的評價也離不開顧客的反應和評價。

5.強調持續改進，明確組織應建立品質管理體系持續改進的過程。

6.ISO8402品質術語合併到ISO9000標準中，共有七十四條術語，分為六個部分，增加了某些術語，取消或改動了某些術語，某些術語的涵義更加明確。

二○○○版ISO9000標準八項原則

二○○○版ISO9000標準採用了八項品質管理原則，儘管這些原則很簡單，但對品質管理體系的成功必不可少。這些品質管理原則的目的在於指導組織的管理，它們的實施最終將使組織的顧客和相關方受益。八項原則是：

1.以顧客為中心。

2.領導作用。

3.全員參與。

4.過程方法。

5.系統管理方法。

6.持續改進。

7.以事實為決策依據。

8.互利的供方關係。

二、品質管理體系要素

如何建立一個有效的品質體系，達到深化全面品質管理的目的，必須首先了解全面品質管理體系要素及其內涵。

（一）品質體系要素

在ISO9004-1標準中，共闡述了十七個方面的要素：

1.管理職責。

2.品質體系要求（原則）。

3.品質體系的財務考慮。

4.營銷品質。

5.規範和設計的品質。

6.採購品質。

7.品質過程。

8.過程控制。

9.產品驗證。

10.檢驗、測量和試驗設備的控制。

11.不合格品的控制。

12.糾正措施。

13.生產後的活動。

14.品質紀錄。

15.人員。

16.產品安全性。

17.統計方法的應用。

對上述十七個要點，有專家把前三個要點稱為管理要素，把四至十三稱為過程要素，把十四至十七稱為基本要素。這樣，透過矩陣組合，可把三種要素有機地聯繫在一起，形成立體的三維品質管理體系，見**圖7-4**。

由圖7-4可以看出，如果把品質環拉開恰好和三維品質體系之一的過程要素相重合，即過程要素正好是品質環的全過程，而前三

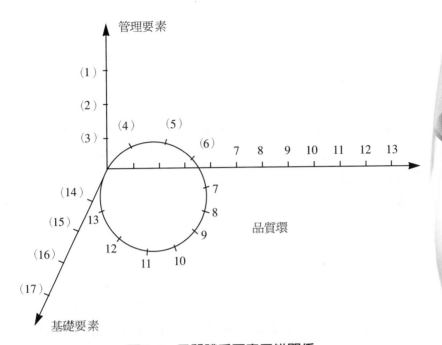

圖7-4　品質體系要素三維關係

個要素和後四個要素是為了有效控制品質環所必須有效實施的要素。這三個方面要素的有機配合，才能保證品質體系的有效運行。

（二）品質管理體系構成要素

全面品質管理作為一個有機的整體，它的構成要素主要包括以下幾個方面：

品質方針

品質方針始於顧客要求，終於顧客滿意，它是總方針的一個組成部分，由最高管理者批准，要形成書面文件。

品質目標

品質目標可以透過品質要求來說明和體現。品質目標應從滿足顧客需要和承諾出發，制定具體量化指標並切實可行和能夠實現。

品質體系

品質體系是為實施品質管理所需的組織結構、程序、過程和資源。它的內容應以滿足品質目標的需要為依據。

品質策劃

確定品質以及採用品質體系要素的目標和要求的活動就是品質策劃。它包括產品策劃、管理和作業策劃、編製品質計畫和做出品質改進的規定等。

品質成本

為了確保滿意的品質而發生的費用,以及沒有達到滿意的品質所造成的損失。

品質改進

為向本組織及其顧客提供更多的收益,在整個組織內所採取的旨在提高活動過程的效益和效率的各種措施。品質改進應首先創造一個良好的環境,它包括鼓勵和支持支持型的管理者、規定明確的品質改進目標、鼓勵有效聯絡和團結協作、承認成功和成就等方面。

品質文化

品質文化是以品質為中心,使企業全員在哲理思想、道德觀念和思維方式及思想作風等方面都形成以品質價值為主體的一種氛圍。品質文化重視品質價值導向,對品質有突出貢獻者重獎,鼓勵人們向更高的品質目標努力,並以此形成正確的品質價值觀。

品質審核

確定品質活動和有關結果是否符合計畫的安排,以及這些安排是否有效地實施並適合於達到預定目標的系統、獨立的檢查。品質審核一般用於對品質體系的審核,它包括「品質體系審核」、「品質過程審核」、「產品品質審核」、「服務品質審核」等。審核不是

「品質監督」或「檢驗」。

三、建立品質體系要求與文件編寫

　　品質體系是全面品質管理的主體，它透過全面品質管理的軟體和硬體相結合進行有機運作，並使全面品質管理產生效益。

（一）品質體系總體設計的要求

　　在進行品質總體設計時，應符合以下要求：

　　1.首先應制定明確的品質方針和品質目標。
　　2.必須分析、明確品質環的特點。
　　3.必須符合品質標準和有關法規的要求。
　　4.應該符合全面品質管理的要求。

（二）建立品質體系要求

　　1.強調系統優化：
　　　　(1)系統工程方法。
　　　　(2)整體優化。
　　　　(3)文件編製、協調要素和活動接口都必須優化。
　　2.強調預防為主：
　　　　(1)從管理結果向管理因素轉移。
　　　　(2)減少、消除、預防不合格。
　　　　(3)技術、管理和人的因素處於受控狀態。
　　　　(4)制定預防措施程序。
　　3.強調滿足顧客要求：
　　　　(1)滿足恰當規定的需求、用途或目的。

(2)滿足顧客的期望。

(3)符合適用的標準和規範。

(4)符合社會要求。

(5)反應環境需要。

(6)以有競爭力的價格及時提供。

(7)經濟地提供。

4.強調過程管理：

(1)全面品質管理強調全過程控制。

(2)ISO9000 族標準的基礎是「所有工作都是透過過程來完成的」。

(3)在ISO9000-1 標準「品質體系評價」中指出，必須對每一被評價的過程提出如下三個基本問題：A.過程是否被確定？過程程序是否被恰當地形成文件？B.過程是否被充分展開並按文件要求貫徹實施？C.在提供預期的結果方面，過程是否有效？

5.強調品質與效益統一：

(1)消耗最少，利益最大，成本最佳，風險最低。

(2)保護顧客和組織的利益。

(3)使用不同的財務報告方法，達到品質、效益統一。

（三）品質體系文件的編寫

ISO9000 系列標準要求品質體系形成文件並加以實施。全面品質管理作為一個管理體系，必須有完整的文件載體才能確保體系的有效運行。

在編寫品質體系文件時，常用的術語包括品質手冊、品質管理手冊、品質保證手冊、品質計畫、程序、記錄等，這在ISO9000 標準中都作了明確的解釋和定義。

1.品質體系文件分類：品質體系文件類型可分為通用性文件和
專用性文件。
(1)通用性文件：一般可分為三個層次。
・第一層次，品質手冊：按規定的品質方針和目標以及適
用的ISO9000 系列標準描述品質體系。
・第二層次，程序文件：描述為實施品質體系要素所涉及
到的各職能部門的活動。
・第三層次，作業指導書和表格等：為詳細作業指導文
件。
(2)專業性文件：是針對特定的產品、項目或合同所規定的
專用文件，如品質計畫。在品質管理和品質體系的建立
和運行過程中，品質體系程序文件是基礎性的文件，是
品質管理、品質控制和品質保證等活動必須遵循的依
據。
2.編寫品質手冊的要求：
(1)應包括或涉及書面的品質體系程序。
(2)應覆蓋組織所要求的品質體系所適用的要素。
(3)應足夠詳細地闡明有關品質體系程序的控制內容。
(4)專利性訊息的內容組織自行處理。
3.編寫品質手冊的目的：
(1)貫徹公司的方針、程序和要求。
(2)實施有效的品質體系。
(3)提供品質體系審核依據文件。
(4)提供改進控制方法，促進品質保證活動。
(5)環境改變時，保證品質體系及其要求的連續性。
(6)按品質體系要求和相同方法培訓人員。
(7)對外介紹其品質體系，證明符合某標準。

(8)證明其自身的品質體系符合合同環境中選定的品質體系標準的規定。

4.品質手冊的編寫內容：

(1)概述。

(2)標題。

(3)目次。

(4)前言。

(5)品質方針和目標。

(6)組織、職責和職權的說明。

(7)品質體系要素。

(8)定義。

(9)品質手冊的使用指南。

(10)支持性訊息的附錄。

四、品質體系的審核

品質體系審核不僅是保證品質體系有效運行的手段，更是一種系統獨立的活動，具有客觀性和公正性等明顯特點。因此首先應掌握和了解與品質體系審核有關的一些基本概念，如品質審核的目的和作用、品質審核的特點及品質審核的基本術語等，這是做好品質體系審核的前提。

（一）品質審核的目的

品質體系審核的目的是透過獲取足夠的客觀證據，審核受審方的品質體系要素是否符合規定要求，評價品質體系運行的效果，以判斷品質體系是否符合規定標準的要求，以及確定其滿足規定目標要求的能力和有效性。

企業內部需要

　　企業單位爲了不斷改進品質管理，必然要進行例行的品質體系審核活動，其目的是：

1. 查明品質體系的運行對品質方針和目標是否有效。
2. 查明品質要素選取是否符合實際，要素控制的接口是否存在問題。
3. 審核現行品質體系是否符合外部環境變化的需要。

　　以上三點內部審核，其目的都是爲了品質改進，使本企業更好地適應外部環境的改變而強化品質體系。

企業外部需要

　　更多情況是由於企業外部經營的需要而必須進行品質體系審核，其中包括：

1. 需方選擇供方簽訂合同時，需要證實其品質體系的保證能力和有效性。
2. 在執行合同期間，需方發現有新的品質問題，將要求透過體系審核改進品質。
3. 需方要求查明其品質體系是否符合有關法規要求而進行審核。
4. 企業爲了取得體系認證或生產許可註冊，也要透過品質審核來完成。

（二）品質審核的特點

　　品質審核不同於管理評審，更不同於品質諮詢。品質審核作爲一種獨立的體系，審核本身在組織和實施方面不僅有自己的獨立性，在方法、目的和觀念上都有自己的獨到特點。

品質審核的客觀性

品質審核通常由與被審核方無關的人員進行，但必須保證審核人員的技術水準和資歷，以保證審核的客觀性、公正性，避免片面性。

品質審核應按標準要求進行

品質體系審核應遵循所選用的標準、要求及有關品質文件，如品質手冊等，確定審核的意圖及出發點。

品質審核應按程序進行

品質審核是一項獨立的有計畫的活動，因此必須嚴格按照制定的審核計畫和程序進行。因為審核目的和範圍不同，審核計畫和程序也不會一樣，因此按各自的程序進行才能保證其確定的審核目的。

品質審核不必求全

品質審核只是抽樣檢查，不可能也沒有必要對某企業每天發生的所有活動進行檢查。因此，品質審核只就選擇需要審核的項目進行檢查，不一定查出問題才好，而應找出有規律性的不符合項，才有改進價值。

品質審核應重客觀憑證

在品質審核中，提出任何失誤或不符合項，都應有事實根據。如果沒有事實根據，不能證明受審核方有錯誤的情況下，應認為是對的，絕不允許用個人觀點作為結論的基礎。

品質審核憑證要符合規定要求

品質審核中所獲取的憑證材料必須按照規定要求來加以檢查和確認。從品質審核的不同目的出發，可能要按品質標準或合同規定及法規要求來進行，這樣所取憑證也要符合上述規定要求。

（三）品質審核的程序

通常，品質體系審核的程序為提出審核、審核準備、實施審核和審核報告四個階段及若干步驟。有時又把一個審核的全過程分為準備與計畫階段、實施和結果的評估、制定和認可糾正措施及追蹤與再次審核。

提出審核申請

由委託方向審核機構提出審核申請，同時審核申請應該是以正式文件形式遞交給審核機構。審核申請應包括：

1. 明確審核與被審核關係。
2. 明確審核的範圍和深度。
3. 準備和初審必要文件。

進行審核準備

確定審核與被審核的關係之後，雙方都將按照應盡的職責做好充分準備工作。受審核方應提供和調配審核中所需的資源，並積極支持和配合審核方做好審核工作。審核方為順利進行審核，必須做好如下工作：

1. 制定審核計畫。
2. 組成審核小組。
3. 制定審核大綱。
4. 準備檢查清單。

開始實施審核

經協調和商榷完成審核準備工作後，即可開始進行審核。實施審核通常由幾個獨自的事件組成，其中主要包括：

1.首次會議。

2.開始審核。

3.審核小組會。

4.結束會議。

提交審核報告

審核報告是整個審核過程的主要產物，審核報告應提供一份包括審核目標、範圍、發現問題和結論記錄完整的文件。審核報告的主要內容如下：

1.審核機構標識。

2.受審核方名稱和地址。

3.受審日期。

4.審核組成員。

5.審核目標和範圍。

6.審核所依據的標準和法規。

7.審核大綱，有時附檢查清單。

8.對符合項的陳述。

9.對不符合項的陳述。

10.審核計畫執行情況。

11.品質體系實現目標的能力。

12.批准及審核報告發放清單。

有關審核方法

審核活動要求具有嚴肅性和客觀公正性，這使審核員面臨巨大的挑戰，若沒有好的方法和技巧，則很難勝任審核任務。

1.審核談話。

2.提問技巧。

3.驗證事實。

4.記錄不符合項。

　　品質審核是企業實現品質方針和目標的重要管理手段，它對於改進品質體系和品質改進具有不可忽視的推動作用。餐飲企業是否藉助現代管理手段，導入ISO9000族標準，必須根據各自的需要確定。ISO9000標準的推廣，重要的在於是企業的一種自覺和自發行為，它不是強制性的，無須行政部門的干擾。但在面臨加入WTO組織，餐飲市場的競爭越加激烈，顧客對產品品質的要求越來越高的情況下，餐飲業如何實現與國際接軌，已成為許多餐飲企業思考的重要問題。

第三節　餐飲品質的顧客調查

一、顧客調查概要

（一）顧客調查的目的

1.發現顧客的滿意率及滿意的地方。

2.發現顧客不滿意的地方。

3.提高餐飲企業的市場形象。

4.讓顧客有參與感，關注顧客的期望，尋找顧客的需求。

5.直接促進餐飲品質的全面提高。

（二）顧客調查的方法

1.顧客調查問卷／回饋卡。

2.電話調查（根據就餐顧客檔案）。

3.面談／召開顧客座談會。

4.請第三方進行調查。

5.顧客就餐時現場口頭詢問。

6.新產品試吃、品嚐後口頭詢問。

7.網上調查。

美國市場營銷學專家提出了四種基本的調查方法，見**表7-1**。

表7-1　四種基本調研方法

	內容	目的	頻率	局限
具體事項調查	一次服務衝突之後的顧客滿意度調查	獲取顧客回饋，迅速行動	堅持不懈	注重顧客的最新體驗，而非整體評價；不包含非顧客
顧客投訴評論和查詢	對顧客投訴進行分類和發布的系統	找出最常見的服務失敗類型，以便糾正；透過與顧客交流來確定改善服務，增進顧客關係的時機	持續不斷	不滿意顧客往往並不直接向企業投訴；分析投訴可以一窺全貌
全面市場調查	衡量顧客對企業服務的總體評價	參照競爭對手的情況，評估企業的服務業績；排出優先順序；長期追蹤	半年或按季度	檢測顧客對企業服務的總體評價，對具體的服務衝突不予理會
員工調查	涉及員工提供或接受的服務及他們的工作生活品質	衡量企業內部服務品質；找出員工認識到的服務改善障礙；追蹤員工士氣	按季度	員工從有利於自己的角度看待服務易受個人偏見的影響

（三）進行顧客調查的要點

1. 將調查的結果回饋給每一位相關的員工。可透過報告會議、
   廣告欄、內部報刊等把回饋訊息傳播給全體員工，以此促進
   品質的改進。
2. 將調查結果與經營業績掛鉤，從而有助於激勵管理人員不斷
   地改進餐飲品質，同時還應獎勵那些留住老顧客的員工。
3. 在調查中應尋找到顧客的服務品質期望，也就是要想辦法知
   道顧客想要得到何種服務以及服務品質的標準。
4. 嚴格對調查結果進行分析。
5. 注意增加開放性的問題。

（四）顧客調查的一般進程

進行有效調查的步驟如圖7-5。

二、顧客調查問卷的設計

（一）明確顧客調查的目的

例如要回答下述問題：

1. 本酒店的顧客群在哪裡？
2. 顧客需要什麼服務項目和服務特點？
3. 本酒店能提供什麼特色菜餚和服務？
4. 酒店提供的服務與顧客的要求有什麼差距？
5. 如何消除與需求的差距？
6. 我們的餐飲品質與競爭對手相比如何？

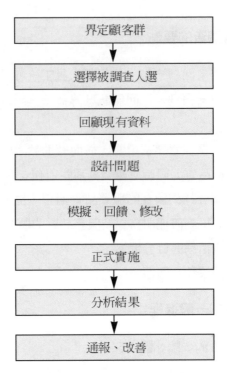

圖7-5　有效調查的步驟

7.我們怎樣才能趕上或超過他們？

8.如果暫時不能超過對手，怎麼辦？

（二）設計問卷的一般覆蓋範圍

1.我們的服務速度／服務時效怎樣？

2.菜餚品質是否符合顧客期望？

3.服務是否規範、標準？

4.餐飲品質與酒店承諾是否吻合？

5.接到投訴時，是否及時進行了有效的處理？

6.當顧客要求協助時，我們的答覆是否讓顧客滿意？

7.和其他酒店相比，我們的餐飲品質是否領先？

8.我們還能給顧客提供哪些服務項目？

9.我們提供的訊息是否及時、準確？

10.提供的服務標準是否能充分滿足顧客的要求？

（三）問卷設計的三大原則

1.簡明實用：

    (1)開場白簡短，說明調查目的即可。

    (2)問題簡明，便於回答者完成。

    (3)儘量將問題的答案設計成選擇項。

    (4)將顧客的回答方式簡化處理。

    (5)問題的回答使答題人可以對比度量，例如按從一到五的順序來排列得分情況。

    (6)文字排列宜留足空白，不要造成視覺緊迫，而使人產生「小氣」的感覺。

2.分清前後，方便回答：

    (1)將判斷題放在前面，自由發揮的題留在後面。

    (2)將易於回答的題放在前面，難於回答的放在後面。

    (3)將大眾化的問題放在前面，涉及個人的問題放在後面。

3.充分考慮顧客應得的益處：

    (1)對答卷顧客表示真誠的感謝。

    (2)對答卷顧客的益處表達清楚，例如將從答卷中進行抽獎等。

    (3)對答卷進行特別處理會有一定的激勵效果（如公開表彰等）。

    (4)給顧客留下充分發揮個人意見的空間，以使答卷人體會設計者尊重顧客的用心。

三、顧客調查的訊息處理

請參考下面某大酒店的「餐飲品質訊息管理細則」：

1.目的：對本酒店的服務活動中，品質訊息的傳遞、搜集分析提供準則。

2.適用範圍：適用於本細則 3.1 條款規定好的品質訊息的管理。

3.管理要求：

3.1 本酒店重點管理的餐飲品質訊息包括：

　　a.顧客投訴訊息。

　　b.不合格服務訊息。

　　c.品質檢查訊息。

　　d.與實現品質目標有關的訊息。

3.2 訊息的傳遞：

3.2.1 顧客投訴訊息的傳遞：

　　a.本酒店的每個管理者和員工均有責任接受顧客的投訴，如果是在投訴接受人職責範圍內並有能力處理的投訴，由投訴接受人按酒店的有關規定處理。

　　b.凡投訴接受人無法獨立處理或處理中顧客仍有異議的投訴，則直接報告給投訴接受人的直接管理者，並填寫「顧客投訴記錄表」。

　　c.負責投訴處理的各部門管理者，每週將投訴處理情況彙總一次，並把統計結果以報告形式交至質檢部。

3.2.2 不合格服務訊息的傳遞：

　　a.各部門管理人員根據品質標準識別出不合格食品或服

務，以及從顧客現場投訴中識別的不合格內容，均應認真記錄，定期進行統計並對主要問題作出分析報告，上交質檢部，同時作出對品質問題的糾正措施。

b.對於在內部品質審核過程中發現的不合格品質問題，由審核組成員發出「不合格品質評審報告」。

3.2.3 品質檢查訊息的傳遞：

a.對於在餐飲品質管理規範中規定的專檢記錄應在檢查完畢後交至質檢部文件管理員，若在專檢過程中發現不合格品質現象，應及時作出分析，制定「糾正和預防措施控制程序」並迅速在工作面上實施。

b.由品質督導主任進行常規督導時產生的記錄，每週進行一次分析統計，並將分析報告交質檢部和總經理。

3.3 訊息的分析：

3.3.1 品質訊息的分析、整理可分為生產、服務項目或部門兩個方面進行。

3.4 糾正和預防措施的識別：

3.4.1 對顧客投訴訊息發出糾正和預防措施情形的界定：

a.同一內容投訴重點三次以上時。

b.性質嚴重的投訴，如食品安全、態度惡劣的情況等。

3.4.2 對酒店內影響品質體系運行的現象應發出糾正和預防措施單。

3.4.3 對內部品質審核中發現的不合格應發出糾正和預防措施單。

3.5 統計分析結果的傳遞：質檢部於每月初將上月的新的統計分析資料遞交總經理一份，質檢部存檔一份。

3.6 訊息資料的保存：所有原始資料及統計分析結果都應有存檔。

4.統計:

4.1 統計對象和統計方法:

4.1.1本酒店使用的統計方法及其統計對象列下表中,見**表7-2**。

4.1.2酒店按統計技術應用一檢表的規定落實責任,正確搜集數據,編製圖表並對統計結果進行分析。

4.2 調查表法及其應用:

4.2.1調查表是一種統計圖表,利用這種圖表可以進行數據的搜集、整理和原因調查,並進行分析評價,見**表7-3**。

4.3 排列圖法及其應用(參見第4章第三節內容)。

表7-2　統計方法一檢表

序號	統計方法	統計對象	數據搜集者	分析責任者
1	調查表法	顧客反映	各部門	質檢部
2	排列圖法	顧客投訴	各部門	質檢部
3	排列圖法	不合格品	各部門	質檢部

表7-3　顧客滿意率統計表

序號	評價內容	滿意		一般		不滿意	
		人數	百分比%	人數	百分比%	人數	百分比%
1	餐廳環境						
2	服務效率						
3	禮節禮貌						
4	菜餚品質						
5	衛生狀況						
6	員工精神狀態						
7	價格水準						

四、餐飲品質顧客調查表案例

（一）案例一：某飯店的顧客調查表

請用下列得分等級標準標出每種陳述：

5——完全贊同

4——部分贊同

3——不好不壞，不贊同也不反對

2——部分不贊同

1——完全不贊同

NA——無法標出

計分辦法：把得分加在一起，然後將實際得分與標準分數作比
　　　　　較。

總計標準分＿＿＿＿＿　總計實際得分＿＿＿＿＿＿＿＿＿＿＿

打招呼

1.你一走進餐廳就有人前來打招呼	5 4 3 2 1
2.招待員離位	5 4 3 2 1
3.招待員有禮貌地講了幾句表示友好的話	5 4 3 2 1

4.對打招呼舉動的評論：＿＿＿＿＿＿＿＿＿＿＿＿＿＿＿

＿＿＿＿＿＿＿＿＿＿＿＿＿＿＿＿＿＿＿＿＿＿＿＿＿＿＿

＿＿＿＿＿＿＿＿＿＿＿＿＿＿＿＿＿＿＿＿＿＿＿＿＿＿＿

打招呼標準分數 15　實際得分＿＿＿＿＿＿＿＿＿＿＿＿＿

入座

1.問你願坐在吸煙區還是禁煙區	5 4 3 2 1
2.你準備入座時，立即被帶到你的餐桌去	5 4 3 2 1
3.招侍員衣著漂亮	5 4 3 2 1

4.招待員整潔、乾淨	5	4	3	2	1
5.安排的座位合你的心意	5	4	3	2	1
6.椅子或單間比較舒服	5	4	3	2	1

如果不舒服,為什麼?哪一方面不舒服?_____

_____

_____

7.剛入座,招待員就遞上菜單	5	4	3	2	1
8.招待員向你介紹今天的風味菜或菜單上新添的					
菜	5	4	3	2	1
9.招待員告訴你為你服務的服務員號碼	5	4	3	2	1
10.服務員看上去滿意自己的工作而且對你很照					
顧	5	4	3	2	1
11.招待員離開時留下一個愉快的祝詞	5	4	3	2	1

12.你對入座的評論:_____

_____

_____

入座的標準分數 55　　實際得分 _____

清潔

1.用餐區清潔	5	4	3	2	1
2.餐桌清潔	5	4	3	2	1
3.椅子或單間清潔	5	4	3	2	1
4.空盤立即從桌上撤走	5	4	3	2	1
5.刀、叉等餐具清潔	5	4	3	2	1
6.玻璃杯清潔	5	4	3	2	1
7.地毯清潔	5	4	3	2	1
8.廁所清潔	5	4	3	2	1
9.當班服務員工作服清潔度	5	4	3	2	1

10.對清潔的評論 _____

_____

清潔標準分數 45　　實際得分
廳內氣氛

1.餐廳內適於談話　　　　　　　　5　4　3　2　1
2.亮度適中　　　　　　　　　　　5　4　3　2　1
如果不合適，問題在哪裡？ _____

_____

3.聽不到廚房嘈雜聲　　　　　　　5　4　3　2　1
4.音樂播放的音量適中　　　　　　5　4　3　2　1
5.下列項目與餐廳名稱風格一致
　布置　　　　　　　　　　　　5　4　3　2　1
　菜單　　　　　　　　　　　　5　4　3　2　1
　服裝　　　　　　　　　　　　5　4　3　2　1
6.體驗到的情況與期望一致　　　　5　4　3　2　1
7.對餐廳內氣氛的評論： _____

_____

廳內氣氛標準分數 40　　實際得分 _____
服務工作

1.在你入座後三分鐘內就有服務員來與你聯繫　5　4　3　2　1
2.服務員首先給你倒茶水　　　　　5　4　3　2　1
3.服務員打招呼你感到愉快　　　　5　4　3　2　1
4.服務員的手、指甲乾淨　　　　　5　4　3　2　1
5.服務員姿態美好、風度大方　　　5　4　3　2　1

6.服務員熱情、氣氛愉快	5	4	3	2	1
7.服務員熟悉菜單上的菜式	5	4	3	2	1
8.服務員推薦菜式很有禮貌，不強人所難	5	4	3	2	1
9.服務員能回答你對該餐廳提出的各種問題	5	4	3	2	1
10.先接受女士點菜	5	4	3	2	1
11.飲料上得很快	5	4	3	2	1
12.食品上得很快	5	4	3	2	1
13.上菜節奏適當	5	4	3	2	1
14.服務員知道給誰上何種菜	5	4	3	2	1
15.在客人右邊上飲料	5	4	3	2	1
16.在客人左邊上菜餚	5	4	3	2	1
17.上完菜五分鐘後服務員即詢問客人還需要什麼	5	4	3	2	1
18.續水及時	5	4	3	2	1
19.撤空盤及時	5	4	3	2	1
20.用過的盤子從客人右邊取走	5	4	3	2	1
21.及時更換煙灰缸	5	4	3	2	1
22.你在用餐時不再叫服務員	5	4	3	2	1
23.看上去服務員很滿意自己的工作	5	4	3	2	1
24.服務員工作做得很好	5	4	3	2	1

25.對服務工作的評論：＿＿＿＿＿＿＿＿＿＿＿

＿＿＿＿＿＿＿＿＿＿＿＿＿＿＿＿＿＿＿＿＿＿

服務工作標準分數 <u>120</u>　　實際得分 ＿＿＿＿＿

食品

1.各項食品與菜單一致	5	4	3	2	1
2.你點的各種菜都有	5	4	3	2	1

3.熱菜端上來時是熱的　　　　　　　5　4　3　2　1

4.涼菜端上來時是涼的　　　　　　　5　4　3　2　1

5.開胃食品

　　看上去令人開胃　　　　　　　　5　4　3　2　1

　　新鮮　　　　　　　　　　　　　5　4　3　2　1

　　顏色美觀　　　　　　　　　　　5　4　3　2　1

　　味道適口　　　　　　　　　　　5　4　3　2　1

　　數量合適　　　　　　　　　　　5　4　3　2　1

6.麵食

　　新鮮　　　　　　　　　　　　　5　4　3　2　1

　　加工得當　　　　　　　　　　　5　4　3　2　1

7.對開胃食品、麵食的評論：＿＿＿＿＿＿＿＿＿＿＿

＿＿＿＿＿＿＿＿＿＿＿＿＿＿＿＿＿＿＿＿＿＿＿＿

＿＿＿＿＿＿＿＿＿＿＿＿＿＿＿＿＿＿＿＿＿＿＿＿

8.涼拌菜

　　看上去令人開胃　　　　　　　　5　4　3　2　1

　　拼擺美觀　　　　　　　　　　　5　4　3　2　1

　　分量恰當　　　　　　　　　　　5　4　3　2　1

　　新鮮　　　　　　　　　　　　　5　4　3　2　1

　　色調和諧　　　　　　　　　　　5　4　3　2　1

　　質感優良　　　　　　　　　　　5　4　3　2　1

　　調味適宜　　　　　　　　　　　5　4　3　2　1

9.對涼拌菜的評論：＿＿＿＿＿＿＿＿＿＿＿＿＿＿＿

＿＿＿＿＿＿＿＿＿＿＿＿＿＿＿＿＿＿＿＿＿＿＿＿

＿＿＿＿＿＿＿＿＿＿＿＿＿＿＿＿＿＿＿＿＿＿＿＿

10.主菜（熱菜）

　　看上去令人開胃　　　　　　　　5　4　3　2　1

裝盤美觀	5 4 3 2 1
分量適當	5 4 3 2 1
色澤和諧	5 4 3 2 1
新鮮	5 4 3 2 1
味道好	5 4 3 2 1
香味好	5 4 3 2 1
質感優良	5 4 3 2 1

11.對主菜的評論：_____

_____

12.對整個食品的評論：_____

_____

食品標準分數 130　　實際得分 _____

菜單

1.菜單整潔無污點	5 4 3 2 1
2.菜單與經營特色一致	5 4 3 2 1
3.菜單編製得美	5 4 3 2 1
4.菜單書寫清晰	5 4 3 2 1
5.菜單描述令人開胃	5 4 3 2 1
6.供應數量項目合宜	5 4 3 2 1
7.供應風味菜	5 4 3 2 1
8.有素食菜單	5 4 3 2 1
9.菜單起到了廣告的作用	5 4 3 2 1

10.對菜單的評論及改進意見：_____

_____

菜單標準分數 45　　　實際得分 _____

處理客人帳單

1.遞帳單時機恰當	5	4	3	2	1
2.帳單書寫清楚易懂	5	4	3	2	1
3.帳單記錄準確	5	4	3	2	1
4.帳單計價正確	5	4	3	2	1
5.服務員告訴你在你方便時會來收款	5	4	3	2	1
6.服務員收款後向你表示感謝	5	4	3	2	1
7.服務員把錢直接交給出納	5	4	3	2	1
8.服務員把找零直接交給你	5	4	3	2	1
9.找零準確無誤	5	4	3	2	1
10.你收到帳單存根	5	4	3	2	1
11.服務員歡迎你再來	5	4	3	2	1

12.對處理帳單的評論：_____

_____

_____

處理帳單標準分數 55　　　實際得分 _____

（二）案例二：某旅遊度假村的顧客調查

如果您願意花費幾分鐘填寫這張意見表，您將幫助我們爲您提供更好的服務。

您的回答對我們十分重要。謝謝您的寶貴時間。

房間預訂情況　　　　　　　　　　　　　　　　　　是　否

1.您的房間預訂得迅速、有效嗎？　　　　　　　　　□　□

如果回答「否」，請告訴我們使您不滿意的原因：_____

_____

接待和服務

2.您得到下列各環節友好的服務了嗎？

門口迎賓服務人員　　　　　　　　　　　□ □

停車場服務人員　　　　　　　　　　　　□ □

客房安排人員　　　　　　　　　　　　　□ □

行李搬運員　　　　　　　　　　　　　　□ □

電話接線員　　　　　　　　　　　　　　□ □

客戶服務員　　　　　　　　　　　　　　□ □

洗衣工　　　　　　　　　　　　　　　　□ □

出納員　　　　　　　　　　　　　　　　□ □

意見：_____

_____

客房_____您的房號_____

3.您認為您的房間

收拾好了　　　　　　　　　　　　　　　□ □

潔淨　　　　　　　　　　　　　　　　　□ □

舒適　　　　　　　　　　　　　　　　　□ □

設備良好　　　　　　　　　　　　　　　□ □

用品準備充足　　　　　　　　　　　　　□ □

房間布置得當　　　　　　　　　　　　　□ □

意見：_____

_____

4.您認為客房有需要改善的地方嗎？　　是 否

　　　　　　　　　　　　　　　　　　□ □

意見：_____

_____

餐廳和休息室

5.您認為飯菜品質如何？

不好_____ 一般_____ 好_____ 很好_____

意見：_____

_____

6.您認為餐飲服務品質如何？

迅速程度：

不好_____ 一般_____ 好_____ 很好_____

禮貌情況：

不好_____ 一般_____ 好_____ 很好_____

總的評價：_____

_____

_____

客房服務

7.您的吩咐執行得   是 否

　迅速？   ☐ ☐

　不折不扣？   ☐ ☐

　有禮貌的？   ☐ ☐

8.食品和酒水的品質令您滿意嗎？   ☐ ☐

9.茶盤及其他用具能及時清理嗎？   ☐ ☐

意見：_____

_____

_____

10.您對我們飯店的服務和設備評價如何？

不好_____ 一般_____ 好_____ 很好_____

總的評價：

_____

_____

姓名 _____

住址 _____ （填否自便）

您填好後，可交總服務台，或郵回。

時間： _____

（三）案例三：某五星級飯店餐飲顧客意見卡

我們希望您給與指正

尊敬的客人：

我們時常努力進一步提高我們在服務及食品方面的水準。爲達到此目的，我們需要您的意見回饋。如果能占用您一點寶貴的時間填寫此表並交與服務員，我們將不勝感激。

就餐餐廳：

苑園餐廳	☐	迷你美食廊	☐
大廳酒吧	☐	威尼斯餐廳	☐
聚合酒吧	☐	普拉啤酒坊	☐
客房送餐部	☐	卡巴納餐廳	☐
怡時餐廳	☐		

1.您如何評價您在餐廳得到的服務？

　　極好 ☐　　　好 ☐　　　一般 ☐

2.您如何評價我們的食品品質？

　　極好 ☐　　　好 ☐　　　一般 ☐

3.您如何評價我們的酒單？

　　極好 ☐　　　好 ☐　　　一般 ☐

4.您如何評價您在這裡的就餐感受？

　　極好 ☐　　　好 ☐　　　一般 ☐

5.您認爲哪位員工是樂於助人的？

6.您還有其他意見或建議嗎？

您的姓名 _____

地址 _____

電話 _____

第8章

餐飲產品品質營銷

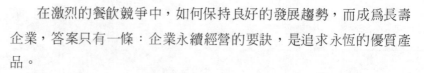

在激烈的餐飲競爭中，如何保持良好的發展趨勢，而成爲長壽企業，答案只有一條：企業永續經營的要訣，是追求永恆的優質產品。

於是，在餐飲市場趨於飽和，甚至是完全飽和的情況下，除了傳統的以市場份額，即數量營銷的方式外，更重要的還在於品質營銷。消費者在衆多的、有足夠選擇餘地的就餐場所時，自然要選擇自己滿意度高的餐廳，而營造使顧客滿意餐廳的唯一有效的手段，就是用優質的餐飲產品去長期的吸引顧客，對於那些老顧客來說，可靠的、穩定的、始終如一的餐飲品質比什麼都重要。請記住：品質，是拉住顧客最有效的利器。

由此，以產品品質爲中心進行的營銷手段隨之產生。品質營銷對餐飲業的市場競爭而言已不是新東西，但要使所有的餐飲經營者完全樹立起品質營銷的理念，還必須下很大的力氣。

品質營銷並不排斥市場營銷的傳統方式。實際上它是傳統營銷（從份額推銷）方式的完善和提升。企業可以透過種種促銷手段把客人吸引到餐廳來，但要長期留住顧客，則必須靠良好的產品品質。

第一節　品質營銷的市場分析

一、市場定位與品質設定

一個飯店、一個獨立的餐飲企業，無論它的產品和服務品質如何優良，也不可能適應所有的消費對象。換言之，營銷無論採取什麼樣的方法，首先需對你的營銷對象作一個準確的市場定位，然後

再去調查、了解消費對象的需求，進一步設定你的產品品質，以適應你的消費群體。

　　所謂消費群體是指具有同一消費特徵，在產品的認定或價格的適應方面處於同一層面的消費者。如我們平時講的大眾消費、白領消費、公款消費、學生消費等。每一個酒店在設計時，基本就從宏觀角度確定了它的服務群。不過，準確的定位，必須對市場進行分析。

(一) 細分市場

　　所謂細分市場是指飯店經營者依據選定的標準或因素，將一個錯綜複雜的飯店異質市場劃分成若干個需要和要求大致相同的同質市場，以便能有效地分配有限的資源，展開各種有意義的營銷活動。

　　飯店市場細分的方法有：

1.地理細分法，即按地理因素劃分。
2.人口細分法，即依據顧客的年齡、性別、收入、職業等人口統計因素劃分。
3.心理行為細分法，即按顧客生活態度、個性、消費習慣、購買時機、尋求利益、使用狀況、使用頻率、忠誠程度、態度等心理和行為因素進行劃分。
4.飯店使用者細分法，按就餐、旅遊目的、團體規模等因素劃分。
5.飯店購買者細分法，即按只購買不使用飯店產品的中間商類型進行的劃分。
6.外出用餐顧客細分法，即按顧客用餐目的、價格敏感程度及餐廳使用方便程度等因素進行劃分。

比如，某酒店根據自己的能力和資源擁有情況，對市場進行如下分析：

宏觀市場，見圖8-1。

細分市場，見圖8-2。

（二）確定目標市場

飯店經營者在市場細分化的基礎上，根據飯店的資源和目標選擇一個或幾個亞市場作為本飯店的目標市場，也就是確定自己的目標市場。

準確地選擇自己的目標市場，對飯店的餐飲營銷帶來很多益處。

首先，有利於飯店經營者發掘最佳的市場機會。進行市場細分後，經營者會發現現在產品尚未充分滿足顧客的需求，或找到一些未被競爭對手注意的二級市場，這對知名度不高或競爭勢力不強的中小型飯店，更具有實際意義。透過細分市場，飯店有可能找到營銷機會，在競爭日益激烈的餐飲市場環境中求得生存和發展。

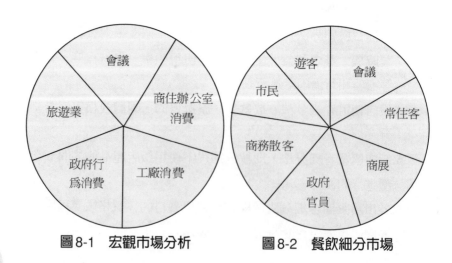

圖8-1　宏觀市場分析　　　　圖8-2　餐飲細分市場

其次，有利於按目標市場顧客的需求來指導和改進現在產品或開發新產品，使飯店提供的產品更適合顧客需要和需求。

最後，市場細分及確定目標市場有利於針對目標市場制定合理的飯店營銷組合，使飯店有限的資源集中用在選定的目標市場上。

那麼，根據市場細分結果，如何從中選定自己飯店的目標市場呢？通常有三種方式。

無差異化策略

無差異化策略主要以飯店市場的共性爲主要依據來設計飯店營銷組合，以滿足市場顧客的需求。這種營銷策略不拘泥於某一層面，而是以滿足絕大多數的共性需求爲目標。

差異化營銷策略

這種策略是指在市場細分的基礎上，飯店經營者選擇多個亞市場作爲目標，並針對各自目標市場分別設計和構思不同的營銷組合方案來滿足不同的目標市場。這種營銷策略目的性強，能達到有的放矢的效果。

集中性營銷策略

這種策略指飯店經營者選擇一個或幾個需要和要求相接近的亞市場作爲目標，制定出一套別於競爭對手的營銷組合，集中力量爭取在這些市場上占有很大的份額，而不求在整個市場占有較小的份額。

飯店經營者究竟選擇使用何種方式，應根據其資源、產品特色、市場情況、競爭對手的策略等諸因素而定。

（三）市場定位

飯店進行市場細分並選定其目標市場及其策略後，接著就要對如何進入和占領市場作出決策。決策時首先應對市場情形分析：

1.若選擇的目標市場已有競爭對手。

2.競爭對手已在市場占有有力的地位。

3.了解分析自己的優勢與劣勢。

4.了解分析對手的優、劣，判斷所處何種地位。

5.了解分析顧客選擇飯店時是否有利於自己飯店。

然後進行本飯店的市場定位。

所謂市場定位，是指根據目標市場的競爭形勢、飯店本身條件及客人追求的關鍵利益，確定飯店在目標市場上的競爭地位。具體地說就是為了使本飯店或產品——服務組合在目標市場顧客的心目中占據明確、獨特、深受歡迎的形象或地位而作出相應決策和進行的營銷活動。

飯店市場定位通常包括以下幾個方面的工作：

1.明確飯店目標市場客人所關心的關鍵利益（因素）。

2.形象的決策和初步構思。

3.確定飯店與眾不同的特色。

4.形象的具體設計。

5.形象的傳遞和宣傳。

（四）飯店產品的品質設定

飯店餐飲產品傳統的品質設定方式是：飯店將所經營的產品品質與價格設定好之後，透過銷售讓客人來適應飯店所設定的品質與確定的價格水準。但在市場經濟之下，餐飲產品總體品質水準的設定必須根據市場細分與目標市場的確定，當本飯店的定位確定之後，根據顧客的要求和需求來設計和設定自己的產品品質，然後將訊息傳遞給消費者，以誘引顧客的購買欲望。所以，專家給「營銷」的定義也恰恰反應了品質設定在內的營運過程。

所謂營銷，是指企業創造使顧客滿意的產品和服務，透過適當方式把產品的訊息傳遞給顧客，引起顧客的興趣和注意，以激發其購買欲望，促進其購買行為的活動。

其實，這個概念所反映的內涵已經是品質營銷的策略了。

無論你採取何種促銷手段，首先必須有高水準、適合顧客需求的優質產品。據有關資料表明，西式速食店肯德基在進入北京市場之前，曾經過各種方式，對市場進行了長達數年的調查、細分、分析，確定了目標市場之後，將設定的產品先以試嚐的形式，在北京主要街道請來往顧客免費品嚐，品嚐後，由服務員徵詢品嚐者的意見，包括顏色、口感、味道、分量、價格等十幾項內容，並填寫徵求意見表。然後把幾十萬份得到的調查表彙總傳遞至美國肯德基總部，進行電腦分析，從而確定肯德基在北京市場的品質標準及價格。這是肯德基之所以能在中國餐飲市場一炮打響的關鍵原因。

這裡說的品質設定，不是一成不變的品質內涵，而是指某一個層面的品質水準。比如，一個五星級酒店，那麼餐飲品質的水準必然設定在與五星級酒店規定的標準之上。由於五星級酒店的價位較高，那麼到這類酒店消費的客人自然會按五星級酒店的標準產生對餐飲品質的期望，為了滿足顧客的預期期望值，酒店的餐飲品質必然較低星級酒店要高，這是其一。其二，五星級酒店，由於品質好，價位好，所選定的目標市場必然是海外顧客市場和國內政府消費及少數有錢階層，而餐飲品質的設定就不能面對工薪階層。但是為了能長期吸引目標市場顧客的就餐，其餐飲品質仍然需在較高定位的基礎上繼續改進和提高。這就是品質設定的涵義。

二、餐飲品質營銷的特點

就現今的餐飲經營而言，雖然每天都有新開張的餐飲企業，但

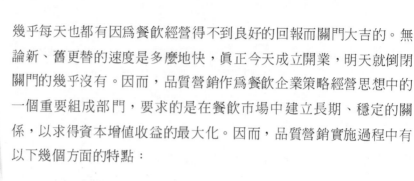

幾乎每天也都有因爲餐飲經營得不到良好的回報而關門大吉的。無論新、舊更替的速度是多麼地快，眞正今天成立開業，明天就倒閉關門的幾乎沒有。因而，品質營銷作爲餐飲企業策略經營思想中的一個重要組成部門，要求的是在餐飲市場中建立長期、穩定的關係，以求得資本增值收益的最大化。因而，品質營銷實施過程中有以下幾個方面的特點：

（一）難模仿性

品質營銷在本質意義上說是一種思想的貫徹與堅持在實踐中不斷地豐富與完善。只有持之以恆地推行下去，才能形成絕對的優勢。所謂保持始終如一的餐飲品質水準，就是這個意思。如果，你的品質保持始終如一的高水準，其他酒店雖然可以學你，追隨者儘管很多，但眞正能學到的卻很少；善學者儘管很多，但能悟出品質營銷眞諦的人卻不多。也就是說，以品質建立起來的顧客消費群是最穩固的，別人是難以模仿的。其中品質營銷就是能否將一種方式方法精通、領悟、把握及一以貫之地執行下來。同樣，在品質營銷中你也無法模仿他人，這種難模仿不是不能模仿，而是模仿中怎樣找到自己。其難就難在有沒有成功者的那種品質創造能力與求質求實精神。

（二）專注性

最近幾年的餐飲市場，幾乎是在刮風，一年或一階段一種風，先是川菜走強，後是粵菜風靡市場，繼而潮菜登陸各地，然後有自助火鍋、生猛海鮮，近期又是上海菜、杭州菜及各地風味鄉土菜興起。許多餐飲經營者一直在跟風，其結果就像狗熊掰玉米的寓言故事那樣，人人皆知的結果，這是餐飲經營缺少專注性的情形所致。品質營銷著眼於長遠，不追求一時之盛衰，不強求一城一池的得

失，而是專注於自己確定的目標市場的長期效果，因而其要求有二：

1. 經營要忍受品質改進、提高品質所帶來的一時效率降低、成本增高，要著眼於長遠的市場發展和品質收益。
2. 專門性不排斥多樣化，要根據目標市場定位和不同顧客的需求，加工生產不同品質水準的多樣化產品，以滿足雖是層面相同的顧客，但需求卻是不同的需求。

（三）顧客導向性

顧客喜歡的，就是品質好的產品，顧客不喜歡的，就是低品質的產品。因而，顧客的需求就是我們設定餐飲品質的導向。只有不斷開發和滿足顧客的要求，根據顧客的需求願望來改進和提高餐飲產品品質，才能保持市場的穩定，這是品質營銷的內核。

（四）系統性

品質經營包含五大要素，即計畫、組織、觀念意識、全面品質管理、品質營銷控制與品質營銷評估。它們相互促進，相互制約，共同維繫了品質營銷體系。

三、品質營銷與傳統營銷的差異

品質營銷與傳統營銷有著本質的差異性，也決定著餐飲企業競爭優勢的獲得和投入資本增值盈利的獲取以及生存發展，二者的差異如下：

（一）傳統營銷

傳統營銷就是運用各種方法以份額數量來衡量市場占有率的營銷手段，它較之品質營銷有以下不同：

1. 思維方式：由個體—總體—個體。
2. 工作方法：重絕活、計謀、方略，信奉「一招鮮，吃遍天」的法則。
3. 收益來源：大部分來自近期的營銷活動與投入。
4. 生存法則：個體獨立於整體之外，即個別品種的營銷活動可能與其他營銷活動的目的沒有直接關係，甚至可能發生矛盾。
5. 決策和評估依據：能否達到本期或短期的目的。
6. 經營哲學：成敗論英雄。
7. 營銷管理：以自我為中心，力求處處盡善盡美，力求證明自己的產品比他人的好。
8. 營銷活動：資源的投入主要用來宣傳品牌、產品及促銷訊息來吸引顧客。
9. 營銷工作考核指標：銷售額或銷售量的多少。
10. 工作動機：完成近期目標，取得當前的利益。

（二）品質營銷

由於品質營銷更重視長遠的利益和目標，與傳統營銷形成了一些本質的差異，其不同點是較為明顯的。

1. 思維方式：由總體—個體—總體。
2. 工作方法：重整體設計和長期目標，持之以恆，形成他人難以模仿的優勢。

3.收益來源：大部分來自較早打下的雄厚基礎和長期的營銷策略。

4.生存法則：個體服從整體，也就是某一具體的活動及其效果無法獨立存在或予以衡量。

5.決策和評估的依據：某一個營銷行為能否對整體營銷策略有益。

6.經營哲學：厚積薄發，不計一地一時的得失。

7.營銷管理：重在滿足客戶的重要需求，突出與眾不同。

8.營銷活動：了解客戶需求，提升服務品質，透過市場宣傳以改進顧客關係、滿足顧客需求為主。

9.營銷工作考核指標：現在顧客的滿意程度。

10.工作動機：完成長遠目標，滿足長遠利益。

應該說明的是，品質營銷分兩種情況存在於企業之中。一種是創業初期即目標高遠，按照品質營銷的思想生存發展；一種是透過數量營銷手段來達到原始積累的目的之後，實現質的變化，按品質營銷的思想來規範、整合企業的生存與發展。

餐飲企業，成功的實例很多，所走的成功之路也不同。許多飯店在開業之初，就透過猛烈的廣告投入，形成強勁的攻勢，而贏得了初期的成功，然後利用豐厚的積累再接連不斷地投入廣告宣傳，而在市場上贏得了很大的數量份額。與這種情況相比，那些靠品質一步一腳印地贏得顧客的信任所取得的效益相比，似乎不是公平的。但「存在就是合理」，短、平、快的餐飲業（如以承包形式的餐飲經營者，由於受到承包期限的限制），就必須在充分保證品質的同時，更多的是要透過傳統的營銷手段在短期即能吸引更多的顧客，以實現承包期內的利益目標。從這個意義講，傳統營銷有一定的優勢。但從長遠的穩妥的意義而言，還是應該從創業開始即按品

質營銷的觀點謀求發展，這樣的道路走起來儘管要坎坷艱難，但走得扎實並會越走越寬闊。

四、品質營銷的原則

1.堅持以建立與顧客關係為中心的品質策略，制定品質計畫。
2.組織各種以顧客為中心、跨職能部門的團隊組織。
3.重視將工作做好的全過程，而不僅僅是看結果，以確保步步高品質，結果也是高品質。
4.詳細詢問顧客，以便希望從合夥關係中得到有意義的啟示。
5.尋求顧客對個別菜餚及服務項目以及全面關係的品質訊息回饋。
6.聘用最佳人才，並投資培養他們。
7.始終保持富有彈性、敏捷、反應迅速，使飯店的每一個員工都能恰到好處地工作。
8.堅持品質第一觀點，對於產品和服務的品質永不滿足。

以上八項原則是現代品質經營思想的最佳表述，也是值得包括餐飲企業在內的所有企業努力仿效的。

第二節　餐飲品質營銷的基本理念

一、品質營銷是持之以恆的競賽

如果給餐飲經營者提出這樣的一個問題：一個萬米運動員能否

跑過一個百米運動員？乍一聽這個問題很可笑，但如果仔細一想，其中的道理就不言而喻了。

百米運動員因為跑的距離很短，可以卯足了勁，在瞬間暴發出來，從而創造出輝煌的成就，取得成功。這是百米運動員的特點，暴發力極強，取得成功只在一瞬間。而萬米運動員則是靠他堅韌不拔的持久耐力跑完了一圈又一圈，當百米運動員已經退出運動場地站在領獎台的時候，萬米運動員依然在努力不懈地向前跑著、跑著，直到取得成功。也許這種成功與百米運動員相比，來得太晚了點，但卻是長期努力的結果，其感受可能只有萬米運動員本人才能體會得到。由於百米運動員早早退出了運動場地，而只能坐在看台上欣賞萬米運動員的競賽，此時百米運動員不知該做何感想。餐飲的品質營銷說白了，其實就是做與萬米運動員相類似的運作。

品質營銷的目的是使飯店練就滴水穿石之功，因此不可期望透過品質營銷取得立竿見影的效果，或馬上解決企業的燃眉之急。如：

「某酒店廣告宣傳，招徠了興隆的生意，我們怎麼辦？」

「別人都降價了，我們還挺著嗎？」

如此之類的問題當不是品質營銷的本意。品質營銷實際根本無法做到使萬米運動員跑得如同百米運動員一樣快。

但品質營銷透過長期的積累，形成了厚實的底蘊，使企業的競爭力逐漸得到了提高，而且具有持久的競爭力。

品質營銷運用中，餐飲企業的管理者也應明確以下幾個問題：

第一，品質營銷沒有固定的成功模式或計策。因為品質營銷提供的是一種思想體系和理念。餐飲業的品質營銷則是建立在對內採取全面的品質管理，使產品品質保持穩中有升，對外以提高顧客長期的滿意度為目的和目標。指望藉助一些可以沿用、抄襲的模式贏得發財的機會，本身是與品質營銷相悖的。

　　第二，品質營銷無法確保一個餐飲企業一定能夠成功。這如同一個雞蛋在一定條件下可以孵出小雞，一塊石頭則不能。品質營銷可以提供孵出小雞的條件，卻無法使石頭變為小雞。一個餐飲企業在如此多變的餐飲競爭中取得成功，除了外部條件，還需要一些基本的內在因素。

　　第三，品質營銷無法解決非市場因素的影響問題，而是適用於以市場經濟為主、社會都可以參與競爭的環境。

　　傳統的餐飲業長期以來，用菜餚價格、廣告宣傳（虛假成分較濃）和社會關係（尤其和政府部門的關係）就可以戰無不勝，這種情況下，品質營銷是幫不上什麼忙的，因而也就失去了它的存在意義。

二、100－1＝0的理念

　　品質營銷必須有品質管理作保證，因為在品質營銷中有一個品質否定公式，即：

$$100 - 1 = 0$$

這個公式的涵義有二：

　　其一，在顧客的心目中酒店的餐飲品質是一個整體，它由各個崗位的每一項工作和各個人的每一項行為所構成。因此，顧客在對酒店的餐飲品質進行評價時，通常是根據酒店工作的某一點（哪怕這一點是微不足道的）作出結論。例如，某顧客可以根據某個服務員的用語不禮貌或者門衛人員指揮車輛不力，或者某個菜餚中發現了一根頭髮，或者上洗手間發現馬桶沒有沖水，客人就會全盤否定整個酒店的餐飲品質管理，不論酒店其他方面的工作做得再好。

　　其二，在酒店員工的心目中，要認識到，100雖然是由一百個

1構成的，它代表的是每個崗位、每個員工的每項工作，但如果其中缺少了一個1，則整體也就被破壞而不能稱其為整體。所以，這裡的「1」不僅僅代表的是100中的「1」個，而是餐飲品質的整體，這就要求酒店的每個員工必須從整個酒店的品質角度去做好每個崗位的工作。

這就是$100 - 1 = 0$的否定公式，也就是通常所說的「一票否定」。

要貫徹好$100 - 1 = 0$的品質否定公式，就要對餐飲品質實施全面的管理，也就是全方位、全過程、全員參與與多樣化的管理，尤其做好以下的管理環節。

一是加強預前控制，事先預防錯誤發生。要做到這一點，就必須加強全員培訓，全面提高員工素質。

二是開展無差錯活動，提高菜品的服務品質，使品質管理落實到每時每刻。形式可以多種多樣，如無差錯工作日、無差錯工作週、無差錯工作月，各個崗位進行無差錯競賽，逐漸使員工養成無差錯的工作習慣。

三是制定規範的品質標準，力求標準量化。例如酒店的環境品質，大多數酒店沒有嚴格的量化標準，即使有也執行不嚴。某星級酒店要求餐廳內溫度冬季不低於18℃至22℃，夏季不高於22℃至24℃，用餐高峰期不超過24℃至26℃，相對濕度40％至60％，一氧化碳含量不超過$5mg/m^3$，二氧化碳不超過0.1％，顆粒物不超過$0.1mg/m^3$，細菌總數不超過3000個／m^3，採光照度不低於100lx，噪音不超過50dB。對餐廳設備和餐廳用品的品質也有具體要求，為兒童進餐，專門備有兒童座椅；桌椅之間的通道距離都有明確規定，餐飲用具以餐桌座位為基礎，平均不少於三套；對於開瓶器、打火機、托盤等都有規定等等。許多餐飲企業在實踐中，已經深切地認識到，全面品質管理只有力求量化，才能真正落實，也才能真

正使100－1＝0的品質否定公式在全員中紮根。

三、雞蛋放在一個籃子裡比放在十個籃子裡更安全

　　如前所述，品質營銷是著眼於競爭優勢的營銷理念和策略，其特點在於它的專注性，要做就把一個產品或一個項目或一個品牌做好、做精，成為同類產品中之佼佼者。

　　但有人偏偏不這麼認為，一旦餐飲經營稍有起色，就擴大經營規範，原來的根基尚不到厚實得難以動搖的地步，就搞連鎖店，一個、兩個、三個……直到有一天，沉重的包袱已經把整個企業拖進了無以自拔的泥潭中，但為時已晚。

　　雞蛋放在十個籃子裡比放在一個籃子裡更安全嗎？

　　許多餐飲經營者對此持有肯定的態度，於是多元化經營、分散投資，那麼結果如何呢？

　　例如，山東有一家四星級賓館，經過十幾年的苦心經營和有效的品質管理，聲譽日益提高，贏得了許多國外賓客的信任，甚至到了到山東非住該賓館不行的境地。該酒店就整體規模而言已經足夠，一座十二層樓的主體建築，近千個餐飲座位，四百餘間客房。然而，決策者錯誤地認為，要想有所發展，就要擴大經營規模，拓展經營項目，於是成立飯店管理公司，抽調大量的管理人員外出管理其他飯店，同時又斥資、貸款，進行規模更大的二期工程建設。其結果呢，原有飯店的品質迅速下滑，顧客日益減少；二期工程遲遲不能完工，巨大的借貸還息已使該酒店舉步維艱。

　　此種情形幾乎在各地都有發生。不僅在餐飲業，其他行業也是如此。

　　問題就是如此的簡單，籃子是需要照看的，而照看一個籃子比照看十個籃子容易得多。企業經營不是雜技演員同時去轉動十個碟

子的驚險遊戲。

10000公尺＝ 100 × 100 公尺

這是個再簡單不過的數學題。如果把萬米運動員與百米運動員作比較，雖然短跑運動員比長跑運動員的速度快，但沒有人認為短跑運動員能夠連續跑一百個百米的短跑而獲得萬米冠軍。然而，在餐飲界、飯店業，這樣的運動員背後有大批的追隨者。

也許有人認為，長期專注一個或幾個產品操作起來很難，而且風險大。如果多樣化的經營，多頭投資，往往是東邊潮落，西邊潮漲，可以起到互補作用。可問題是，目前短跑運動員行為已經使許多餐飲企業陷入絕境。事實證明，管理者具有長期的願望和策略是餐飲企業繁榮長壽的基礎。

以製售「北京烤鴨」舉世聞名的北京全聚德烤鴨店，它的價值來自於其優異的、永恆的產品品質，沒有全聚德上百年對烤鴨技術的持續改進和品質的不斷提升，是無法取得聲譽的，這完全得益於全聚德人的關注性。

天津狗不理包子、南京板鴨⋯⋯。

甚至不得不承認，就連西式肯德基、麥當勞的成功也基於他們的關注性。雖然麥當勞的連鎖店可以在北京開五十餘家，雖然在全世界有數千家，但它的產品只有數種，炸雞、炸薯條、漢堡等，問題在於，無論你在世界任何一個麥當勞所吃到的食品絕對是一個味道、一樣的造型、一樣的分量、一樣的色澤，絕無二致，這就是品質營銷的專注性。

炸雞腿，可能世界上有幾萬個配方和炸法，但麥當勞的炸雞腿就是「麥當勞」風格，只有在麥當勞吃得到。

中國烤鴨也有數百種之多，全聚德的北京烤鴨絕無第二家可以達到它的品質水準和風味特色。

我國包子的品種更是豐富多彩，但狗不理的包子無人能敵。

這都是品質營銷專注性的結果。

四、品質營銷比數量營銷更可靠

品質營銷雖然較之傳統的數量營銷的績效沒有那麼來得快，但卻是非常可靠的。數量營銷是透過廣告宣傳、各種促銷、推銷手段把顧客吸引來（有的也可能是被騙來的），如果其餐飲品質確如宣傳所說的相當，自然顧客是滿意的，但如果實際品質大大低於宣傳所言以及距顧客的期望太大，顧客自然只能是「僅此一遭，絕不再來」。

但品質營銷是以顧客導向為特徵的，也就是說，顧客需要什麼，我們就供應什麼，顧客喜歡什麼品質標準的食品和服務，飯店就提供，營銷的目標是透過實現顧客的滿意而獲得長期的利益。

然而，目前有多少餐飲企業做到了顧客滿意，又有多少飯店是以顧客滿意來衡量它的業績的？

所謂顧客導向，實際上也是從理念上有別於傳統的數量營銷。

比如，現在的許多飯店對顧客的投訴特別重視，規定了一系列處理投訴的方法和策略，並給予處理以寬鬆的條件。也許這種靠優厚的對顧客投訴的補償能贏得顧客的一時歡心，從某種程度上消除了顧客的不滿。但從品質營銷的角度看，這只是一小部分，更重要的在於對顧客投訴進行及時的分析利用，對餐飲品質問題，甚至對經營決策產生導向性的作用。

地處江南的一家豪華飯店，有一個經營淮揚菜的中餐廳，一段時間內餐廳的經營越來越困難，許多客人抱怨餐廳的菜餚總是老面孔。針對這種情況，根據顧客的意見，飯店的管理層決定轉變經營方向。

在經過與一些顧客的交談與調查，並對市場情況進行分析後，

該店發現市場上的海鮮餐廳不多，而且顧客喜歡，經營效果不錯，於是決定將淮揚菜轉向經營海鮮菜餚。在此決策中，顧客意見起了決定性的導向作用。

為了提高餐廳的獲利能力，也為了保證顧客需求的滿意，餐飲部經營和廚師長根據市場調查，共同研究設計了一份菜單，菜餚品種非常齊全，而且高檔海鮮菜餚很多。為了保證原料的絕對新鮮，所有的海產品均由南方的供應商空運提供。

飯店的海鮮廳開業之初生意還算不錯，但兩個月後，客情下降非常明顯。於是餐飲部對顧客進行口頭訪問、調查，不少顧客反應菜單上的品種太多，不知道如何點菜，而且菜單上有的品種，點的菜餚常常發生短缺現象，也有的顧客反映菜餚的價格太高，而一些住店顧客則反應菜餚缺少當地特色。後來，決策層根據這種情況，請了幾位餐飲、營銷專家出主意、想辦法。專家們根據品質營銷顧客導向的法則，進行了如下分析和建議：

1. 由淮揚菜改為經營海鮮菜，雖然是顧客的建議，但可能有片面性，而且改後的餐廳各類海鮮一概經營，其結果是沒有了特色，加之菜單的設計不科學，品種多而亂，價格又高，影響了顧客的消費選擇。

2. 由於該飯店地處內陸，所有海鮮原料均需空運，離供應地太遠，易發生原料缺、短等脫節現象，從而影響對顧客服務。

3. 鑑於以上因素，該飯店的餐飲經營首先要考慮自身的特點。由於住店客人是飯店餐飲的重要顧客，在決定餐飲經營時，應適當突出地方特色，滿足住店客人追求地方特色的飲食要求，這樣可以達到透過餐飲吸引和留住住店客人的目的。同時也可增加一部分海鮮風味菜餚，以滿足本地顧客對餐飲的需求。

對此，專家提出了四項原則：

1. 菜單上的菜餚品種不一定多而全，而要注意多種價格層次、多種烹飪風格的菜餚搭配。
2. 菜單的設計要考慮到原材料的供應及原料的貯藏情況，防止因此而出現的菜餚供應脫節現象。
3. 在決定餐飲經營方向之前，應根據本店的實際情況進行顧客市場調查，以適應各類顧客在飲食要求方面的變化，使自己的菜單設計更加具有針對性和適應性。
4. 菜單的設計要考慮到變化性。餐飲經營不能一成不變，要有計畫地更新菜單中的菜式。由於飯店客源的面比較廣，在更改菜單時，可以適當考慮多種風味菜餚的融合，使之符合飯店餐飲的經營特點和顧客的需求。

　　根據專家的建議，該飯店對餐廳的經營又進行了以顧客為導向的調整，恢復了淮揚菜的一些富有特色的品種，保留了一些原料供應有保障顧客又喜歡的海鮮菜餚，結果經過一段時間的運行，很快又贏得了住店顧客及本地顧客的滿意。在此基礎上，餐飲部經理和廚師長一起又設計了就餐顧客徵求意見卡，並規定了對菜單上的菜式，根據顧客意見每週推出特色菜三至五款，每月對菜單進行一次有針對性的調整、更新。與此同時，加強員工的品質意識培訓，使員工素質不斷得到提高。

　　幾年之後，該飯店的餐飲經營竟成為當地最受顧客歡迎的餐廳之一，飯店的聲譽也由此得到了提升。

　　隨著餐飲市場的發展，顧客的消費觀念越來越成熟，也越來越理性化。如果餐飲經營者視而不見顧客需求的變化，總是玩弄自以為得意的老一套，諸如回扣促銷、贈物促銷、有獎銷售，甚至玩弄一些帶有欺騙行為的手段，其結果只能是搬石頭砸自己的腳。

「顧客滿意」、「顧客是上帝」早已成為餐飲企業的老生常談。但是，到底有多少餐飲企業做到了顧客滿意？有多少飯店定期對顧客進行顧客滿意度調查？包括那些設施豪華的星級飯店，雖然有顧客滿意徵詢卡之類，但真正運用的不多。更為突出的是，又有哪家飯店企業不是用月報在衡量自己的業績，而是用顧客滿意為標準。這裡有一個廣為人知的例子。

　　當初發誓要與西洋速食一爭高低的上海榮華雞，經過數年的苦心經營，開始勢頭很猛，但最後終於在自己的老家都打不過「肯德基」，前不久，在北京的最後一家榮華雞連鎖店也撤回了上海，在深圳、廣州，包括在上海本地，榮華雞的經營也是節節敗退。原因何在？看看下面的兩個實例，其原因便不言自明了：

　　一是兩位記者在榮華雞的一個餐廳內，因一個乞丐搶奪食物而無法就餐，請求服務員解決時，不但遭到拒絕，而且竟然得到下面的回答：「你們記者應該支持我們民族企業嘛！」

　　二是一個記者有一次在一家麥當勞就餐，親眼看到一位客人在進餐時不小心將飲料弄翻了，撒了一餐盤，這時服務員見狀不但熱心地幫那位客人擦拭，而且還免費送來一杯新的飲料。

　　兩個例子形成了鮮明的對比，如果你是顧客，會選擇哪家餐廳就餐，答案是明確的。因為只有使顧客滿意的餐廳才是顧客信任的就餐場所。

　　近幾年來，在一些飯店管理人員那裡，把品質營銷的顧客導向置換成了「顧客是飯店的老板」，其通用的解釋是：真正給員工發工資的人是顧客。這種令人啼笑皆非的解釋不知道是哪位專家的發明。

　　「顧客是飯店的老板」，說白了就是顧客導向。餐廳經營什麼樣的菜餚，配合什麼水準的服務，應該由顧客決定，如果餐飲服務無視顧客的需求，無視顧客的滿意度，它肯定是一個短命的餐飲企

業。你可能用花招欺騙顧客一時，但不能留住顧客長期在餐廳裡就餐。而品質營銷是靠顧客滿意爲前提，以適於顧客的品質需求贏得信譽，這是留住顧客最爲有效的手段。

　　品質營銷認爲，衡量餐飲營銷績效的根本標準應該是顧客的滿意度，而不是其他諸如銷售業績等等。不必發愁如何賺到錢，只要全力以赴實現顧客滿意，顧客會關照你的營業額的，而且是長期的關照。

　　所以說，品質營銷是最靠得住的營銷手段。

第9章

餐飲品質與品質管理創新

　　隨著市場經濟的日益發展與成熟，許多企業在激烈的市場競爭中，越來越意識到了品質與品質管理的重要性，紛紛實施有效的品質管理，導入全面品質管理，成立和開展QC小組活動，收到良好的效果。

　　表面上看，餐飲管理者也在抓品質，但實際上所進行的一切餐飲經營活動並不是以產品和服務品質為中心展開的。所以，許多大飯店、餐廳，在市場定位方面做得很好，市場營銷也非常有成效，但卻由於疏於對餐飲品質的全面管理和創新，而在很短的時間內就開始走下坡路，這樣的教訓不勝枚舉，應該引起餐飲決策者和管理者的重視。

　　放眼世界，現在的企業競爭，雖然可以從不同的角度去闡釋，但歸根到底是品質的競爭與品質管理。工業企業如此，餐飲等服務業也是如此。即使實施了全面品質管理，也不標誌著一定能提供品質好的餐飲產品，因為品質與品質管理還需要變革、改進、創新和發展提高，否則，你的企業總有一天會處於落後或停滯不前的狀態。

　　透過品質改進、創新，使餐飲產品的整體更加完美無缺，並透過開展各種有效的品質管理活動，用工作品質、管理品質，來保證餐飲產品品質，從而全面提高餐飲企業品質經營管理水準。

第一節　餐飲品質創新

一、餐飲品質創新的涵義

　　所謂餐飲品質創新，籠統地說是指餐飲經營者綜合各方面的訊

息，形成一定的目標，產生使顧客滿意和有社會價值的新的品質成果的經營活動過程。

從這種意義上說，餐飲創新活動是各種各樣的，菜品的研製創造是創新，食品、服務的模仿、移植改造也是創新，把他人的經營經驗根據自己的條件加以成功地實施，這也是創新。從程度上來看，無形與有形產品的大改大革是創新，小改小革也是一種創新。所以，餐飲品質創新並不神秘，也不複雜，只要餐飲經營管理與生產、服務者有強烈的品質意識，有滿足客人需求的目標，有不斷進步的思想，就可以實現。

近幾年來，不少的餐飲企業和餐飲經營者也意識到了餐飲品質的創新和改進，但真正能把品質的改進與創新持續下去，而且取得明顯效果的卻不多，原因有以下幾個方面：

首先，「雷聲大，雨點小」。在一個擁有幾百人的企業中，真正認識到餐飲品質創新重要價值的管理者，尚處於少數。因而，餐飲品質創新往往是喊了幾個月，乃至幾年，其效果甚微。有的廚房的廚師，在迫於壓力下嘗試改進了幾款菜，但由於沒有掌握科學的方法，加之品質意識薄弱，而作用不大。結果，許多酒店出現了，大家都在抓品質改進和品質管理，但實際上是計畫多，行動少，沒有措施保證，或者是喊得多，做得少，沒有多少員工對此從內心理解和重視，至於什麼全面品質管理、顧客滿意理念、ISO9000 國際標準系列，對他們來說，相去甚遠。

其次，被動性多，主動性小。有許多酒店、大的餐飲企業建立了品質保證體系，創立了一套較完整的品質管理與控制模式，然而，在餐飲品質管理中沒能透過工作使全員都認識到品質的重要性。雖然餐飲品質的改進、創新也在倡導，但基於員工的因素，這種改進活動往往是被動的，不是員工自發的。換言之，他們的創新僅僅是為了應付管理者的要求，這樣的品質改進顯然不是成功的範

例。

第三，階段性強，持續性差。包括餐飲品質在內的品質改進和創新，應該是一項持續性的工作。如果一個酒店的全體員工都有自覺地把餐飲品質持續地加以改進和提高的觀念，相信該酒店就具有長期的生命力。長壽企業的關鍵在於產品與服務品質的持續提高與改進。然而，不少酒店卻忽略了這一點，而是為了搞活動才去抓餐飲品質的管理，諸如搞什麼「品質月」、「菜餚創新活動月」、「服務品質月」活動等。為了應付檢查，員工會在活動期間重視品質，甚至去改進幾款菜式，或引進較新穎的服務項目及方式，但此活動時間一過，就又恢復如常，這種「一陣風」式的品質活動，實際上是一種形式主義，而沒有抓品質的本質。

綜合以上，可以看出，餐飲品質的創新應具有以下特徵：

1. 品質創新應該是一種持續性的活動，因而，應該成為員工的自覺行為，也就是需要有特別的主動性。
2. 品質創新對餐飲業來說，是全方位的，不僅局限於食餚特色的改進與創新，也包括環境品質、服務品質，其中以服務為依託的無形產品品質的改進與創新尤為重要。
3. 餐飲品質創新與工業產品的技術性相比是不同的，它在於餐飲品質穩定基礎上的新穎性，如菜點烹製、服務規範的某種程度上的突破。
4. 餐飲品質的創新，必須是能贏得顧客滿意度的，也就是不僅能保持顧客的原有滿意度，而且能不斷提高顧客的滿意度。因此，餐飲品質創新的結果是它的實用性。如西餐中的「黑白宴」對於西方人而言是最高檔的宴會活動之一。全部由黑、白兩色構成的意境，猶如中國的靈堂風格，如果把此引入中國民族宴會中，肯定就是失敗的改進。

餐飲品質創新是在一般性思維活力的基礎上形成的，但又有所不同，它必須突破已有的品質經驗和知識的限制。一個烹調大師，重複製作某個菜餚始終保持其上乘的品質固然重要，其關鍵還在於能夠在原有經驗的基礎上運用想像、借鑑、猜測等思維活力，製出不同於一般性的菜餚，所謂熟中生巧，這裡的「巧」就是出新。如果幾十年的臨灶經驗，束縛了廚師的想像力，而重複過去的產品品質，他就不會成為一個大師。

由此，品質創新，尤其是餐飲品質創新，必須具備以下幾個方面的基本要素：

1.積極的求異性。
2.敏銳的洞察力。
3.創造性的想像力。
4.獨特的知識結構。
5.活躍的靈感。
6.新穎的表述。

二、顧客對品質需求是永無止境的

隨著人們經濟生活水準的日益提高和價值觀念的改變，人們對飲食及其服務的要求越來越高，現在很多人都信奉「拚命努力工作，盡情享受生活」，甚至有人乾脆認為「拚命賺錢使勁花錢」。現在的人們，口袋裡的錢多了，工作時間也少了，於是越來越多的家庭出外用餐，各種禮儀活動如此，節假日如此，甚至日常飲食也是如此。

問題在於，人們到飯店、餐館就餐與以前相比，其目的是根本不同的。以前本地顧客「上館子」一定是為了請人吃飯，外地顧客

是辦公在外，無地方吃飯，只有去飯店。一句話，主要是爲了解決「吃」的問題。現在到飯店就餐，已經不完全爲了「吃」，而是爲了享受、消遣，因此，對飯店、酒店餐飲品質的要求越來越高。

現階段顧客對餐飲的新要求主要表現在以下幾個方面：

（一）食品的品質

現在到餐飲場所用餐的人們，已不再完全是出於生理需求，顧客們有各種各樣的理由來選擇適合自己的餐廳，對品質也有新的要求：

1. 營養性：越來越多的顧客重視食品的營養成分和合理的膳食搭配，關心所攝取的熱量等是否過高。
2. 保健性：保健食品、滋補養生食品、綠色食品等越來越成爲顧客進餐的首選。
3. 品嚐性：顧客喜歡美味佳餚，因爲它除了果腹之外，更具有藝術的鑑賞（品嚐）效果，因而能給人一種藝術享受和美的陶冶。

（二）環境和氣氛品質

現在進餐，因爲以享受性爲目的，所以顧客總是喜歡選擇裝飾環境整潔、優雅、氣氛愉快愜意的餐廳。經營者也爲此設計不同風格、情調迥異的餐廳環境，以期吸引顧客。

（三）服務品質

由於顧客把進餐活動視爲一種生活的享受，那麼，除了美味佳餚與優雅的環境之外，對服務要求便更加強烈，因爲服務品質是營造顧客滿意心理需求的關鍵。於是，服務態度、服務規範、服務時

效、服務的靈活性、服務的適宜性就成為餐飲品質的主要內容，於是餐飲業推出了：

1. 情感化服務：讓員工以真情給顧客服務，把顧客當成自己的親人。
2. 個性化服務：根據每位顧客的不同需求提供他們喜歡接受的服務。
3. 非標準化服務：不以酒店制定的規程為標準，以顧客滿意度為標準。
4. 標新立異服務：以新、奇、特的服務方式吸引顧客，如穿溜冰鞋式服務、跪式服務等。

　　而且，隨著社會生產的高度發展，人們對餐飲品質的要求也會不斷地提高。也就是說，顧客對餐飲品質的追求是永無止境的，這就要求餐飲經營者必須具備不斷創新的心理準備。

　　有一種經營理念，餐飲品質定位不宜一次性定得過高，這樣當顧客就餐時，就把他們的品質期望抬得過高，你要想留住顧客，就必須再提高，但那已經很難了。實際上這是一種阻止創新的觀點。如果，一開始就把餐飲品質定為較低的標準，或者低於當前消費者的需求標準，那就別指望你可以從此基礎上漸漸提高發展了。換句話說，如果你在處於低標準的不斷提高創新中，而餐飲市場都在當前品質水準上的提高發展，那你還有機會去吸引顧客嗎？

　　再者，顧客對餐飲品質的追求雖然是永無止境的，餐飲經營者千萬不要錯誤地認為品質的追求就是檔次的追求。舉個例子說明，一個目標市場定位在工薪階層的中式速食餐廳，顧客對它的品質追求是什麼呢？並不是用低價位購買普通菜式而追求為購買中檔原料製作的菜式，或者是高檔菜式。顧客在低價位的層面中對品質的追求反應在如下幾個方面：

1. 價格與品質、服務的相稱：對於大眾化的餐廳，這是基本的品質觀。有人認為大眾餐廳不能提供優秀的服務，這種觀點是錯誤的。即使再低價格的飲食活動也包括服務。在這方面，西式速食應該成為餐飲經營者的榜樣。

2. 富於變化，善於調節：中餐之所以有今天如此豐富多彩的菜式，與中國人善於調節飲食生活不無關係。可是現在的許多餐飲企業，放著中式菜餚的寶庫不去充分利用，偏偏就只選了菜單上的幾十種菜餚，且長期保持不變。普通餐廳提供的大眾菜式，要想吸引住顧客，也必須經常根據顧客的需求調整菜式，使菜餚的銷售組合富於變化。變化的本身就是推陳出新，就是品質的提高。

3. 低價位的食品，高水準的服務：這是吸引顧客的最佳方式。服務員提供優良高水準的服務，經過常規培訓後，只要用心去做，就能做得到，不需要很大的投入。但大眾化餐廳往往容易忽視這一點。有的餐廳，服務水準比食品的價格更低，這就無法使顧客滿意。其實，對於大眾化餐飲消費者而言，追求餐飲品質雖然也是無止境的，但要求其實並不是很高。

4. 乾淨整潔，環境舒適：傳統的中式大眾餐廳，最令人不能接受的是餐廳的環境，衛生條件堪憂，環境品質太差。隨著餐飲市場的發展和生活水準的提高，人們在大眾化的餐廳就餐，也要追求較舒適的進餐環境，並且對環境品質的要求也越來越高。許多顧客喜歡到西式速食店就餐，看重的就是它那乾淨整潔、舒適的環境。

也就是說，顧客們在相應品質水準的餐廳時，雖然希望超過其期望值，但並非有太大的奢望。顧客們知道在五星級酒店進餐和在三星級酒店進餐對餐飲品質的要求是不同的，儘管顧客認為它們的

品質應該不斷提高，也是在相適應的範圍內的提高，而對品質的要求更在於對餐飲品質的改進、變化和創新。

三、品質創新是品質發展的新階段

隨著科學技術的高速發達和人類文明的不斷進步，機器製造業的產品品質在飛快地提高，創新使新的高品質的產品不斷進入人們的家庭，使人們從繁重的各種勞動環境中解放出來，休閒時間的不斷增加，人們的生活品質也越來越高。餐飲業雖然就其現代科學技術的運用方面遠不如工業產品，但餐飲品質也必須隨著顧客對餐飲的需求而進行創新提高，餐飲品質和其他產品品質一樣，創新是品質發展的新階段，而且要保持持續不斷地去創新。

近十幾年來，餐飲行業中競爭的最大特色是潮流飲食。潮流飲食也好，時尚飲食也罷，其實所標誌的是餐飲產品的更換速度在提高，也就是餐飲食品的適應週期在縮短。

飲食潮流的形成是一個十分複雜的現象，其影響因素也是多方面的。

首先，社會經濟的高速發達，人民的生活水準得到提高，生活節奏也加快，促使飲食經營不能一成不變，變中求新，變中求異，飲食潮流於是就成為顧客們追求生活快節奏的一種表現。

其次，時代的進步，使人們的觀念發生了變化，要使自己不落後，就必須跟上時代的步伐，而使生活具有了強烈的時代感。飲食也在隨著時代的進步發生各種各樣的變化，一會兒是營養配膳，一會兒生猛海鮮，一會兒是藥膳保健菜餚，一會兒是綠色食品，還有美容的、防衰老的、減肥的等等。餐飲市場的變化正反應了時代的發展與變化。

最後，人們在高度發達的文明社會中，審美情趣、審美觀念也

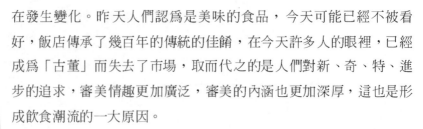

在發生變化。昨天人們認為是美味的食品，今天可能已經不被看好，飯店傳承了幾百年的傳統的佳餚，在今天許多人的眼裡，已經成為「古董」而失去了市場，取而代之的是人們對新、奇、特、進步的追求，審美情趣更加廣泛，審美的內涵也更加深厚，這也是形成飲食潮流的一大原因。

在一定時期內，飲食潮流的快速變化，反應了餐飲市場的不成熟，但同時也是餐飲文化進步的表現。餐飲經營者要適應這種快速的變化，就必須在菜品上、服務上、環境上，乃至經營管理上富於創新意識，使餐飲品質不斷提高，從一個階段發展到一個新的品質階段，而且像爬階梯一樣，層層求新求變，這樣才能適應飲食新潮流，適應時代餐飲業發展的需要。

四、品質創新使餐飲產品更富於競爭力

品質創新是餐飲企業參與市場競爭、開拓餐飲市場的必須手段。加入WTO後，可能還要去開拓國際市場。市場經濟是以競爭為機制的。在現有國內餐飲市場中，供方市場已經遠遠超過了需方市場，市場競爭已經從數量、份額的競爭轉到種類、品質的競爭，品種要新，品質要高。可以認為在未未的餐飲市場中，沒有新的菜式品種和新的品質是根本無法占領市場的，更難以拓展到變化多端的國際市場。尤為突出的，在餐飲市場上的菜式品質創新週期，也就是飲食潮流的週期，隨著人們生活節奏的日益加快，正在不斷縮短。二十年以前的飯店可以幾年菜單不變，十年以前的飯店則需一年一變，五年前可以半年一變、但近年來，餐飲經營者即使每半年變換菜單，都顯得落伍，於是半年一大變，每季一小變，每月都調整，每週有新菜。只有這樣，餐飲業者才能吸引新顧客，留住老顧客。

菜單的更替，菜式的換新，就需要餐飲管理者和廚房工作人員富於創新意識，不斷根據市場的動向和顧客的需求導向，推出新品種。

　　濟南的偉民大酒店，以經營粵菜見長，它擁有一流的硬體設施，優良的進餐環境，以及高水準的服務，但開業之初並沒有引起顧客的重視，因爲同樣水準的酒店在濟南何只一家。後來，管理者認識到，餐飲經營重要突出在技術人員的創造性上。硬體設施只要投入就可實現，甚至服務人員經過培訓來提高整體素質，也可以保證其服務品質。最不容易做到的是充分發揮員工的創新精神。

　　後來，管理層遍訪粵菜高手，重金聘來一位廚師長，在對菜單進行了一番調整後，並推出一款絕無僅有的新菜式——蒜燻鱅魚頭，由於風味獨到，口味適宜，品質上乘，很快成爲該酒店的招牌菜，雖然價格不菲，但每餐食者眾多，常常是顧客點了一份食後不過癮，就再點一份，甚至連續點幾份，以嚐其新。一個時期內，竟出現了「要吃魚頭，上偉民大酒店」。一個新菜的成功推出，提高了該酒店的聲譽，也提高了該酒店的市場競爭力。

　　餐飲業如此，其他行業也是如此，一個產品救活一個廠的事例屢見不鮮。其根本原因在於創新，在於新的品質。

　　當然，餐飲品質的創新絕非創新一兩個菜式或一兩項服務內容那麼簡單，這僅僅是其中的一種方式。比如菜餚製作技術，我們現在傳承的是幾千年來無數先輩積累的烹飪經驗，雖說技藝沒有盡頭，但由於烹調方法、用料規格及調味方式的經驗模式，束縛了眾多廚師的思路，要想創制一款新的菜式、絕非易事。事實上，餐飲品質的創新是多方面的。

　　比如經營創意，就是一種有效的創新，甚至能夠無限地提高餐飲品質。

　　所謂餐飲經營創意，實際上就是把人們習以爲常的菜式進行不

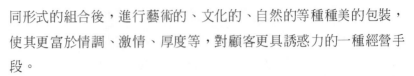

同形式的組合後，進行藝術的、文化的、自然的等種種美的包裝，使其更富於情調、激情、厚度等，對顧客更具誘惑力的一種經營手段。

普通的「燒扒豬臉」，因為含脂肪量較高，味道雖美，仍吸引不了多少顧客的食慾和興趣，當把它透過「金瓶梅宴」的包裝組合，然後再給它編上一個「宋慧蓮一根柴禾燒豬頭」的故事，其品質價值大大提高，在品嚐「金瓶梅宴」時，即使從不吃豬頭肉的顧客也好奇也開戒品嚐，成為宴席桌上最有魅力的菜式……。

習以為常的「糖醋櫻桃肉」在一般餐館中，是極為普通的傳統菜式，但把它放在清宮御宴中，並演繹出了一段慈禧太后特喜歡吃的典故之後，倍受顧客青睞……。

其實，上面幾個例子中的菜餚，做法、配料、吃法均沒有變，只是給了它一個富有創意的文化包裝而已。

單個菜是這樣，宴席更是如此，請看下面兩個例子：

北京麗都假日飯店為了滿足客戶的需要，曾將宴會搬到長城上舉行，在古老的長城烽火台上，營造一種自然與文明相互交融的氛圍，使客人在宴飲中感受到古老的中華文明。但菜餚還是原來的菜式，經過到長城舉辦宴會的創意包裝，其身價倍升……。

北京長城飯店為了滿足美國客人的需求，在餐廳內設計出了富有中國西部風光的「絲綢之路」主題宴，不僅贏得了顧客的高度讚揚，而且由此創出了一種餐飲品牌，把本來平常的宴席內容經過創意包裝，既提升了本身的品質內涵，也帶來了更為理想的經濟效益……。

這種創意，是餐飲經營的創新活動，近幾年來，在各大飯店、賓館、酒樓興起的「美食節」活動就屬此類。一個構思巧妙的創意，不需在菜餚本身上下功夫（只要不降低原有的品質水準即可）便能提升菜餚食品的品質，從而其競爭力也大大提高。

餐飲品質的創新當然還包括環境裝飾品質、服務品質等。尤其是服務品質，對於提升餐飲實物品質具有重大的意義，所以餐飲服務也要創新。

五、餐飲產品品質創新的前景預測

研究餐飲品質創新，必須認清餐飲品質創新的發展趨勢。

餐飲品質創新的動因涉及人們對菜餚食品和服務的要求隨之帶來的對菜餚和服務品質的需要。這些需求主要表現在以下幾個方面：

（一）飲食要求的營養保健功能

據預測，二十一世紀人類的最大消費將屬於健康投資，飲食健康就是其中的重點之一。中餐，雖有「養、益、助、充」的膳食結構理論，但並不是真正意義上的營養素的量化組合。從現代營養學角度看，傳統的中式餐飲食品缺少合理的營養搭配。西式餐飲，雖然是按科學的營養組合設計和提供食品，但其效果並不理想，由於過量的營養攝入，生出許多病來，以至於缺少保健功能。

現代人類最關心的生活重點之一，就是如何透過飲食，達到健康身體、延年益壽、減少疾病等保健目的。未來的餐飲品質創新，使飲食增加明顯的保健功能，是最重要的內容之一。

（二）飲食要求越來越多的休閒娛樂功能

近幾年來，到飯店去就餐的顧客，雖說仍然以食餚的水準作為衡量餐飲品質的主要項目之一，但「吃」的意義已經不再是外出就餐的唯一目標，而成為人們外出休閒娛樂的形式之一。

因此，不斷增加餐飲活動的娛樂設施和內容，將成為餐飲品質

創新的主要發展趨勢。近十幾年的餐飲發展已經證明了這一點，從舞廳到卡拉OK，從歌舞侑食到健身設施配套，使餐飲活動的外圍內容不斷增加。現在甚至已經出現了飯店沒有娛樂健身設施就不去就餐的顧客群體。

（三）餐飲食品的審美功能

烹飪是藝術，飲食是藝術，這是人類追求美的天性使然。隨著人們生活水準和文化修養的日益提高，對美的追求也日益強烈。在傳統的美學體系中，似乎美只存在於音樂、繪畫、戲劇等純藝術門類中。隨著人們日益轉變的生活觀念，美也在日常生活中越來越顯示出其不可或缺的地位。本來，大自然中處處都存在著美，生活的各個角落裡也存在著美。對飲食美的追求，中華民族自古以來就非常重視，調味之美、造型之美、刀工之美、色彩之美、聲響之美，無不在一款菜餚或一桌宴餚中表現出來，近代烹飪又發展了藝術拼盤之美、裝飾點綴之美、食品雕刻之美等，加上餐具盛器的搭配之美，形成獨具特色的烹飪藝術與飲食審美價值，而且，飲食審美還會隨著人們生活的提高越來越受到重視，使菜品設計與製作及餐飲消費過程更具審美功能，以藉助餐飲活動使顧客得到美的享受和藝術陶冶。

（四）飲食要求適用個性特徵

傳統的中式宴飲，無論是在居家內，還是飯店裡，大家圍桌聚而食之，眾人一個口味，接受的是同一種服務規格，顯示不出個性和嗜好。但未來的餐飲會越來越向個性化發展，適應不同的口味需求、不同的健康需求、不同的服務需求，將來的宴席也可能出現人各一餚，各選自己喜歡的菜餚，尤其適應不同的身體狀況。患有糖尿病的顧客可以選用低糖或無糖食餚，高脂血症者可選用低脂低膽

固醇的菜餚等等，再加上個性化的服務，以適應不同消費者的需求，這將是未來餐飲品質創新的重要內容之一。

　　總之，餐飲產品的品質創新在未來的餐飲經營中將是全方位、多層面的，食品與服務中將融入更多的科技內涵與藝術價值，以適應未來餐飲市場的需求，從而配合人們日益提高的生活品質。

第二節　餐飲品質創新的思想與實踐

　　人類的進步需要新生事物的推動，新生事物就需要人類創新。被譽爲「百萬富翁創造者」的拿破崙・希爾曾經說過一句名言：「創新就是力量、自由及幸福的源泉。」創新，從宏觀而言，是指不滿足人類已有的知識經驗，努力探索客觀世界中尚未被認識的事物規律，爲人們的實踐活動開闢新領域，打開新局面。創新對一個酒店，一個餐飲企業來說就意味著生命力，就意味著發展和成功。如果把菜餚製作技術和餐廳服務看作是餐飲企業不竭的源泉，那麼餐飲品質創新則是品質騰飛的支點。

　　不斷樹立新的餐飲品質經營思想，不斷改進餐飲企業品質管理的制度和方式，在品質管理上勇於創新，提高餐飲企業品質管理水準，是現代企業面臨的永恆主題。

一、建立品質保證體系，規範品質管理

　　現代餐飲經營管理理論認爲，品質管理是現代飯店、賓館、酒樓、餐館管理的中心環節，確定以品質爲核心的經營管理是科學管理的重要原則。餐飲品質管理是透過建立完善有效的品質保證體系來滿足顧客飲食消費的需求和期望，也保證擴大企業的利益和社會

信譽。

　　長期以來，我國餐飲業對品質的認定，一直是以經驗爲中心展開的，經營管理者和顧客都是憑自己的經驗、感覺、個人嗜好，甚至主觀印象來評定餐飲品質。對於現代的科學管理理念，尤其是品質管理的內容和發展了解得很少，更不去深入探討，加上計畫經濟的弊端，餐飲品質的管理根本無從談起。

　　探討全面的餐飲品質管理在飯店管理活動中才是最近幾年的事。至於流行於世界的由國際標準化組織（ISO）頒發的ISO9000族系列標準，知之者、了解者、研究者在餐飲企業中更是少之又少。

　　這樣說的目的並不是對當前餐飲品質管理的全面否定，在激烈的市場競爭中，除了有效的營銷手段之外，要留住客人還得靠品質，所以，餐飲品質的管理與品質創新已在餐飲企業中廣泛地運用開來，並收到一定的效果。現在的問題是，品質創新思想的長期建立與實踐運用，除了觀念上的轉變之外，更重要的還在於從制度、組織上得到保證，也就是要首先建立健全品質保證體系，規範品質管理，引入最先進、最有效的品質管理理念，透過品質保證或實施體系認證來提高餐飲企業的信譽，從而增強市場競爭的能力。

　　在市場經濟體制下，餐飲產品要贏得市場份額，首先要贏得顧客的長期信任，就要自覺地把品質管理手段運用到經營管理中。無論是全面品質管理，還是ISO9000族標準體系都是靠餐飲經營者自覺導入，沒有機構或什麼人去強迫你必須實施某種模式的品質的管理。但當你自稱自己的飯菜如何好、服務如何高水準、價格如何低廉的時候，卻並沒有顧客買你的帳，那麼你就不得不從深層次上去尋找問題。現在的餐飲市場幾乎達到了飽和狀態，要想贏得顧客的長期光顧，唯有提供顧客信得過的優質低價的菜餚和超值的服務。而要做到這一切，就必須導入現代品質管理體系和理念，在企業內

建立有效的品質保證體系，用科學的觀點導入品質管理規範，而且最終要取得第三方審核認證機構的認證。因為獲得品質認證可以更加得到顧客的信任，顯然在激烈的餐飲市場競爭中將占有更大的優勢。

二、持續展開品質改進

近幾年來，一些飯店、酒店開始成立了質檢部，重視餐飲品質的管理與品質的創新活動，但作為企業真正做到有組織、有計畫、有系統、有全員參與，並且持續地旨在開展提高餐飲品質、降低生產損耗，以滿足消費者和飯店雙方利益需要的品質改進活動，卻沒全面展開。這與餐飲行業員工對品質意識不強有關。

以餐飲食品部分而言，廚師在學習菜餚製作技術的過程中，不僅時間漫長，而且接受了師輩們太多的規矩程式、條條框框。當廚師熬到了出師可以自己獨立操作的時候，對菜餚的製作已經形成了一種固定模式，只想按師傅傳授的做好，根本不想去改進和提高。直到今天的許多酒店仍然在標榜自己的菜式是「正宗」的，在這種習慣的氛圍下，廚師們還談什麼改進、創新。

「正宗」菜餚做得夠水準，也是應當宏揚的，但這些「正宗」的菜式風味畢竟是適合於幾百年前人們的消費需求。在今天，或許在製作技術上沒有退步，可以保證較好的品質水準，但它的品質只適用過去，而不適應於現代人，對於今天的顧客而言，那種品質已經是陳舊的。從這個意義上講，倡導「正宗」的品質水準，會扼殺餐飲品質的改進、創新與提高。

眾人皆知的「魯菜」，曾經輝煌中國北方幾十年，但直到今天，許多老一代的魯菜廚師還在一絲不苟地提供兩三百年以前被顧客所喜歡的菜品，試想現在顧客天天去品嚐這樣的、一點新意也沒

有的食品，能有多少顧客滿意。

　　非常令人高興的是，現在已有許多餐飲企業認識到了這一點，在企業內部倡導員工創新，對菜品實施改進措施，賦予菜餚食品時代的氣息，從而提升餐飲實物部分的品質。

　　我們傳統的中規中矩的服務也需要根據顧客的需求與時代的進步不斷改進、創新。

　　開展餐飲品質的改進應適應社會的進步變化，這就要求這種改進和創新應該是持續性的，持之以恆地展開下去。

三、適應品質營銷策略

　　市場激烈競爭的日益白熾化發展，近幾年出現了一批飯店倒下去，一批批飯店又站起來。倒下去的，是那些設施陳舊、管理不善、品質落後的餐飲企業，站起來的是一批批風格新穎、品質較高、服務更佳的飯店。如何使自己的飯店在如此悲壯的大浪淘沙中立足站穩，最簡單的辦法就是實施品質營銷，靠自己穩固的品質實力贏得市場份額。

　　法國著名的雅高飯店管理公司在接手管理中國大陸一家五星級酒店時說：前三年我們不準備賺錢，三年之後我們肯定賺錢。它的用意一目瞭然，餐飲管理走品質營銷的路，是最穩妥的，一步一個腳印地發展，但卻不能給你帶來眼前的利益和暫時的效益。因為，他們的目標不希望飯店在短暫地轟轟烈烈之後很快地就倒下去。

　　適應品質營銷策略，不僅需要眼前利益（不是絕對的）的犧牲，還要走持之以恆的品質創新和品質改進之路。品質營銷，顧名思義，是靠餐飲品質去爭得顧客的信任度和滿意度，要長期留住顧客，靠一種一成不變的品質標準是不行的。因為沒有一個顧客願意在同一個飯店連吃五次以上的一模一樣的飯菜，甚至連三次都不可

能，要常新常變，要品質不斷改進，才能吸引住顧客。

享譽海內外的餐飲老店、名店，北京前門全聚德烤鴨店之所以沒有在激烈的餐飲市場中倒下去，其原因之一，就是靠了堅持品質第一，堅持品質創新之路。全聚德人清醒地認識到：烤鴨雖享譽世界，品質不提高不創新，同樣也有被淘汰的可能，於是，他們在保證烤鴨品質的基礎上，又提出了「老店要有老傳統，菜點要有新花樣」的經營理念，將傳統與創新完美地結合，博採眾家之長，又別具一格，形成了「全聚德」品牌。

創新菜餚既要蘊涵傳統的美食思想，又要賦予菜餚以濃厚的時代文化氣息，他們在菜餚創新方面主要在以下四個領域下功夫：

一是傳統特色菜的創新。就是以鴨及鴨子各部位為主料、與海鮮、蔬菜、菌類等原料進行有機地融合，創出了膾炙人口的佳餚，如老店燒鴨、全鴨火鍋、時菜煎鴨脯、石鍋鳧龍等均屬傳統特色菜的創新之品。

二是精品創新菜。用最精細的原料，採用現代烹飪技藝，融入現代營養膳食思想與科技內涵。如中西結合的菜包雀巢明蝦粒、花格鮮蝦盒等，均是融色、香、味、形、技術難度、營養搭配合理於一體的精品創新菜。

三是某餐廳的特供創新菜。它是結合餐廳特點研製的專供某餐廳經營的特供菜品。如春蘭幽香、春芽欲出供應春廳；翠竹夏曲、五彩繽紛供應夏廳；秋菊盛開、豐收南瓜供應秋廳；冬雪映梅、梅花蠶白球供應冬廳，四季餐廳各有特色，頗具誘惑力，你要想盡品美味，就一一走進四季廳，這也是靠品質變化和創新吸引和留住顧客的有效方法。

四是名流宴的推出和創新。該店曾多次接待許多國家的貴賓、政府首腦、社會名流，如前美國總統布希、前德國總理柯爾及陳香梅女士等。該店都曾為接待這些貴賓專門設計了宴席，如布希宴

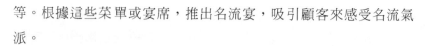

等。根據這些菜單或宴席，推出名流宴，吸引顧客來感受名流氣派。

透過這樣的創新和品質改進，充分體現了全聚德人品質創新意識和品質營銷觀念。適應品質營銷，無疑是提升競爭力的最佳途徑。

四、不斷提高餐飲品質的技術含量

產品品質的改進與創新，關鍵是技術的改革與創新，所以在工廠稱為「技術創新」。技術創新可以使產品性能、功能都得到提高。餐飲產品，特別是實物產品——包括食品的加工和設施環境也應該注重技術方面的改進與創新，以增強餐飲產品的技術含量。

許多人認為，烹飪技術發展到今天，似乎已經到了盡頭，你不可能在炸、熘、爆、炒、烹等幾十種烹調方法之上，再創造新的烹調方法，你也不可能在舊有的刀工、火候等技術上實現更大的突破。其實，這是一種錯誤的觀點。但由此導致了以下的現象出現：

1. 廚師學習烹調技術的最高境界是技術全面，精到嫺熟，這對樹立廚師的創新思想是很大的妨礙。
2. 即便是在現在提倡創新的大環境中，菜餚的創新往往是沒有章法，胡亂改動一通，結果失敗者居多。
3. 於是餐飲品質的提高就被許多經營者認為是拚原料，高品質的菜餚就是高檔原料，而導致價位的升高，其結果使經營走向絕境。
4. 一提餐飲品質，就想到廚師的技術水準，而忽略了其他的因素，如最新的原料、最新的設備、最新的知識體系（如營養科學、合理配膳、不合理烹調方法的改革）等。在一般餐飲

企業中，用微機管理都難以接受，還談什麼餐飲品質的技術含量。

這裡說的增加餐飲品質的技術含量是全方位的觀念，最新的經營理念、最新的品質管理標準（如ISO9000及ISO14000族標準）、最新的食品營養科學、最新的食源開發訊息、最新的生產設備、最新的工藝技術、最新的服務理念、最新的裝飾技藝等等。

全面的增加餐飲品質的技術含量，特別是科技含量，無疑地成為未來餐飲品質創新的主要內容之一。

第三節　餐飲品質管理創新

一、餐飲品質管理創新的背景

餐飲品質管理不同於工業生產的品質管理那樣可以百分之百地實行品質的標準化管理。因為餐飲產品首先是以「服務」形式提供給客人的，其次它的實物，即食品的生產至今仍以手工操作為主，實施嚴格意義上的標準化管理是不可能的。

其實，中國餐飲的生產與管理，在經過若干千年的發展積累，已經形成了一種管理體系，有不可忽視的缺點，但也不能全盤否定。以現在餐飲廚房生產來說，在無法全面用機械化生產取代之前，經營的經驗化管理就不會退出舞台，從這個意義上說，經驗化的管理也有一定的存在優勢。

科學化的品質管理在激烈的市場競爭中確能使產品具有品質穩定一致的優勢，但生產管理過程中因為過於強調標準、工藝、制度

等，往往在靈活性上不如經驗化管理那麼富有彈性。當然，標準化管理也好，經驗化管理也好，它各有自己適應的行業，因此，也都不是完美無缺的。

品質管理創新，是一種管理機制向另一種管理機制的轉變，也可以是原有管理機制的改進。要保證餐飲品質的持續改進與創新，就必須建立一套與之相適應的品質管理機制。用舊的、落後的、過時的品質管理手段來對新的產品、新的產品品質實施有效管理，顯然是不行的。

基於以上各個方面的原因，餐飲品質管理創新的理念應該在管理實踐得到實現。因為它是促進餐飲品質創新、滿足顧客需求的關鍵環節。

二、全面品質管理並非完美無缺

全面品質管理的管理模式由於在日本取得了很大的成功，於是被世界上的許多國家奉為最有效的品質管理方式之一。然而，自我國推行全面品質管理以來，有的企業收到了一定的效果，但整體效果不是特別突出。近幾年來，全面品質管理又在服務行業，尤其是餐飲業逐漸推廣。實踐證明，全面品質管理並非一用就靈，它在不同的地區、不同的時期所取得的成功，對於其他企業來說，未必一定有效。因為，全面品質管理本身也有一定的限度，而且運用之妙，也是存乎一心的。

全面品質管理在自身的發展中也經過了幾十年的積累，從全過程的品質管理，至全員參與的品質改進，再到全面滿足顧客需要以及諸方面受益都需要的全面品質管理。無論從參與品質管理的層次、問題的複雜性和艱巨性，以及參與的人數，都是一步一步地逐步向前發展過來的。這也充分說明全面品質管理永遠不能充分滿足

客觀現實的需要，從來就不是完美無缺的，否則它就不會、也不必這樣發展了。全面品質管理在實踐過程中表現的缺點主要有以下幾點：

（一）全面品質管理重管理，輕經營

全面品質管理是一種管理思想、觀念、理論和一套管理技術、手段。它的初衷是控制產品實物品質，而後發展到透過不斷改進來提高品質，再進一步是從控制、改進過程到整個品質體系來確保、提高全面品質。

但全面品質管理畢竟是一種管理思想和方法，主要是用於企業內部的管理，而不是向外的經營。對於餐飲品質實施全面品質管理，顯然不是完全有效。餐飲業是以經營，或者是以拓展市場份額為主要內容的服務性企業，食品的生產加工僅是其中的一部分。因此，在餐飲業實施全面品質管理有一定的局限性，對產品生產的環節肯定有用。但對經營決定總方針的策略性問題，雖然品質是基礎，但畢竟不能用品質管理的手段來實現。

（二）全面品質管理重改進，輕變革

從本質上講，全面品質管理屬於漸進式的「改良」，而不是從頭做起的「革命」。在現在餐飲市場如此激烈變化和競爭壓力的情況下，要獲得顧客的滿意，單靠按部就班漸進式地改進其菜品或服務是無濟無事的。也就是說，在這種情況下全面品質管理就不能解決全部的問題。比如說，原來一家很有名氣的魯菜館，但現在魯菜的整體風格已經不被顧客接受，即使你把品質管理得再好，也只能是落後的品質，而缺少時代氣息。在這種情況，可能需要重新決策、定位，哪怕是緩慢的品質改進和漸進式的提高都不行，這是全面品質的弱點之所在。

（三）全面品質管理注重技術，缺少策略

　　全面品質管理實施過程中應該成為餐飲管理中的一部分，而不是全部。因為全面品質管理注重技術的成分太重。例如，在廚房的生產中實施品質的全面管理，要強調廚師加工、生產各個環節的技術精細程度、時間的控制等，諸如刀工越精細越好、選料越道地越好、加熱的長短越恰當越好等，這些都是技術方面的東西。而對整個餐飲產品品質而言，它還包括了許多非技術的東西。同時，加工的精細，也就是品質看上去很高的菜品可能在缺少市場的策略策劃和有效的營銷措施情況下，依然不能吸引顧客購買，或者沒有經過顧客導向的產品品質，即使耗費了大量的人力、物力，也不一定能贏得顧客。

　　以上三個方面，幾乎都與企業品質文化有關。餐飲行業要有效地實施全面品質管理，必須重視品質策略，重塑品質文化。因為單靠全面品質管理本身是無法解決這些問題的，只有在策略策劃中加入品質文化的內容，並使其與全面品質管理及策略方針相結合，才能使餐飲品質全面提高。

三、餐飲品質創新需要新的品質管理模式

　　在激烈競爭的餐飲市場中，餐飲企業倡導品質創新，是不斷提升餐飲品質經營、保證顧客滿意的有效方略。

　　品質創新，對於所有的企業來說，都不是一陣風就可以實現的，而必須透過一整套持續的品質管理手段來刺激員工持續不斷地去關注創新活動。

　　山東的老轉村餐飲企業，是一個已有近十年歷史的四川菜老店，它曾經隨著川菜在中國大陸走強紅火了幾年。近幾年開始下

滑，爲了保持住強勁的經營勢頭，該企業決策管理層認識到餐飲品質的重要性，尤其是在川菜的創新方面下過許多功夫。諸如探討「川魯結合式」，成爲整個經營的一個重要組成部分。

　　良好的品質管理機制有效地促進了品質管理與品質創新，從而保證了企業持續發展的活力，增強了企業的競爭力。

後 記

書稿寫成，已是二〇〇〇年中秋節之前夕。這部《餐飲品質管理》的書稿伴我度過了千禧之年的整個暑期。

泉城濟南的夏日，素有「火爐」之稱，加之今夏雨水少，便比往年更熱。陋室雖裝有空調器，因害「空調症」而無福消受，只有憑酷熱任意肆虐。伏案運筆，常常是汗流浹背。而這汗水與墨水的有機交融，勾勒出了筆者本人暑期生活的一道風景線，算不上亮麗，但對於自己來說卻是非常地充實。書稿如期完成，對朋友、對自己，都是一份慰藉，足矣。或許，這將是自己一生中一個最令人難以忘懷的炎夏筆旅。

對於多年一直從事烹飪技藝、飲食文化研究的我來說，寫飯店餐飲管理的書，還是第一次，這也算是一種嘗試。好在書中的內容沒有遠離我的研究課題。雖如此，在寫作過程中仍覺力不從心，儘管有多年的餐飲實務經歷與教學研究的積累，怎奈自己的學力不濟，才疏識淺，因而書中的疏漏與舛誤在所難免，懇請餐飲界之同道與廣大讀者朋友不吝賜教，予以批評指正。

此書的完成，得到了諸多師長、朋友的鼓勵與支持。山東省旅遊學校校長、飯店管理專家狄保榮先生，在百忙之中為本書賜序。狄先生曾修學於德國巴伐利亞飯店管理學院，對現代飯店管理學的研究很有功底，著書頗豐，觀點新穎，被山東大學聘為客座教授。先生的序，為本書增輝添彩，在此謹致衷心感忱。

趙建民

於濟南無鼎食齋

參考書目

《質量管理創新》，周朝琦、侯龍文主編，經濟管理出版社，2000年1月2月。

《質量經營》，周朝琦、侯龍文、郝和國主編，經濟管理出版社，2000年1月。

《品質管理》，林榮瑞（台灣）編著，廈門大學出版社，1999年4月。

《服務質量管理》，楊永華編著，海天出版社，2000年1月。

《質量管理實踐》，谷津進（日本）著，陳立權譯，商務印書館國際有限公司，1998年2月。

《國際先進質量管理技術與方法》，中國質量管理協會編，中國經濟出版社，2000年1月。

《零缺點的質量管理》，克勞斯比（美）著，陳怡芬譯，生活‧讀書‧新知三聯書店，1997年5月。

《全面質量管理基礎教程》，蒲倫昌主編，邱廷榮主審，中國經濟出版社，1999年5月。

《中小企業拓展方略》，孫玉成編著，企業管理出版社，1998年9月。

《供銷合作企業全面質量管理指南》，王兆武、高元盛、高峰、韓春福編著，山東科學技術出版社，1991年7月。

《現代飯店餐飲管理》，李勇平著，上海人民出版社，1999年11月。

《現代飯店餐飲管理》，趙承金、趙倩主編，東北財經大學出版社，1999年9月。

《現代飯店管理》，余炳炎主編，上海人民出版社，1999年2月。

《旅遊飯店餐飲管理》，呂建中、郭振剛、金虎兒編著，浙江攝影出版社，1992年2月。

《飯店管理概論》，黎潔、蕭忠東編著，南開大學出版社，1999年2月。

《飯店管理概論》，國家旅遊局人事勞動教育司編，旅遊教育出版社，1997年10月。

《飯店餐飲部的運行與管理》，國家旅遊局人教司編，旅遊教育出版社，1994年2月。

《餐飲實務》，張粵華、張少珍編著，中山大學出版社，1999年2月。

《旅遊飯店經營管理服務案例》，李任芷主編，中華工商聯合出版社，2000年1月。

《旅遊飯店廚房管理》，傅水根編著，海洋出版社，1993年11月。

《現代飯店廚房設計與管理》，馬開良著，遼寧科學技術出版社，2000年4月。

《菜點開發與創新》，邵萬寬著，遼寧科學技術出版社，1999年1月。

《飲食心理學》，王洪寶著，中國財政經濟出版社，1992年4月。

家圖書館出版品預行編目資料

餐飲品質管理/趙建民著. -- 初版. --臺北
市：揚智文化, 2002[民91]
面；　公分. --（餐旅叢書）
參考書目：面
ISBN 957-818-415-8（平裝）

1.飲食業 - 品質管理

483.8　　　　　　　　　　91010639

餐旅叢書

餐飲品質管理

著　　者／趙建民
出 版 者／揚智文化事業股份有限公司
發 行 人／葉忠賢
登 記 證／局版北市業字第1117號
地　　址／台北市新生南路三段88號5樓之6
電　　話／(02)2366-0309　2366-0313
傳　　眞／(02)2366-0310
網　　址／http://www.ycrc.com.tw
E - m a i l ／book3@ycrc.com.tw
郵撥帳號／14534976
戶　　名／揚智文化事業股份有限公司
法律顧問／北辰著作權事務所　蕭雄淋律師
印　　刷／鼎易印刷事業股份有限公司
I S B N ／957-818-415-8
初版一刷／2002 年 9 月
定　　價／新台幣450 元

＊本書如有缺頁、破損、裝訂錯誤，請寄回更換＊

◎本書經由遼寧科學技術出版社授權發行◎